Bestimmung der Logik von Innovationsideen für technische Systeme

Determination of the Logic of Innovation Ideas for Technical Systems

Von der Fakultät für Maschinenwesen
der Rheinisch-Westfälischen Technischen Hochschule Aachen
zur Erlangung des akademischen Grades eines
Doktors der Ingenieurwissenschaften
genehmigte Dissertation

vorgelegt von

Thomas Schwarberg

Berichter/in:

Univ.-Prof. Dr.-Ing. Dipl.-Wirt. Ing. Günther Schuh
apl. Prof. Dr.-Ing. Wolfgang Boos

Tag der mündlichen Prüfung: 16. Dezember 2022

ERGEBNISSE AUS DER PRODUKTIONSTECHNIK

Thomas Schwarberg

Bestimmung der Logik von Innovationsideen für technische Systeme

Herausgeber:
Prof. Dr.-Ing. T. Bergs
Prof. Dr.-Ing. Dipl.-Wirt. Ing. G. Schuh
Prof. Dr.-Ing. C. Brecher
Prof. Dr.-Ing. R. H. Schmitt

Band 3/2023

Bibliografische Information der Deutschen Nationalbibliothek
Die Deutsche Nationalbibliothek verzeichnet diese Publikation in der Deutschen Nationalbibliografie; detaillierte bibliografische Daten sind im Internet über https://portal.dnb.de abrufbar.

Thomas Schwarberg:

Bestimmung der Logik von Innovationsideen für technische Systeme

1. Auflage, 2023

Gedruckt auf holz- und säurefreiem Papier, 100% chlorfrei gebleicht.

Apprimus Verlag, Aachen, 2023
Wissenschaftsverlag des Instituts für Industriekommunikation und Fachmedien an der RWTH Aachen
Steinbachstr. 25, 52074 Aachen
Internet: www.apprimus-verlag.de, E-Mail: info@apprimus-verlag.de

Druck: CPI Druckdienstleistungen GmbH, Ferdinand-Jühlke-Straße 7 I 99095 Erfurt

ISBN 978-3-98555-142-2

D 82 (Diss. RWTH Aachen University, 2022)

Vorwort

Diese Dissertation ist während meiner Assistententätigkeit in der Abteilung Technologiemanagement am Fraunhofer IPT entstanden. Gegen Ende von Institutszeit und Dissertation haben andere und ich mir selbst die Frage gestellt, ob die letzten fünf Jahre „ein guter Deal" waren. Zweifellos hatten die letzten fünf Jahre Ihren Preis: Wochenenden am Institut, Urlaub vor dem Laptop und grobe Vernachlässigung von den Menschen, an denen mir am meisten liegt. Mit etwas zeitlichem Abstand lässt sich diese Frage aber auch aus einer anderen Perspektive beantworten. So durfte ich während der Institutszeit die besten Arbeitskollegen kennenlernen, die man sich wünschen kann, habe durch unsere Unternehmensgründung die Möglichkeit bekommen, an den Themen zu arbeiten, die mich bewegen und mit meiner Frau Annika die erste und mit unserer Tochter Zoe die zweite Liebe meines Lebens kennengelernt. Aus dieser Perspektive waren die letzten fünf Jahre wohl mehr als ein „guter Deal". All dies wurde möglich am RWTH Campus mit seinen einzigartigen Möglichkeiten. Für seinen maßgeblichen Beitrag zur Entstehung dieses Umfeldes möchte ich Herrn Prof. Schuh herzlich danken.

Trotz Vernachlässigung durfte ich während der letzten fünf Jahre immer auf den bedingungslosen Rückhalt meiner Freunde und meiner Familie vertrauen. Das erfüllt mich mit Demut und dem Bedürfnis, Danke zu sagen:

Meinen ältesten Freunden aus GK-City: Jan, Marcel und Simon; meinem Mitstreiter an der Wayland Academy: Martin; den Lurchis: Jasper, Lars, Marc und Mirko; den Jungs von Al-Kakaoui: Esso, Gabi, Michi, Niklas und Robin; den Opfern aus der Großstadt: Chris, Felix, Felix, Freddy, Hendrik, Kaan, Matschi, Martin, Nico und Tim; meinen Bundesbrüdern der Kaiserpfalz Aachen: Bernd, Peter, Tommy und Urmel; den Arbeits- und Campuskollegen: Alex, Basti, Caro, Felix, Leonard, Leonard, Leonie, Marc, Max, Michael „das" Mendl, Patrick, Paul Scholz, Ramon, Stephan, Thomas, Tim Graberg, Tim Latz und Tim Wetterney; meinen Mitgründern von Konsent: Basti und Max und stellvertretend für meine gesamte Großfamilie: Meinen Großmüttern Alexa und Renate, meinem Kuzäng Max und meinem Cousin Stefan.

Ein besonderer Dank gilt meinen Eltern Hilde und Andreas und meiner Schwester Laura für ihre kompromisslose Liebe und Unterstützung seit ich denken kann. Zuletzt möchte ich mich bei Euch, Annika und Zoe, dafür bedanken, dass Ihr mich regelmäßig daran erinnert, was wirklich wichtig ist.

Köln, im Januar 2023

Thomas Schwarberg

Teile dieser Dissertation sind unter Mitwirkung des Autors bereits auszugsweise vorveröffentlicht worden[1]. Die wesentlichen Passagen wurden innerhalb des Textes durch Quellenangaben kenntlich gemacht.

[1] Schuh et al. (2020), Description Model for the Realization of Ideas for Technical Systems; Schuh et al. (2020), Methodology for the determination of the logic of innovation ideas for technical systems; Schuh et al. (2020), Model for the Logic Determination of Innovation Ideas for Technical Systems; Schuh et al. (2022), Maturity Oriented Description Model for Innovation Ideas of Technical Systems

Zusammenfassung

Das heutige Umfeld von Unternehmen ist geprägt von einer herausfordernden Technologie- und Marktsituation. Um in diesem Umfeld gegen den Wettbewerb am Markt bestehen zu können, ist die Fähigkeit, vielversprechende Ideen zu identifizieren und zu Innovationen zu entwickeln, von besonderer Bedeutung. In der Praxis wird jedoch lediglich ein Bruchteil der von Unternehmen verfolgten Ideen erfolgreich zur Marktreife gebracht. Die Ursache ist in einer Vielzahl von Fällen auf das Unvermögen von Unternehmen zurückzuführen, Unstimmigkeiten oder Widersprüche innerhalb der verfolgten Innovationsideen frühzeitig zu erkennen.

Ziel dieser Arbeit ist es daher, Unternehmen bei der frühzeitigen Identifikation von unstimmigen oder widersprüchlichen Innovationsideen zu unterstützen, um auf diese Weise eine Adaption oder alternative Ressourcenallokation zu ermöglichen. Zu diesem Zweck wird eine Methodik zur Bestimmung der Logik von Innovationsideen für technische Systeme entwickelt.

Die Methodik besteht aus vier Modellen. Die Definition aller Informationen, welche für die Logikbestimmung von Relevanz sind, bildet den Ausgangspunkt der Methodik. Das zweite Modell dient der Identifikation von geeigneten Innovationswerkzeugen zur Erzeugung der benötigten Informationen. Zur Beurteilung der gewonnenen Informationen werden geeignete Mechanismen benötigt. Innerhalb des dritten Modells werden daher Kriterien und Methoden zur Bestimmung der Logik von Innovationsideen für technische Systeme hergeleitet. Die limitierte Verfügbarkeit von Ressourcen innerhalb des Ideenprozesses erfordert die zeiteffiziente Anwendbarkeit der zu entwickelnden Methodik. Vor diesem Hintergrund dient das vierte Modell der Entwicklung einer intuitiven und standardisierten Vorgehensweise zur Bestimmung der Logik von Innovationsideen für technische Systeme.

Summary

Today's business environment is characterized by a challenging technology and market situation. In order to survive in this environment against the competition on the market, the ability to identify promising ideas and to develop them into innovations is of particular importance. In practice, however, only a fraction of the ideas pursued by companies reaches market maturity. The cause in many cases is the inability of companies to recognize discrepancies or contradictions within the pursued innovation ideas at an early stage.

The aim of this dissertation is therefore to support companies in the initial identification of inconsistent or contradictory innovation ideas in order to enable an adaptation or alternative allocation of resources. For this purpose, a methodology for determining the logic of innovation ideas for technical systems is being developed.

The methodology consists of four models. The definition of all information that is relevant for logic determination forms the starting point of the methodology. Suitable innovation tools for the generation of the required information are identified within the second model. The assessment of the gathered information requires appropriate evaluation mechanisms. Therefore, the third model serves the purpose of deriving criteria and methods for determining the logic of innovation ideas for technical systems. The limited availability of resources within the idea process requires the time-efficient applicability of the methodology. Against this background, an intuitive and standardized procedure for determining the logic of innovation ideas for technical systems is developed within the fourth model.

Inhaltsverzeichnis

Abbildungsverzeichnis

Tabellenverzeichnis

Formelzeichen- und Abkürzungsverzeichnis

$Bezeichnung\ FLP_k$	Bezeichnung des Funktionsleistungsparameters der Funktion k
$Bezeichnung\ TLP_{i,j}$	Bezeichnung des Leistungsparameters i der Baugruppe j
$EG_{KB,i}$	Erfüllungsgrad des Kundenbedürfnisses i
$FLP_{k,Idee}$	Höhe des Funktionsleistungsparameters der Funktion k der Idee
$FLP_{k,RS}$	Höhe des Funktionsleistungsparameters der Funktion k des Referenzszenarios
F_k	Bezeichnung der Funktion k
KB_i	Bezeichnung des Kundenbedürfnisses i
KN_{gesamt}	Kundennutzen einer Innovationsidee
BG_j	Bezeichnung der Baugruppe j
$P_{k,Idee,neg}$	Relative Leistungsfähigkeit der Funktion k im Fall einer negativen Korrelation mit der Höhe des Funktionsleistungsparameters
$P_{k,Idee,pos}$	Relative Leistungsfähigkeit der Funktion k im Fall einer positiven Korrelation mit der Höhe des Funktionsleistungsparameters
$P_{k,Idee}$	Relative Leistungsfähigkeit der Funktion k
$TLP_{i,j}$	Höhe des technologischen Leistungsparameters i der Baugruppe j
$TN_{KB,i}$	aus der Befriedigung des Kundenbedürfnisses i resultierender Teilnutzen

$w_{KB,genormt,i}$	Genormte Wichtigkeit des Kundenbedürfnisses i
w_i	Wichtigkeit des Kundenbedürfnisses i
$e_{F\ k \rightarrow KB\ i,genormt}$	Genormter Einfluss der Funktion k auf das Kundenbedürfnis i
$e_{F\ k \rightarrow KB\ i}$	Einfluss der Funktion k auf Kundenbedürfnis i
$e_{BG\ j \rightarrow F\ k}$	Einfluss der Baugruppe j auf Funktion k
Abb.	Abbildung
AG	Aktiengesellschaft
bzgl.	bezüglich
bzw.	beziehungsweise
ca.	circa
cet. par.	unter sonst gleichen Bedingungen
CIRP	College International pour la Recherche en Productique
d. h.	das heißt
DIN	Deutsches Institut für Normung e.V.
ERP	Enterprise Resource Planning
et al.	et alii
etc.	et cetera
F&E	Forschung und Entwicklung
f.	folgende
ff.	fortfolgende
ggf.	gegebenenfalls
GmbH	Gesellschaft mit beschränkter Haftung
h	Stunde
Hrsg.	Herausgeber

hrsg. v.	herausgegeben von
Hz	Hertz
i. d. R.	in der Regel
i. H. v.	in Höhe von
i. S. e.	im Sinne einer
ISO	International Organization for Standardization
Jg.	Jahrgang
Kap.	Kapitel
km	Kilometer
Mio.	Millionen
Mrd.	Milliarden
Nr.	Nummer
n. v.	nicht vorhanden
o. V.	ohne Verfasserangabe
QFD	Quality Function Deployment
RWTH	Rheinisch-Westfälische Technische Hochschule
S.	Seite
Tab.	Tabelle
u. a.	unter anderem
VDI	Verein Deutscher Ingenieure e.V.
VDMA	Verband Deutscher Maschinen- und Anlagenbauer e.V.
Verl.	Verlag
vgl.	vergleiche
z. B.	zum Beispiel
z. T.	zum Teil

1 Einleitung

Das Umfeld von Unternehmen ist heute geprägt von einer herausfordernden Technologie- und Marktsituation[2]. Die Digitalisierung hat zu einem starken Anstieg der Entwicklungsgeschwindigkeiten für neue Technologien geführt[3]. Durch die wirtschaftliche Vernetzung im Rahmen der Globalisierung sehen sich auch etablierte Unternehmen plötzlich von neuen Wettbewerbern mit überlegenen Technologien bedroht[4]. Gleichzeitig ist das Marktumfeld der Unternehmen gekennzeichnet von immer schneller wechselnden Kundenbedürfnissen[5] und sich stetig verkürzenden Produktlebenszyklen[6]. Um trotz der genannten Herausforderungen gegen den Wettbewerb am Markt bestehen zu können, wird die Fähigkeit, Innovationen hervorbringen zu können, zur „existenziellen Herausforderung“[7] für Unternehmen[8].

Das Hervorbringen von Innovationen bedeutet die Entwicklung von Innovationsideen zu am Markt erfolgreichen Produkten[9]. Für eine solche Entwicklung werden Ressourcen benötigt[10], welche in aller Regel limitiert sind[11]. Dieser Umstand erfordert eine effektive und effiziente Nutzung der verfügbaren Ressourcen[12]. Vor diesem Hinter-

[2] Vgl. Petzka (2020), Ideen fördern und schnell zur Marktreife bringen, S. 26
[3] Vgl. Knorr (2020), Digital Mindset zur Steigerung der Wettbewerbsfähigkeit von Unternehmen, S. 47
[4] Vgl. Petzka (2020), Ideen fördern und schnell zur Marktreife bringen, S. 26; Knorr (2020), Digital Mindset zur Steigerung der Wettbewerbsfähigkeit von Unternehmen, S. 47
[5] Vgl. Popova et al. (2021), Marketing Aspects of Innovative Development of Business Organizations in the Sphere of Production, Trade, Transport, and Logistics in VUCA Conditions, S. 9
[6] Vgl. Paluch et al. (2020), Innovation 4.0 – Die agile Evolution von Innovationen, S. 1313
[7] Petzka (2020), Ideen fördern und schnell zur Marktreife bringen, S. 29
[8] Vgl. Paluch et al. (2020), Innovation 4.0 – Die agile Evolution von Innovationen, S. 1313f.
[9] Vgl. Schuh (2012), Innovationsmanagement, S. 1f.; Disselkamp (2017), Innovationen und Veränderungen, S. 16
[10] Vgl. Funck et al. (2021), Innovationen in Unternehmen, S. 103; Frederiksen et al. (2017), From Creative Ideas to Innovation Performance: The Role of Assessment Criteria, S. 61
[11] Vgl. Frederiksen et al. (2017), From Creative Ideas to Innovation Performance: The Role of Assessment Criteria, 60; Dziallas (2020), How to evaluate innovative ideas and concepts at the front-end?, S. 502
[12] Vgl. Vetterli et al. (2012), Die Innovationsmethode Design Thinking, S. 289

grund kommt der Identifikation und Entwicklung der vielversprechendsten Innovationsideen eine besondere Bedeutung für den Innovationserfolg zu[13]. Umso ernüchternder ist das Resultat der Innovationsaktivitäten von Unternehmen: So werden lediglich ca. 6% der in etablierten Unternehmen verfolgten Innovationsideen erfolgreich am Markt eingeführt[14]. Ein ähnliches Bild zeichnet die Erfolgsrate von neu gegründeten Unternehmen: Danach sind lediglich 10% der Startups in der Lage, ihre Innovationsidee zu einer erfolgreichen Innovation zu entwickeln.[15] Aufbauend auf dieser Ausgangssituation wird im Folgenden der Handlungsbedarf für die vorliegende Dissertation motiviert.

1.1 Motivation und Handlungsbedarf

Die Ursachen für das zuvor beschriebene Scheitern von Innovationsideen sind vielfältig[16]. Einige dieser Ursachen stehen in keinem (direkten) Zusammenhang mit der Innovationsidee. So geben Startups aktuellen Studien zur Folge nach u. a. eine fehlende Finanzierung[17] oder eine falsche Teamzusammensetzung[18] als Grund für das Scheitern ihrer Innovationsidee an. Wie aus den folgenden Beispielen hervorgeht, ist eine Vielzahl der genannten Gründe wie beispielsweise eine fehlende Marktnachfrage, die Überflügelung durch den Wettbewerb oder ein unstimmiges Preis-Kosten Verhältnis jedoch auf Unstimmigkeiten in der Innovationsidee selbst zurückzuführen.

Ein besonders prägnantes Beispiel des Auftretens sowie der Konsequenzen von Unstimmigkeiten und inneren Widersprüchen in einer Innovationsidee ist das Amazon Fire Phone. In dem für seine innovativen Produkte bekannten Unternehmen entstand im Herbst 2010 die Innovationsidee für die Entwicklung eines eigenen Smartphones[19]. Das „Fire Phone“ wurde mit diversen neuartigen Funktionen ausgestattet, wie z. B. der, auf dem Bildschirm einen 3D-Effekt kreierenden, „Dynamic Perspective“ oder dem „Firefly“ Feature zur Identifikation von Objekten mit anschließendem Kaufangebot im Amazon Shop[20]. Diese Funktionen sollten zu Begeisterung bei den Kunden führen und

[13] Vgl. Frederiksen et al. (2017), From Creative Ideas to Innovation Performance: The Role of Assessment Criteria, S. 60; Dziallas et al. (2019), Innovation indicators throughout the innovation process: An extensive literature analysis, S. 3

[14] Vgl. Hofbauer et al. (2003), Innovationsansätze und Kreativitätstechniken zur Ideengenerierung im Produktmanagementprozess, S. 3

[15] Vgl. Patel (2015), 90% Of Startups Fail: Here's What You Need To Know About The 10%, S. 1

[16] Vgl. CB Insights (2021), The Top 12 Reasons Startups Fail, S. 4

[17] Vgl. CB Insights (2021), The Top 12 Reasons Startups Fail, S. 30

[18] Vgl. CB Insights (2021), The Top 12 Reasons Startups Fail, S. 16

[19] Vgl. Kroker (2015), Warum Amazons Fire Phone floppte, S. 1

[20] Vgl. Jacobs (2014), The Amazon Fire's Fanciest Features Fail to Impress, S. 1

Amazons Kontrolle der auf mobilen Endgeräten getätigten Einkäufe stärken[21]. Kurze Zeit nach der Markteinführung im Sommer 2014 wurde jedoch klar, dass die erhoffte Begeisterung der Kunden für die neuen Funktionen ausblieb[22]. Zusätzlich klagten die Kunden über nicht erfüllte Basismerkmale wie z.B. eine ausreichend lange Akkulaufzeit oder den Zugriff auf Apps wie Google Maps oder Youtube[23]. Das Fehlen von sowohl Begeisterungs- als auch Basismerkmalen stand gleichzeitig im Widerspruch zum hohen Preis des Fire Phones[24]. Die genannten Unstimmigkeiten und Widersprüche führten dazu, dass zum ursprünglich angesetzten Preis lediglich einige zehntausend Stück verkauft werden konnten[25].

Neben dem Beispiel des Amazon Fire Phones existieren zahlreiche weitere Beispiele von Innovationsideen, welche trotz Unstimmigkeiten oder innerer Widersprüche mit Ressourcen ausgestattet und weiterentwickelt wurden. Stellvertretend sei an dieser Stelle das Scheitern des als vielversprechend bewerteten Segways[26] der gleichnamigen Firma oder die Insolvenz des Startups Theranos[27] genannt. Während im Fall des Startups ein unausgereiftes Technologiekonzept[28] dazu führte, dass das gegebene Werteversprechen niemals realisiert wurde[29], scheiterte der Segway an der Realisierung einer schlüssigen Verknüpfung von Produktfunktionen und Kundenbedürfnissen[30]. Allen drei Beispielen ist gemein, dass bis zum Erkennen der erläuterten Unstimmigkeiten und Widersprüche erhebliche Ressourcen investiert wurden. Im Fall des Fire Phones und des Segways bedeutete dies Kosten von geschätzten 170 Mio. USD[31] bzw. 100 Mio. USD[32]. Das Auflösungsverfahren des Startups Theranos ging sogar mit dem Verlust der kumulierten Finanzierungen von ca. 724 Mio. USD einher[33].

---

[21] Vgl. Kroker (2015), Warum Amazons Fire Phone floppte, S. 1

[22] Vgl. Kroker (2015), Warum Amazons Fire Phone floppte, S. 1

[23] Vgl. Fowler (2014), Amazon Fire Phone Review: Full of Gimmicks, Lacking Basics, S. 1

[24] Vgl. Kroker (2015), Warum Amazons Fire Phone floppte, S. 2

[25] Vgl. Kroker (2015), Warum Amazons Fire Phone floppte, S. 2

[26] Vgl. Mann (2007), Defining 'breakthrough' product design solutions, S. 141

[27] Vgl. Jeske (2020), Lessons from Theranos: Changing Narratives of Individual Ethics in Science and Engineering, S. 307

[28] Vgl. Carreyrou (2019), Bad Blood, S. 15f.

[29] Vgl. Carreyrou (2018), Blood-Testing Firm Theranos to Dissolve, S. 1

[30] Vgl. Mann (2007), Defining 'breakthrough' product design solutions, S. 142

[31] Vgl. Kroker (2015), Warum Amazons Fire Phone floppte, S. 1

[32] Vgl. Bühren (2010), Präferenzmessung für Produkte mit hochinnovativen Attributen, S. 10

[33] Vgl. Herper (2016), From $4.5 Billion To Nothing: Forbes Revises Estimated Net Worth Of Theranos Founder Elizabeth Holmes, S. 1

Die vorangegangenen Beispiele führen die Folgen des Unvermögens von Unternehmen vor Augen, Innovationsideen hinsichtlich ihrer Stimmigkeit bzw. Unstimmigkeit sowie innerer Konsistenz bzw. innerer Widersprüche zu beurteilen. Dieses Unvermögen wird im Folgenden als die fehlende Fähigkeit zur Bestimmung der Logik von Innovationsideen bezeichnet. Die resultierenden Folgen beschränken sich nicht nur auf die erläuterte Verschwendung von Ressourcen. Die Entwicklung unstimmiger Innovationsideen bedeutet gleichzeitig das Ausbleiben von Innovationserfolg als Grundlage der Überlebensfähigkeit von Unternehmen[34].

1.2 Zielsetzung und Forschungsfrage der Arbeit

Ausgehend von den Erläuterungen des letzten Unterkapitels besteht die übergeordnete Zielsetzung der vorliegenden Arbeit in der Steigerung des Innovationserfolges von Unternehmen bei gleichzeitiger Reduktion von Ressourcenverschwendung. Zur Erreichung dieses Ziels gilt es, Unternehmen bei der Logikbestimmung von Innovationsideen zu unterstützen, um Unstimmigkeiten oder inneren Widersprüche zielgerichtet entgegenwirken zu können oder rechtzeitig eine alternative Ressourcenallokation zu ermöglichen. Diese Unterstützung richtet sich vor allen Dingen an Hersteller physischer Güter und bezieht sich daher auf Innovationsideen für technische Systeme. Den vorangegangenen Ausführungen nach lässt sich die Zielsetzung der vorliegenden Arbeit wie folgt zusammenfassen:

> *Ziel dieser Arbeit ist die Entwicklung einer Methodik zur Bestimmung der Logik von Innovationsideen für technische Systeme.*

Nach KUBICEK stellt das Formulieren von Fragen ein Kernelement des Forschungsprozesses dar[35]. Der Ausgangspunkt des vorliegenden Forschungsvorhabens lässt sich vor dem Hintergrund der beschriebenen Zielsetzung daher durch folgende Forschungsfrage formulieren:

> *Wie kann die Logik von Innovationsideen für technische Systeme bestimmt werden?*

Darüber hinaus lassen sich untergeordnete Fragestellungen identifizieren, deren Beantwortung einen Beitrag zur formulierten Forschungsfrage leistet. Gleichzeitig stellen

---

[34] Vgl. Disselkamp (2017), Innovationen und Veränderungen, S. 11

[35] Vgl. Kubicek (1976), Heuristische Bezugsrahmen und heuristisch angelegte Forschungsdesign als Elemente einer Konstruktionsstrategie empirischer Forschung, S. 15

sie einen ersten Anhaltspunkt für die Struktur des Forschungsvorhabens sowie die Schwerpunkte der wissenschaftlichen Untersuchung im Rahmen dieser Arbeit dar.

Folgende vier Leitfragestellungen leiten sich mit Blick auf die motivierte Zielstellung aus der übergeordneten Forschungsfrage ab:

1. Welche Informationen werden zur Bestimmung der Logik einer Innovationsidee für technische Systeme benötigt?
2. Wie kann die Erzeugung der zur Logikbestimmung benötigten Informationen unterstützt werden?
3. Anhand welcher Mechanismen lässt sich die Logik von Innovationsideen für technische Systeme bestimmen?
4. Wie lässt sich eine handlungsleitende und anwenderfreundliche Logikbestimmung für Unternehmen sicherstellen?

Nachdem die Forschungsfrage sowie die Leitfragestellungen formuliert wurden, gilt es den Forschungsprozess zur Beantwortung dieser Fragen zu konzipieren.

1.3 Forschungskonzeption

NÜNNING ET AL. verstehen eine Dissertation als die methodische Gewinnung wissenschaftlicher Erkenntnisse[36]. Diesen Erkenntnisgewinn gilt es Dritten gegenüber intersubjektiv begreifbar zu machen. Dies erfordert die Offenlegung der grundlegenden und nicht weiter begründbaren Überzeugungen des Autors.[37] Diese Überzeugungen äußern sich im gewählten Forschungsparadigma, dem zentralen wissenschaftlichen Grundmodell inklusive zugehöriger Gesetze, Theorien, Anwendungen und Hilfsmittel[38], auf welchem der Erkenntnisprozess des Autors beruht[39].

Um dem Leser die Wahl des Forschungsparadigmas begreifbar zu machen, wird die vorliegende Arbeit zunächst in die Wissenschaftssystematik nach ULRICH ET AL. eingeordnet. Diese ordnen die unterschiedlichen Gebiete der Wissenschaft durch die Aufschlüsselung in Wissenschaftskategorien (s. Abbildung 1-1).[40] Danach kann generell zwischen Formalwissenschaften und Realwissenschaften unterschieden werden. Die Formalwissenschaften haben vornehmlich die Konstruktion von Zeichensystemen

---

36 Vgl. Nünning et al. (2007), Handbuch Promotion, S. 241

37 Vgl. Binder et al. (1996), Technologiepotentiale, S. 4

38 Vgl. Kuhn (2014), Die Struktur wissenschaftlicher Revolutionen, S. 25

39 Vgl. Ulrich et al. (1976), Wissenschaftstheoretische Grundfragen der Wirtschaftswissenschaften (Teil I), S. 307; Binder et al. (1996), Technologiepotentiale, S. 3

40 Vgl. Ulrich et al. (1976), Wissenschaftstheoretische Grundfragen der Wirtschaftswissenschaften (Teil I), S. 305

und Regeln zu deren Verwendung zum Inhalt. Ihnen ist die Philosophie, die Logik aber auch die Mathematik zuzuordnen. In Abgrenzung zu den Formalwissenschaften befassen sich die Realwissenschaften mit dem Beschreiben, Erklären und Gestalten von Wirklichkeitsausschnitten, welche empirisch wahrnehmbar sind. Sie lassen sich weiter unterscheiden nach „reinen" Wissenschaften (Grundlagenwissenschaften) und „angewandten" Wissenschaften (Handlungswissenschaften). Im Fokus der „angewandten" Wissenschaften steht die Gestaltung sozialer und technischer Systeme auf Basis menschlicher Handlungsalternativen. Aus diesem Grund ist im gesellschaftlichen Bereich der angewandten Handlungswissenschaften die Betriebswirtschaftslehre anzusiedeln, im technischen Bereich die Ingenieurwissenschaften, wobei letztere auch Schnittstellen zu den Grundlagenwissenschaften aufweisen.[41] Vor dem Hintergrund der formulierten Zielsetzung weist die vorliegende Arbeit sowohl einen Bezug zur Betriebswirtschaftslehre als auch zu den Ingenieurwissenschaften auf.

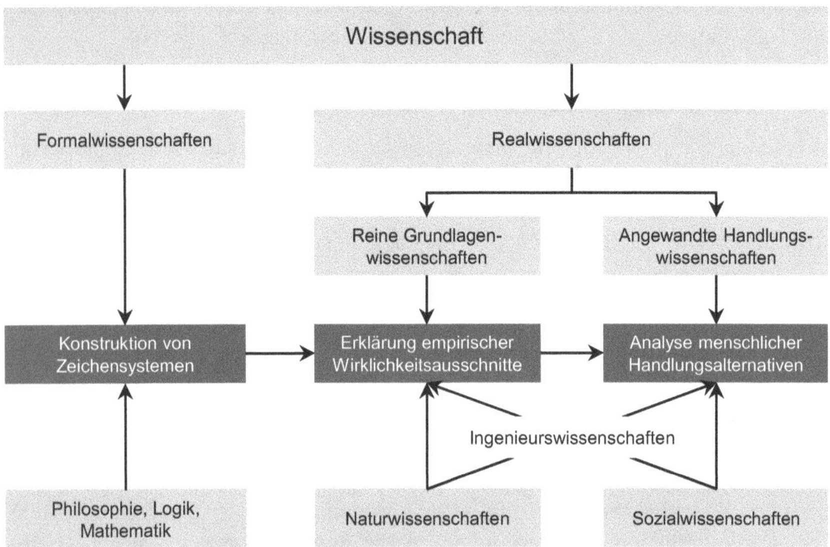

Abbildung 1-1 Wissenschaftssystematik i. A. a. ULRICH ET AL. und ZOHM[42]

[41] Vgl. Ulrich et al. (1976), Wissenschaftstheoretische Grundfragen der Wirtschaftswissenschaften (Teil I), S. 305f.

[42] Vgl. Ulrich et al. (1976), Wissenschaftstheoretische Grundfragen der Wirtschaftswissenschaften (Teil I), S. 305; Zohm (2004), Management Von Diskontinuitäten, S. 6

Basierend auf der Einordnung in die Wissenschaftssystematik wird der vorliegenden Dissertation das Forschungsparadigma des systemtheoretischen Ansatzes nach ULRICH[43] gerecht. Im Fokus dieses Ansatzes stehen Gestaltungs- und Führungsprobleme von „produktiven sozialen Systemen“[44]. Berücksichtigt wird sowohl die Offenheit von Systemen gegenüber ihrer Umwelt als auch die dadurch resultierenden dynamischen Aspekte dieser Systeme. Damit einher geht die Möglichkeit der simultanen Beobachtung sowohl ökonomischer als auch technologischer Aspekte. Der Ansatz geht dabei über rein theoretische Ansätze der Betriebswirtschaftslehre hinaus und rückt vielmehr reale Problemstellungen in seinen Fokus. Er eignet sich somit für wissenschaftliche Arbeiten sowohl aus dem Bereich der Ingenieurwissenschaften als auch der Betriebswirtschaftslehre und wird daher auch für die vorliegende Dissertation aufgegriffen.[45]

1.4 Aufbau der Arbeit

Bestandteil des als Forschungsparadigma gewählten, systemtheoretischen Ansatzes nach ULRICH ist eine definierte Vorgehensweise zur Gewinnung wissenschaftlicher Erkenntnisse[46]. Dieser „Forschungsprozess“[47] ist in Abbildung 1-2 dargestellt. Er beginnt und endet in der Praxis. Ausgangspunkt ist die Erfassung und Typisierung praxisrelevanter Problemstellungen. Darauf folgt die Analyse existierender problemrelevanter Theorien und Verfahren aus sowohl empirischen Grundlagenwissenschaften als auch Formalwissenschaften. Auf Basis der erfassten praktischen als auch theoretischen Defizite erfolgt die Ermittlung eines potenziellen Anwendungszusammenhangs in der Praxis. Durch die Ableitung von Beurteilungskriterien, Gestaltungsregeln und Modellen können schließlich wissenschaftliche Erkenntnisse gewonnen werden. Die gewonnenen Erkenntnisse werden zuletzt in der Praxis überprüft, bevor sie als Grundlage der Praxisberatung verwendet werden.[48]

Anhand des beschriebenen Forschungsprozesses lässt sich die vorliegende Arbeit strukturieren (s. Abbildung 1-2). Insgesamt umfasst die Arbeit sechs Kapitel. Die in der Praxis identifizierte Problemstellung sowie der daraus resultierende Handlungsbedarf

---

43 Vgl. Ulrich (1970), Die Unternehmung als produktives soziales System, S. 100ff.

44 Ulrich et al. (1976), Wissenschaftstheoretische Grundfragen der Wirtschaftswissenschaften (Teil I), S. 308

45 Vgl. Ulrich et al. (1976), Wissenschaftstheoretische Grundfragen der Wirtschaftswissenschaften (Teil I), S. 308

46 Vgl. Ulrich (1984), Management, S. 192f.

47 Ulrich (1984), Management, S. 192

48 Vgl. Ulrich (1984), Management, S. 192f.

werden im ersten Kapitel aufgezeigt. Es folgen die Erarbeitung der relevanten theoretischen Grundlagen zu den Themengebieten Ideenbewertung und Logikbestimmung sowie die Analyse des Stands der Forschung in Kapitel 2. Basierend auf den identifizierten Defiziten in Praxis und Theorie erfolgt die Grobkonzeption der Methodik in Kapitel 3. Die Detaillierung der Grobkonzeption erfolgt in Form der Ausarbeitung von vier Modellen zur Bestimmung der Logik von Innovationsideen für technische Systeme in Kapitel 4. In Kapitel 5 wird die Methodik anhand eines Praxisbeispiels zwecks Validierung kritisch reflektiert. Eine Zusammenfassung der gewonnenen Erkenntnisse sowie ein Ausblick vervollständigen diese Arbeit (s. Kapitel 6).

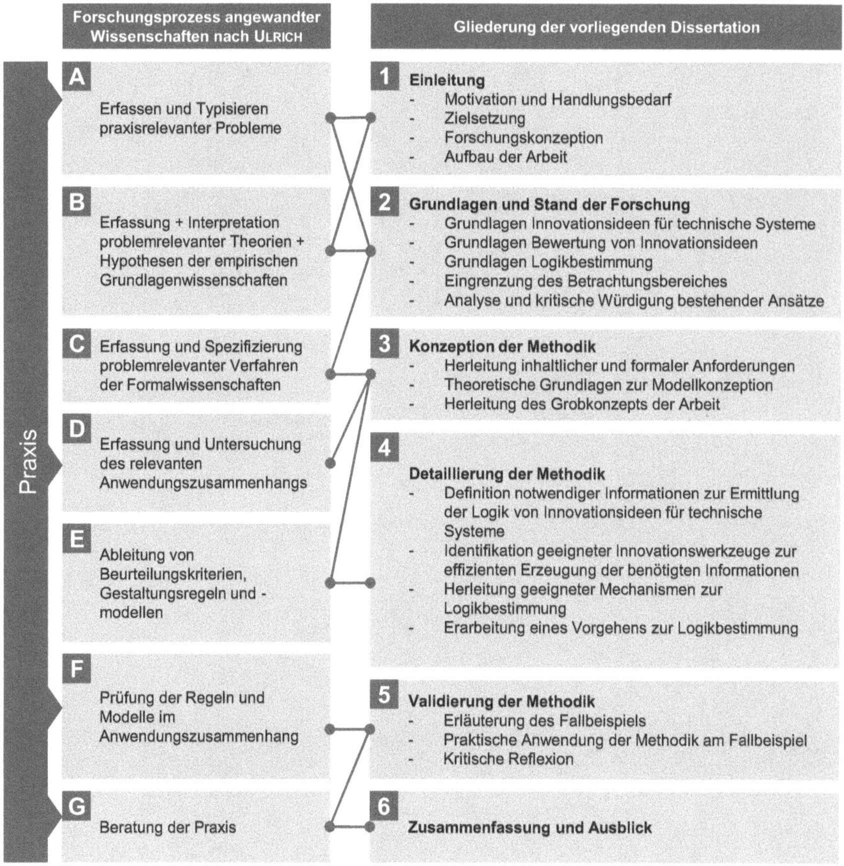

Abbildung 1-2 Gliederung der vorliegenden Dissertation i. A. a. den Forschungsprozess von ULRICH[49]

[49] Vgl. Ulrich (1984), Management, S. 193

2 Grundlagen und Stand der Forschung

Voraussetzung einer jeden wissenschaftlichen Untersuchung ist die Aggregation von Grundlagenwissen verschiedener Disziplinen[50]. Die folgenden Unterkapitel haben daher die strukturierte Darstellung des Grundlagenwissens für die vorliegende Arbeit zum Inhalt. Die dafür relevanten Inhalte ergeben sich aus der Zielsetzung der Entwicklung einer Methodik zur Bestimmung der Logik von Innovationsideen für technische Systeme (s. Unterkapitel 1.2). Vor dem Hintergrund dieser Zielsetzung werden einleitend allgemeine Charakteristika von Innovationsideen für technische Systeme diskutiert (s. Unterkapitel 2.1) bevor eine differenzierte Darstellung der Grundlagen zur Bewertung von Innovationsideen folgt (s. Unterkapitel 2.2). Zuletzt werden die Bedeutung und Hintergründe der Logikbestimmung erläutert (s. Unterkapitel 2.3). Um einen handhabbaren Umfang sicherzustellen, folgt nach der Vorstellung relevanter Grundlagen die Eingrenzung des Betrachtungsbereiches der vorliegenden Arbeit (s. Unterkapitel 2.4). Den Abschluss des Kapitels bildet die Analyse und kritische Würdigung des Standes der Forschung (s. Unterkapitel 2.5) sowie ein Zwischenfazit hinsichtlich des identifizierten Forschungsbedarfs (s. Unterkapitel 2.6).

2.1 Innovationsideen für technische Systeme

Die Fähigkeit, erfolgversprechende Innovationsideen hervorbringen und kanalisieren zu können, gilt als wesentlicher Faktor für den wirtschaftlichen Erfolg von Unternehmen[51]. Die gemeinsame Initiative der Bundesregierung und des Bundesverbandes der Deutschen Industrie „Deutschland – Land der Ideen“ sieht in Ideen den wertvollsten Rohstoff des Wirtschaftsstandortes Deutschland und den Garanten für eine lebenswerte Zukunft[52]. Das Ziel dieses Unterkapitels besteht daher in der Schaffung eines einheitlichen Verständnisses hinsichtlich des Begriffes der Innovationsidee als zentrales Betrachtungsobjekt dieser Dissertation.

---

[50] Vgl. Ulrich (1984), Management, S. 192f.

[51] Vgl. Khurana et al. (1998), Towards Holistic "Front Ends" In New Product Development, S. 57

[52] Vgl. Deutschland –Land der Ideen (2021), Hintergrundinformationen, S. 1

Dafür wird zunächst der Begriff der Innovation definiert (s. Teilkapitel 2.1.1). Im Kontext der Innovation erfolgt eine differenzierte Betrachtung des Begriffes der Idee sowie des technischen Systems (s. Teilkapitel 2.1.2 und 2.1.3). Das systematisierte Vorgehen zur Überführung von Innovationsideen in Innovationen wird in Form des Innovations- und Ideenprozesses vorgestellt (s. Teilkapitel 2.1.4). Ein Zwischenfazit bildet den Abschluss des Unterkapitels.

2.1.1 Innovation

Innovationen stellen die Basis der Wettbewerbsfähigkeit deutscher Unternehmen dar[53]. Insbesondere in Zeiten stetig kürzer werdender Produktlebenszyklen gewinnt damit die Fähigkeit, Innovationen hervorbringen zu können, weiter an Bedeutung[54]. Ziel des folgenden Teilkapitels ist die Erläuterung des Innovationsbegriffes für den weiteren Verlauf der vorliegenden Dissertation. Dazu wird der Innovationsbegriff zunächst im Allgemeinen beleuchtet, bevor er im Kontext dieser Arbeit differenziert dargestellt wird.

Begriff der Innovation im Allgemeinen

Die Ursprünge des Begriffes der Innovation gehen zurück auf das Griechenland des fünften Jahrhunderts v. Chr.. Zu diesem Zeitpunkt wurde der Begriff zur Bezeichnung politischer Veränderungen genutzt.[55] Nach der Reformation im 16. Jahrhundert wurde der Begriff der Innovation insbesondere im religiösen Kontext zur Bezeichnung von Veränderungen bestehender Doktrinen oder Arten der Gottesverehrung genutzt und war stark negativ konnotiert[56]. Heute werden im allgemeinen Sprachgebrauch unter Innovationen die Neuerungen verstanden, welche mit einem technischen, sozialen oder wirtschaftlichen Wandel einhergehen[57].

Die erste Nutzung des Begriffes in einem wirtschaftlichen Kontext geht auf den Ökonomen SCHUMPETER zurück. Bereits 1939 definierte dieser Innovation als „doing things differently".[58] FREEMAN beschreibt eine Innovation als das Aufeinandertreffen von Nachfrage und wissenschaftlicher Lösung. Dieses Aufeinandertreffen kann sowohl nachfrageinduziert („demand pull") als auch lösungsinduziert („science push") sein.[59]

[53] Vgl. Landwehr-Zloch et al. (2020), Bewertung von Innovationsprojekten in VUCA Welt, S. 70

[54] Vgl. Paluch et al. (2020), Innovation 4.0 – Die agile Evolution von Innovationen, S. 1313f.

[55] Vgl. Godin (2015), An Intellectual History of Innovation, S. 22

[56] Vgl. Godin (2015), An Intellectual History of Innovation, S. 75ff.

[57] Vgl. Gabler Wirtschaftslexikon (2018), Innovation

[58] Schumpeter (1939), Business cycles: A theoretical, historical, and statistical analysis of the capitalist process, S. 80

[59] Vgl. Freeman (1979), The determinants of innovation: Market demand, technology, and the response to social problems, S. 206

SCHMOOKLER konkretisiert FREEMAN'S Definition. Er versteht unter einer Innovation den neuen Einsatz einer Technologie zur Herstellung bestimmter Produkte[60]. Bis heute wird die wirtschaftliche Bedeutung des Begriffes beständig um neue Facetten ergänzt. Nachfolgend wird das Begriffsverständnis daher für den weiteren Verlauf dieser Arbeit aus verschiedenen Perspektiven präzisiert.

Begriff der Innovation im Kontext dieser Arbeit

Eine Vielzahl von Autoren stimmt heute dahingehend überein, dass sich eine Innovation aus den konstituierenden Bestandteilen der Invention sowie des Markterfolges zusammensetzt[61]. Unter einer Invention wird eine Erfindung in Form von der ersten technischen Realisierung einer neuen Problemlösung verstanden[62]. Nur wenn eine Invention erfolgreich am Markt etabliert werden kann, wird diese als Innovation bezeichnet[63]. BROWN formuliert Voraussetzungen für diesen Markterfolg. Danach muss eine Invention (und damit auch eine Innovationsidee) begehrenswert, profitabel und technisch machbar sein (s. Abbildung 2-1). Eine Invention oder Innovationsidee wird als technisch machbar betrachtet, wenn sie in der absehbaren Zukunft funktional zu realisieren ist. Unter Rentabilität wird die Umwandelbarkeit einer Idee in ein nachhaltiges Geschäftsmodell verstanden, unter Begehrtheit die Sinnhaftigkeit der Idee für den Kunden. Innovationen entstehen im Falle der simultanen Erfüllung aller drei Voraussetzungen.[64] Die Erfüllung dieser Voraussetzungen führt über den Markterfolg hinaus zur Generierung eines neuen Nutzens für den Kunden[65].

[60] Vgl. Schmookler (1966), Invention and Economic Growth, S. 2

[61] Vgl. Schuh (2012), Innovationsmanagement, S. 2; Hauschildt et al. (2016), Innovationsmanagement, S. 4; Schumpeter (1939), Business cycles: A theoretical, historical, and statistical analysis of the capitalist process, S. 80

[62] Vgl. Strebel (2007), Innovations- und Technologiemanagement, S. 20;

[63] Vgl. Gürtler et al. (2016), Innovationsmanagement, S. 483

[64] Vgl. Brown (2019), Change by design, S. 24

[65] Vgl. Disselkamp (2017), Innovationen und Veränderungen, S. 16

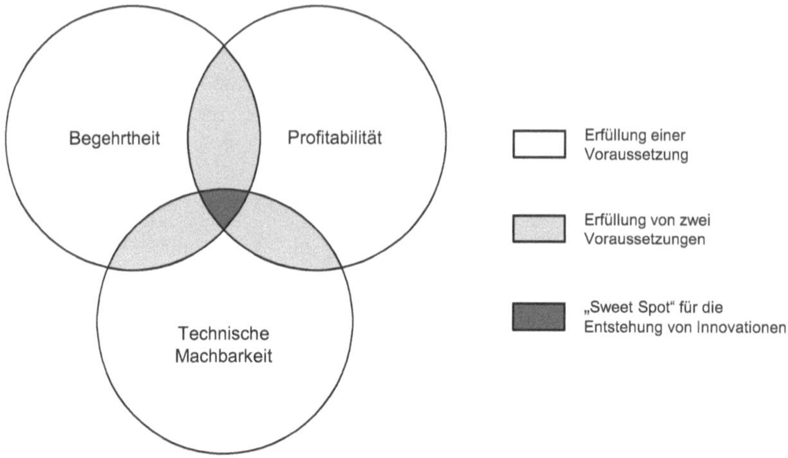

Abbildung 2-1 Voraussetzungen des Innovationserfolges[66]

Die Vielzahl unterschiedlicher Auffassungen des Innovationsbegriffes zeigen, dass eine einheitliche Definition bis heute in der wissenschaftlichen Literatur nicht existiert. Basierend auf den vorangegangenen Ausführungen wird der Begriff der Innovation für den weiteren Verlauf dieser Arbeit wie folgt definiert:

> *„Unter einer Innovation wird eine neuartige Problemlösung verstanden, welche die Voraussetzungen von Begehrtheit, Profitabilität und technischer Machbarkeit erfüllt und dadurch einen neuen Nutzen für den Kunden stiftet."*

Diese Definition lässt sich anhand der von HAUSCHILDT ET AL. identifizierten sechs Dimensionen zur Charakterisierung einer Innovation weiter präzisieren[67]. Danach lässt sich jede Innovation anhand spezifischer Ausprägungen innerhalb von sechs verschiedenen Dimensionen klassifizieren. Eine Übersicht der sechs Dimensionen sowie der jeweiligen Operationalisierung ist in Abbildung 2-2 dargestellt. Diese wird nachfolgend näher beschrieben.

[66] Vgl. Brown (2019), Change by design, S. 24

[67] Vgl. Hauschildt et al. (2016), Innovationsmanagement, S. 5f.

Dimension	Operationalisierung
Inhaltliche Dimension	Definition des Bereiches, auf den sich die Innovation erstreckt
Intensitätsdimension	Definition des Grads der Innovationshöhe
Subjektive Dimension	Definition direkter Akteure sowie des Adressatenkreises der Innovation
Akteursdimension	Definition indirekter Akteure der Innovation
Prozessuale Dimension	Definition des prozessualen Start- und Endpunktes einer Innovation
Normative Dimension	Definition der Erfolgsmessung

Abbildung 2-2 Dimensionen zur Charakterisierung einer Innovation[68]

Die *inhaltliche Dimension* definiert den Bereich, auf welchen sich eine Innovation erstreckt. Im Gegensatz zur Wahrnehmung in der Vergangenheit besteht heute im Wesentlichen Einigkeit darüber, dass sich eine Innovation auf Bereiche jenseits des Produktes erstrecken kann.[69] Aus der Literatur lassen sich vier Bereiche identifizieren:

- *Technische Innovationen* umfassen sowohl Produkt- als auch Prozessveränderungen, welche auf neuem technischen Wissen beruhen[70].
- *Organisationale Innovationen* umfassen Veränderungen von ablauf- oder aufbauorganisationalen Strukturen sowie Organisationskulturen[71].
- *Geschäftsbezogene Innovationen* umfassen marktseitige Veränderungen wie neue Markt- oder Branchenstrukturen und -grenzen, aber auch Neuerungen von Geschäftsmodellen[72].

[68] Vgl. Hauschildt et al. (2016), Innovationsmanagement, S. 5f.

[69] Vgl. Sure (2017), Internationales Management, S. 184

[70] Vgl. Gausemeier et al. (2019), Innovationen für die Märkte von morgen, S. 5

[71] Vgl. Zahn et al. (1995), Integriertes Innovationsmanagement, S. 363f.

[72] Vgl. Hauschildt et al. (2016), Innovationsmanagement, S. 11; Markides (2006), Disruptive Innovation: In Need of Better Theory*, S. 19f.

- *Soziale Innovationen* umfassen die Veränderung politischer oder gesellschaftlicher Strukturen[73].

Die *Intensitätsdimension* charakterisiert das Ausmaß der Neuerung[74]. Diese Charakterisierung erfolgt in der Literatur häufig durch die Unterscheidung nach Basis- und Folgeinnovation[75]. Dabei wird unter einer Basisinnovation die Entstehung einer tiefgreifenden Neuerung verstanden, die nicht selten weitere Neuerungen zur Folge hat[76]. Im Gegensatz dazu wird von einer Folgeinnovation gesprochen, sofern lediglich Bestehendes weiterentwickelt wird[77]. CHRISTENSEN unterscheidet dagegen zwischen disruptiver und erhaltender Innovation. Disruptive Innovationen zerstören bestehende Strukturen und führen meist zu einer kurzzeitigen Verschlechterung des Status Quo. Erhaltende Innovationen hingegen bewirken durch den Aufbau auf Bestehendem eine sofortige Verbesserung.[78]

Die *subjektive Dimension* beschreibt sowohl durch wen als auch für wen eine Innovation geschaffen wird. Nach FICHTER können die treibenden Kräfte einer Innovation verschiedenen Ursprungs sein. So können Innovationen sowohl einem Unternehmen entspringen als auch von Entrepreneuren geschaffen werden oder durch Promotorenmodelle entstehen.[79] Zum möglichen Adressatenkreis einer Innovation zählen nach HAUSCHILDT ET AL. u. a. einzelne Individuen wie Experten oder Führungskräfte, ganze Branchen, Nationen oder sogar die gesamte Menschheit[80]. Diese möglichen Ausprägungen der subjektiven Dimension werden von anderen Autoren ergänzt[81].

Die *Akteursdimension* beschreibt alle Parteien, welche (in Abgrenzung zur subjektiven Dimension) nur indirekt an der Gestaltung des Innovationsprozesses beteiligt sind. Dies können zum einen unternehmensinterne Akteure wie Führungskräfte oder Mitarbeiter aus Produktion, Vertrieb, Personalmanagement, IT oder Rechtsabteilung

[73] Vgl. Wolfgang Zapf (1989), Über soziale Innovation, S. 177
[74] Vgl. Hauschildt et al. (2016), Innovationsmanagement, S. 12
[75] Vgl. Gausemeier et al. (2019), Innovationen für die Märkte von morgen, S. 5
[76] Vgl. Pfetsch (1975), Zum Stand der Innovationsforschung, S. 16
[77] Vgl. Mensch (1975), Das technologische Patt, S. 55
[78] Vgl. Christensen (1997), The innovator's dilemma, S. 10f.
[79] Vgl. Fichter (2019), Grundlagen des Innovationsmanagements, S. 21
[80] Vgl. Hauschildt et al. (2016), Innovationsmanagement, S. 17ff.
[81] Vgl. Fichter (2019), Grundlagen des Innovationsmanagements, S. 21f.

sein.[82] Akteure, welche den Innovationsprozess indirekt von extern beeinflussen, sind bspw. Kunden[83], Zulieferer oder Anbieter komplementärer Lösungen[84].

Innerhalb der *prozessualen Dimension* wird eine Innovation anhand des Prozesses charakterisiert, den sie durchläuft. Dieser beginnt zumeist mit einer Idee oder Initiative und endet mit der Verwertung der Innovation.[85] Die Beschreibung des Innovationsprozesses ist Gegenstand einer Vielzahl aktueller wissenschaftlicher Quellen und wird aufgrund seiner Relevanz für die Zielerreichung der vorliegenden Arbeit in Teilkapitel 2.1.4 umfassend beleuchtet.

Die *normative Dimension* beschreibt den Erfolgsgrad einer Innovation. Die Messung dieses Erfolgsgrades auf der Grundlage der Zielerreichung des Verwenders erfordert die Generalisierung und Vergleichbarkeit verschiedener Zielsysteme. Sie ist daher in der Praxis umstritten. Die Beurteilung aus einer ausschließlich betriebswirtschaftlichen Perspektive vernachlässigt hingegen zumeist die Berücksichtigung des zukünftig erwarteten Innovationserfolges und greift damit zu kurz.[86] Wie der Erfolgsgrad einer Innovation trotz dessen beurteilt werden kann, ist Gegenstand der aktuellen Innovationsforschung[87], steht aber nicht im Fokus der vorliegenden Arbeit. Von einer detaillierteren Betrachtung dieses Themengebietes wird daher an dieser Stelle abgesehen.

2.1.2 Innovationsidee

Jede Innovation hat ihren Ursprung in einer Innovationsidee[88]. Zwischen dem Begriff der Innovation und dem der Innovationsidee existieren folglich viele Gemeinsamkeiten und Überschneidungen. Umso wichtiger ist für den weiteren Verlauf dieser Arbeit eine Gegenüberstellung und klare Abgrenzung beider Begriffe. Im folgenden Teilkapitel wird daher sowohl der Begriff der Idee im allgemeinen Sinne als auch im Innovationskontext dargestellt.

---

[82] Vgl. Hauschildt et al. (2016), Innovationsmanagement, S. 20

[83] Vgl. Hauschildt et al. (2016), Innovationsmanagement, S. 20

[84] Vgl. Adner et al. (2010), Value creation in innovation ecosystems: how the structure of technological interdependence affects firm performance in new technology generations, S. 309

[85] Vgl. Hauschildt et al. (2016), Innovationsmanagement, S. 21f.

[86] Vgl. Hauschildt et al. (2016), Innovationsmanagement, S. 23

[87] Vgl. Landwehr-Zloch et al. (2020), Bewertung von Innovationsprojekten in VUCA Welt, S. 69ff.

[88] Vgl. Kristensson et al. (2019), Service innovation for sustainable business, S. 29

Begriff der Idee im Allgemeinen

Die Entstehung des Begriffes der Idee reicht bis in die Antike, auf den Philosophen Platon, zurück[89]. Heute wird gemeinhin unter einer Idee ein neuer Einfall oder Gedanke verstanden[90]. Das ursprünglich philosophische Verständnis des Ideenbegriffes ist folglich einem allgemeineren und disziplinunabhängigen Verständnis gewichen. In der vorliegenden Dissertation erfolgt die Verwendung des Begriffes der Idee stets im Kontext von Innovation. Eine Differenzierung des Ideenbegriffes vor diesem Hintergrund erfolgt daher im nächsten Abschnitt.

Begriff der Idee im Innovationskontext

Die frühen Phasen des Innovationsprozesses werden in der wissenschaftlichen Literatur ausführlich diskutiert. Die explizite Definition des Ideenbegriffes ist jedoch nur Gegenstand weniger Ansätze.[91] Diese beleuchten verschiedene Facetten einer Innovationsidee. Die erste dieser Facetten ist die Form, in welcher eine Innovationsidee auftritt. Diese wird als „vage Wahrnehmung“[92], „Bekundung von Interesse, Neugier, vage Vorstellung“[93] oder „explizite Beschreibung“[94] definiert. Andere Autoren heben die Bestandteile einer Innovationsidee hervor. Nach BRANDENBURG besteht diese aus einem Problem und einer Lösung. Konzentrieren sich Innovationsideen ausschließlich auf die Beschreibung eines Problems *oder* auf das Beschreiben einer Lösung, werden sie als Ideen 1. Ordnung beschrieben. Erst durch die Kombination mindestens einer Lösungsidee mit mindestens einer Problemidee entsteht eine Idee 2. Ordnung.[95] KRISTENSSON ET AL. ergänzen den Problem- und Lösungsbestandteil um einen Umsetzungsplan. Dieser enthält die Informationen zur Umsetzung der passenden Lösung für das zugrundeliegende Problem.[96] Neben der Form einer Innovationsidee und ihrer Bestandteile lässt sich der situative Kontext definieren, in welchem eine Idee entsteht[97] und dessen Kenntnis Voraussetzung für ein einheitliches Verständnis ist[98]. Trotz des spezifischen Kontextes jeder einzelnen Innovationsidee lassen sich in der wissenschaftlichen Literatur einige Gemeinsamkeiten identifizieren, welche allen Innovationsideen gemein sind. Um zu einer Innovation zu werden, muss eine Innovationsidee

[89] Vgl. Natorp (2004), Platos' theory of ideas, S. 53

[90] Vgl. Lindemann (2005), Methodische Entwicklung technischer Produkte, S. 287

[91] Vgl. Kristensson et al. (2019), Service innovation for sustainable business, S. 30f.

[92] Vgl. Bullinger (2009), Innovation and Ontologies, S. 11

[93] Hauschildt et al. (2016), Innovationsmanagement, S. 21

[94] Vgl. Riedl et al. (2011), An Idea Ontology for Innovation Management, S. 304

[95] Vgl. Brandenburg (2002), Methodik zur Planung technologischer Produktinnovationen, S. 53

[96] Vgl. Kristensson et al. (2019), Service innovation for sustainable business, S. 36f.

[97] Vgl. Froehlich et al. (2016), Idea selection in suggestion systems: a thematic similarity perspective, S. 888f.

[98] Vgl. Kristensson et al. (2019), Service innovation for sustainable business, S. 35

nach BROWN ET AL. die Voraussetzung von Begehrtheit, Profitabilität und Machbarkeit erfüllen[99]. Die zu erfüllenden Voraussetzungen von Begehrtheit und Profitabilität implizieren eine Attraktivität der Innovationsidee sowohl aus Kunden- als auch aus Unternehmenssicht. Bei näherer Betrachtung etablierter Bewertungskriterien wie beispielsweise dem Fit der Innovationsidee mit den Unternehmenszielen (s. Tabelle 2-2) wird jedoch deutlich, dass die Profitabilität als übergeordnetes Kriterium zur Bewertung einer Innovationsidee aus Unternehmenssicht zu kurz greift. Vor diesem Hintergrund wird die von einer Innovationsidee aus Unternehmenssicht zu erfüllende Voraussetzung für den weiteren Verlauf dieser Arbeit als „Unternehmensnutzen“ bezeichnet. Während die „Begehrtheit“ nach BROWN ET AL. das entscheidende Kriterium zur Beurteilung einer Innovationsidee aus Kundensicht darstellt, halten andere Autoren den entstehenden Kundennutzen für ausschlaggebend[100]. Die von BROWN ET AL. formulierten Voraussetzungen der Entstehung einer Innovation werden daher für den weiteren Verlauf dieser Arbeit im Sinne der vorangegangenen Erläuterungen modifiziert. Danach erfüllt eine Innovationsidee die für die Entwicklung zu einer Innovation notwendigen Voraussetzungen, falls Sie sowohl einen Unternehmensnutzen als auch einen Kundennutzen verspricht[101] und sowohl Unternehmensnutzen als auch Kundennutzen umsetzbar sind. Die drei genannten Voraussetzungen repräsentieren somit den übergeordneten Kontext, in welchem jede Innovationsidee entsteht und weiterentwickelt wird. Ihr Zusammenspiel ist in Abbildung 2-3 dargestellt.

---

[99] Vgl. Brown (2019), Change by design, S. 24

[100] Vgl. Lieder et al. (2018), A conjoint analysis of circular economy value propositions for consumers: Using "washing machines in Stockholm" as a case study, S. 265; Reichle (2006), Bewertungsverfahren zur Bestimmung des Erfolgspotenzials und des Innovationsgrades von Produktideen und Produkten, S. 63; Frederiksen et al. (2017), From Creative Ideas to Innovation Performance: The Role of Assessment Criteria, S. 60f.

[101] Vgl. Reichle (2006), Bewertungsverfahren zur Bestimmung des Erfolgspotenzials und des Innovationsgrades von Produktideen und Produkten, S. 63

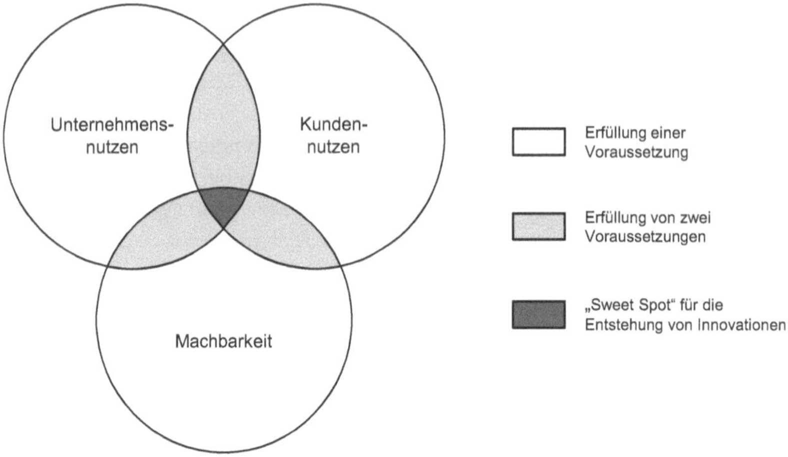

Abbildung 2-3 Übergeordnete Voraussetzungen der Entwicklung einer Innovationsidee zu einer Innovation

Basierend auf den vorangegangenen Ausführungen wird der Begriff der Innovationsidee für den weiteren Verlauf dieser Arbeit wie folgt definiert:

> *„Unter einer Innovationsidee wird die Beschreibung der geplanten Lösung zu einem Problem verstanden, welche sowohl auf die Realisierung eines Unternehmens- als auch eines Kundennutzens abzielt."*

2.1.3 Technische Systeme

Im Fokus der vorliegenden Arbeit stehen Innovationsideen für technische Systeme (s. Unterkapitel 1.2). Um diese allgemeingültig beschreiben und bewerten zu können, werden nachfolgend die Grundlagen zu Aufbau und Inhalt technischer Systeme näher erläutert. Zu diesem Zweck wird einleitend der Begriff des technischen Systems sowie dessen Entstehung vor dem Hintergrund der Systemtechnik erläutert (s. Abschnitt 2.1.3.1). Anschließend erfolgt eine Konkretisierung technischer Systeme vor dem Hintergrund dieser Arbeit anhand ihrer Struktur und Funktion (s. Abschnitt 2.1.3.2).

2.1.3.1 Einordnung des technischen Systems in die Systemtechnik

Die zunehmende Geschwindigkeit neu entstehenden Wissens und eine immer stärkere Aufspaltung der Wissenschaften in Spezialgebiete führen zu disziplinübergreifenden Kommunikationsschwierigkeiten[102]. Gleichzeitig erhöhen sich sowohl Vielzahl als

[102] Vgl. Ehrlenspiel et al. (2013), Integrierte Produktentwicklung, S. 24

auch Vielfalt technischer Produkte. Allein im Maschinenbau existieren laut Verband Deutscher Maschinen- und Anlagenbau (VDMA) heute über 20.000 verschiedene Produktarten[103]. Die wenigsten dieser Produkte enthalten ausschließlich mechanische Komponenten. Die Integration von Elektronikkomponenten und entsprechender Software ist zum Standard und damit gleichzeitig einem Komplexitätstreiber in der Produktentwicklung geworden[104]. Die Systemtechnik soll eine allgemeingültige, disziplinunabhängige Methodologie zur Modellierung komplexer Sachverhalte, Prozesse und Produkte bereitstellen[105].

Ein System besteht aus einer Anzahl von Elementen (Teilsystemen) mit bestimmten Eigenschaften und gegenseitigen Beziehungen. Es wird durch eine Systemgrenze von der Umgebung abgegrenzt und interagiert lediglich über Ein- und Ausgangsgrößen mit ihr. Die Funktion eines Systems lässt sich durch einen zweckdienlichen Unterschied zwischen diesen Ein- und Ausgangsgrößen beschreiben.[106] Nach dieser Definition ist die Anzahl heute existierender Systeme schier unüberschaubar. Diese Systemfülle wird nach unterschiedlichsten Gesichtspunkten in Systemarten gegliedert. Eine Möglichkeit der Gliederung besteht in der Unterteilung von Systemen in Zielsysteme, Handlungssysteme und Sachsysteme. Zielsysteme bilden die Beziehung und Hierarchie bestehender Zielvorgaben ab.[107] Die notwendigen Aktivitäten zur Erfüllung dieser Zielvorgaben werden in Handlungssystemen strukturiert dargestellt[108]. Diese Aktivitäten beziehen sich auf das Objekt des Sachsystems. Sachsysteme enthalten damit alle technischen Gebilde, welche aus den Aktivitäten des Handlungssystems zur Erfüllung der Vorgaben des Zielsystems entstehen, wie z. B. Maschinen, Geräte etc. Diese technischen Gebilde werden als technische Systeme bezeichnet.[109]

2.1.3.2 Technisches System im Kontext dieser Arbeit

Vor dem Hintergrund der Einordnung in die Systemtechnik definieren EHRLENSPIEL ET AL. technische Systeme als „künstlich erzeugte geometrisch-stoffliche Gebilde, die einen bestimmten Zweck (Funktion) erfüllen […]“[110]. Sie sind folglich zum einen durch

[103] Vgl. Ehrlenspiel et al. (2013), Integrierte Produktentwicklung, S. 24

[104] Vgl. Feldhusen et al. (2013), Pahl/Beitz Konstruktionslehre, S. 6

[105] Vgl. Blass (1997), Entwicklung verfahrenstechnischer Prozesse, S. 23f.; Ehrlenspiel et al. (2013), Integrierte Produktentwicklung, S. 21

[106] Vgl. Hubka (1984), Theorie Technischer Systeme, S. 11f.; Hubka (1984), Theorie Technischer Systeme, S. 13f.

[107] Vgl. Ehrlenspiel et al. (2013), Integrierte Produktentwicklung, S. 24

[108] Vgl. Ehrlenspiel et al. (2013), Integrierte Produktentwicklung, S. 26

[109] Vgl. Ehrlenspiel et al. (2013), Integrierte Produktentwicklung, S. 27

[110] Ehrlenspiel et al. (2013), Integrierte Produktentwicklung, S. 27

ihre Struktur, zum anderen durch ihre Funktion gekennzeichnet[111]. Anhand dieser beiden Aspekte wird nachfolgend die Definition technischer Systeme konkretisiert.

Struktur technischer Systeme

Die Struktur eines Systems bezeichnet dessen Aufbau. Sie entsteht durch alle zum System gehörigen *Elemente* (auch *Teilsysteme* genannt) sowie deren *Relationen* (auch *Wechselwirkungen* genannt) zueinander[112]. Jedes technische System lässt sich zur Darstellung verschiedener Teilsysteme in verschiedene, hierarchische Ebenen untergliedern. In diesem Zusammenhang wird häufig zwischen Anlagen, Apparaten, Maschinen, Geräten, Baugruppen, Maschinenelementen und Einzelteilen differenziert[113]. Die hierarchische Untergliederung technischer Systeme ist in Abbildung 2-4 angedeutet.

---

[111] Vgl. Czichos (2019), Mechatronik: Grundlagen und Anwendungen technischer Systeme, S. 10

[112] Vgl. Feldhusen et al. (2013), Pahl/Beitz Konstruktionslehre, S. 238; Czichos (2019), Mechatronik: Grundlagen und Anwendungen technischer Systeme, S. 10; Hubka (1984), Theorie Technischer Systeme, S. 13

[113] Vgl. Feldhusen et al. (2013), Pahl/Beitz Konstruktionslehre, S. 238

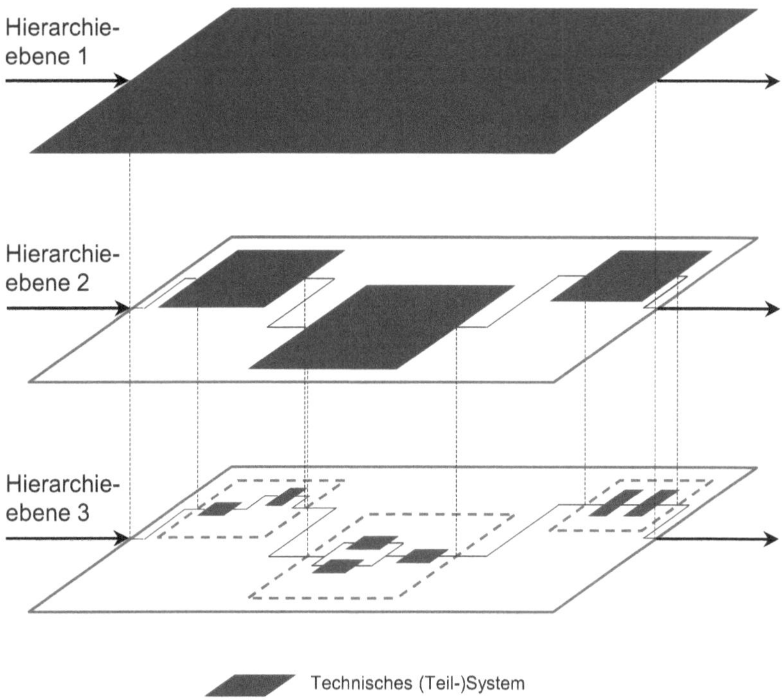

Abbildung 2-4 Hierarchische Untergliederung technischer Systeme

Jedes Teilsystem lässt sich durch bestimmte Eigenschaften charakterisieren. Als Eigenschaft werden dabei alle durch Beobachtung, Messung. o.ä. bestimmte Informationen bezeichnet, die einem Teilsystem zugeordnet werden können bzw. ihm zu eigen sind.[114] Jede dieser Eigenschaften hat eine bestimmte Ausprägung[115]. Oftmals ist diese im Falle technischer Systeme quantitativer Natur[116]. Die Teilsysteme inklusive ihrer Eigenschaften und Ausprägungen stehen in verschiedenen Beziehungen zueinander. Ein Beispiel für diese Beziehungen ist die zuvor genannte Hierarchie. Darüber hinaus bestehen oftmals Funktions-, Lage- oder Kräftebeziehungen.[117] Welche Systemele-

[114] Vgl. Hubka (1984), Theorie Technischer Systeme, S. 14
[115] Vgl. Ehrlenspiel et al. (2013), Integrierte Produktentwicklung, S. 30
[116] Vgl. Hubka (1984), Theorie Technischer Systeme, S. 14
[117] Vgl. Ehrlenspiel et al. (2013), Integrierte Produktentwicklung, S. 23f.

mente oder Teilsysteme zum betrachteten System gehören wird durch die Systemgrenze festgelegt[118]. Sie separiert ein System von seiner Umgebung[119]. Überschritten wird die Systemgrenze lediglich von den Ein- und Ausgangsgrößen, welche zum Bewirken der Zustandsänderung des Operanden notwendig sind[120]. Es können grundsätzlich drei Arten von Eingangsgrößen in Ausgangsgrößen umgesetzt werden. Dies sind Energie, Stoff oder Signal.[121] In technischen Prozessen sind allerdings nicht selten alle drei Umsatzarten beteiligt, wobei stets eine Umsatzart dominierend ist. Letztere wird als Hauptumsatz bezeichnet.[122]

Funktion technischer Systeme

Technische Systeme werden vom Menschen zur Erfüllung bestimmter Aufgaben geschaffen[123]. Die lösungsunabhängigen Beschreibungen dieser Aufgaben werden als *Funktionen* bezeichnet[124]. Durch die Beschreibung der Operation zur Überführung der Eingangsgrößen eines technischen Systems in bestimmte Ausgangsgrößen, schaffen Funktionen einen eindeutigen Zusammenhang zwischen diesen Größen (s. Abbildung 2-5)[125]. Um zu gewährleisten, dass die zur Erfüllung einer Funktion verwendeten Komponenten miteinander kompatibel sind, schlägt KARTIKA darüber hinaus die Beschreibung des Funktionseinganges sowie des Funktionsausganges vor[126]. Analog zur hierarchischen Untergliederung eines technischen Systems lässt sich dessen übergeordnete Funktion, auch Gesamtfunktion genannt, in Teilfunktionen untergliedern (s. Abbildung 2-4). Diese Teilfunktionen stehen somit synonym für Teilaufgaben des technischen Systems. Diese Untergliederung ist bis auf die Ebene von sogenannten Elementarfunktion möglich, die nicht mehr weiter untergliedert werden können. Die Verknüpfung aller Teilfunktionen zur Gesamtfunktion ergibt die Funktionsstruktur.[127]

---

[118] Vgl. Feldhusen et al. (2013), Pahl/Beitz Konstruktionslehre, S. 238

[119] Vgl. Czichos (2019), Mechatronik: Grundlagen und Anwendungen technischer Systeme, S. 10

[120] Vgl. Feldhusen et al. (2013), Pahl/Beitz Konstruktionslehre, S. 238; Hubka (1984), Theorie Technischer Systeme, S. 13f.

[121] Vgl. Feldhusen et al. (2013), Pahl/Beitz Konstruktionslehre, S. 240

[122] Vgl. Feldhusen et al. (2013), Pahl/Beitz Konstruktionslehre, S. 241

[123] Vgl. Feldhusen et al. (2013), Pahl/Beitz Konstruktionslehre, S. 242

[124] Vgl. Feldhusen et al. (2013), Pahl/Beitz Konstruktionslehre, S. 240; Ehrlenspiel et al. (2013), Integrierte Produktentwicklung, S. 420

[125] Vgl. Feldhusen et al. (2013), Pahl/Beitz Konstruktionslehre, S. 240

[126] Vgl. Kartika (2010), Methodik zur Analyse des Baukastenpotentials bei bestehender Produktvielfalt, S. 41ff.

[127] Vgl. Kartika (2010), Methodik zur Analyse des Baukastenpotentials bei bestehender Produktvielfalt, S. 41ff.; Feldhusen et al. (2013), Pahl/Beitz Konstruktionslehre, S. 244

Abbildung 2-5 Formale Elemente zur Darstellung einer Funktion[128]

Wie zuvor erläutert, beschreibt eine Funktion lediglich die Aufgabe des technischen Systems, nicht aber deren Realisierung. Einen ersten konkreten Lösungsvorschlag für eine Funktion liefert das Wirkprinzip. Dieses beinhaltet das Zusammenspiel der genutzten physikalischen Effekte und der festgelegten geometrischen und stofflichen Eigenschaften.[129] Einen physikalischen Effekt definieren CLAUSSEN ET AL. als den Zusammenhang physikalischer Größen[130]. Er wird ausgedrückt in Form von physikalischen Gesetzen[131]. Die Realisierbarkeit einer Funktion kann mitunter die Kombination mehrerer physikalischer Effekte erfordern[132]. Eine Übersicht der wichtigsten physikalischen Effekte sowie der zugehörigen physikalischen Gesetze ist von KOLLER zusammengestellt worden[133]. Physikalische Effekte allein stellen jedoch keine Lösung einer Funktion dar. Dies geschieht erst im Zusammenhang mit den vorhandenen geometrischen und stofflichen Eigenschaften wie dem Wirkort und der Wirkgeometrie. Während der Wirkort angibt, wo der physikalische Effekt wirkt, beschreibt die Wirkgeometrie Wirkflächen, Wirkbewegungen und zu Grunde liegende Werkstoffe.[134]

2.1.4 Innovations- und Ideenprozess

Innovieren bedeutet die kontinuierliche Neuanwendung von vorhandenem oder Entwicklung von neuem Wissen[135]. Dies erfordert die Synchronisation verschiedener Teilprozesse, Abgrenzung von Verantwortungen und Definition von Schnittstellen[136]. Unternehmen stehen folglich vor der Aufgabe, die kreative Entwicklung einer Idee zu einer Innovation in einen organisatorischen Rahmen zu fassen[137]. Dieser Rahmen wird

[128] Vgl. Ehrlenspiel et al. (2013), Integrierte Produktentwicklung, S. 420

[129] Vgl. Feldhusen et al. (2013), Pahl/Beitz Konstruktionslehre, S. 249

[130] Vgl. Claussen et al. (1998), Maschinensystematik und Konstruktionsmethodik, S. 41

[131] Vgl. Feldhusen et al. (2013), Pahl/Beitz Konstruktionslehre, S. 247

[132] Vgl. Feldhusen et al. (2013), Pahl/Beitz Konstruktionslehre, S. 248

[133] Vgl. Koller (1998), Konstruktionslehre für den Maschinenbau: Grundlagen zur Neu- und Weiterentwicklung technischer Produkte mit Beispielen, S. 471ff.

[134] Vgl. Feldhusen et al. (2013), Pahl/Beitz Konstruktionslehre, S. 248f.

[135] Vgl. Lang et al. (2019), Innovationsräume, S. 4

[136] Vgl. Grün et al. (2017), Entwicklung und Stand der deutschsprachigen betriebswirtschaftlichen Innovationsforschung, S. 15; Schuh (2012), Innovationsmanagement, S. 4

[137] Vgl. Herstatt et al. (2007), Management der frühen Innovationsphasen, S. 114f.

Innovationsprozess genannt. Er definiert die Schritte einer zielgerichteten Entwicklung von Innovationen.[138]

Vor dem Hintergrund der vorangegangenen Ausführungen wird in den folgenden Abschnitten zunächst der Innovationsprozess anhand seiner konstituierenden Charakteristika und Phasen erläutert (s. Abschnitt 2.1.4.1). Als Teil des Innovationsprozesses und essenzielles Werkzeug der Ideenentwicklung wird anschließend der Ideenprozess im Detail diskutiert (s. Abschnitt 2.1.4.2 und Abschnitt 2.1.4.3).

2.1.4.1 Innovationsprozess

Nach dem zweiten Weltkrieg erfuhren viele Volkswirtschaften einen starken wirtschaftlichen Aufschwung. Dieser wurde maßgeblich durch das Hervorbringen neuer wissenschaftlicher Erkenntnisse und daraus resultierenden technologischen Entwicklungen in Unternehmen ermöglicht. Die ersten Untersuchungen der systematischen Erzeugung von Innovationen zeichnen sich daher durch die Unterstellung eines linearen Zusammenhangs zwischen Investitionen in Forschung und Entwicklung und Anzahl der am Markt erfolgreich platzierten Produkte aus.[139] Seitdem haben sich sowohl theoretische Erkenntnisse als auch die Umsetzung dieser Erkenntnisse in der Praxis kontinuierlich weiterentwickelt[140]. Unmittelbare Folge dieser Entwicklung ist die heute bestehende Vielfalt von Innovationsprozessen[141]. Grundsätzlich lassen sich Innovationsprozesse in lineare und iterative Prozesse unterteilen. Lineare Prozesse zeichnen sich durch eine stringente Abfolge definierter Aktivitäten und zu erreichender Kriterien aus. Auf Grund dieser Charakteristika werden sie zumeist für die Entwicklung von Innovationen geringer Intensität genutzt.[142] Stellvertretend für lineare Innovationsprozesse sei an dieser Stelle das Stage-Gate Model von COOPER genannt[143]. Iterative Prozesse hingegen verfolgen in der Regel die Entwicklung von Innovationen hoher Intensität. Sie weisen im Vergleich zu den linearen Innovationsprozessen einen adaptiveren und flexibleren Charakter auf. Dieser manifestiert sich hauptsächlich durch die Integration von Feedback-Schleifen innerhalb oder zwischen den einzelnen

---

[138] Vgl. Gausemeier et al. (2019), Innovationen für die Märkte von morgen, S. 54

[139] Vgl. Rothwell (1994), Towards the Fifth-generation Innovation Process, S. 7f.

[140] Vgl. Voehl et al. (2019), The framework for innovation: A entrepreneur's guide to the body of innovation knowledge, S. 174ff.

[141] Vgl. Cooper (2006), Managing Technology Development Projects, S. 26; Specht et al. (2002), F&E-Management, S. 144ff.; Gerpott (2013), Strategisches Technologie- und Innovationsmanagement, S. 49; Braun-Thürmann (2005), Innovation, S. 36; Vahs et al. (2015), Innovationsmanagement: Von der Idee zur erfolgreichen Vermarktung, S. 230; Herstatt et al. (2007), Management der frühen Innovationsphasen, S. 9

[142] Vgl. Stampfl (2016), The Process of Business Model Innovation, S. 15

[143] Vgl. Cooper (1990), Stage-gate systems: A new tool for managing new products, S. 46

Prozessphasen.[144] Ein aktuelles Beispiel iterativer Innovationsprozesse ist der Build-Measure-Learn Cycle von RIES[145]. Trotz unterschiedlicher Charakteristika lässt sich die Mehrheit der heute existierenden Innovationsprozesse anhand generischer Phasen beschreiben. GAUSEMEIER ET AL. wählen dazu die Phasen der Ideengenerierung und -auswahl, Konzipierung und Entwicklung sowie Markteinführung.[146] Abbildung 2-6 ordnet diese Phasen ihrer zeitlichen Abfolge nach.

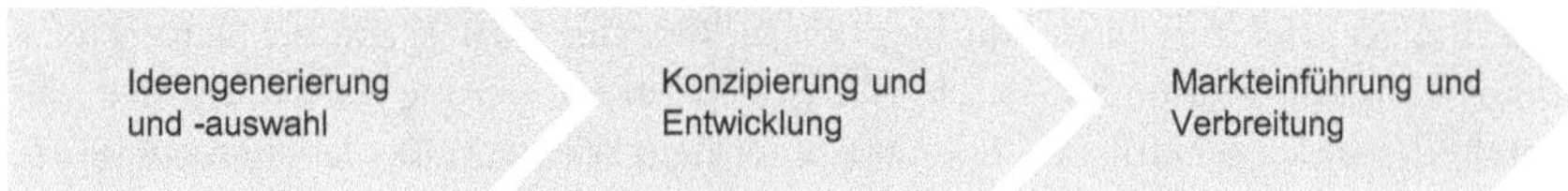

Abbildung 2-6 Darstellung repräsentativer Phasen des Innovationsprozesses[147]

Als initiale Phase des Innovationsprozesses dient die *Ideengenerierung und –auswahl* der Generierung, Beschreibung, Bewertung sowie Auswahl von Innovationsideen für die Weiterverfolgung im Innovationsprozess[148]. Nach der in Unterkapitel 1.2 formulierten Zielsetzung baut die vorliegende Arbeit auf den Grundlagen und Erkenntnissen der *Ideengenerierung und -auswahl* auf. Aus diesem Grund erfolgt eine detaillierte Betrachtung dieser Phase in den Abschnitten 2.1.4.2 und 2.1.4.3. In der *Konzipierungs- und Entwicklungsphase* werden zunächst die zuvor selektierten Ideen in ein Produktkonzept überführt. Dieses enthält bereits erste Funktions- und Designmuster und wird im Laufe der Phase um Funktions- und Produktstruktur erweitert.[149] Parallel dazu wird die Infrastruktur zur Herstellung des Produktes aufgebaut[150]. Die *Markteinführung und Verbreitung* repräsentiert die letzte Phase des Innovationsprozesses. Innerhalb dieser Phase wird das Produkt anhand der zuvor ermittelten und ausgereiften Konzepte über die Vertriebskanäle vermarktet. Es findet damit die Erfüllung der Nachfrage über eine marktreife Technologielösung statt.[151]

---

[144] Vgl. Stampfl (2016), The Process of Business Model Innovation, S. 17f.
[145] Vgl. Ries (2011), The lean startup, S. 75
[146] Vgl. Gausemeier et al. (2019), Innovationen für die Märkte von morgen, S. 55
[147] Vgl. Gausemeier et al. (2019), Innovationen für die Märkte von morgen, S. 55
[148] Vgl. Gausemeier et al. (2019), Innovationen für die Märkte von morgen, S. 57
[149] Vgl. Gausemeier et al. (2019), Innovationen für die Märkte von morgen, S. 62
[150] Vgl. Cooper (2011), Winning at new products, S. 149
[151] Vgl. Voehl et al. (2019), The framework for innovation: A entrepreneur's guide to the body of innovation knowledge, S. 219ff.

Die Ideengenerierung und -auswahl repräsentiert die erste Phase des Innovationsprozesses (s. o.). Sie ist somit gleichzeitig die Basis der Innovationsfähigkeit eines Unternehmens[152]. Nicht das Erzeugen von Ideen stellt Unternehmen heute vor Herausforderungen. Vielmehr ist es die Transformation einer Vielzahl von initialen Ideen in tatsächliche Innovationen.[153] Zwei Faktoren sind ausschlaggebend für den Innovationserfolg eines Unternehmens. Zum einen gilt es, einzelne, ausgewählte Ideen erfolgreich zu Innovationen zu entwickeln.[154] Zum anderen gilt es, die Gesamtheit aller im Unternehmen vorhandenen Ideen mit begrenzten Ressourcen zu einem möglichst großen Innovationserfolg zu führen[155]. Die Aktivitäten zur Umsetzung beider Faktoren werden in der wissenschaftlichen Literatur unter dem Stichwort des *Ideenprozesses* oder *Fuzzy-Front-End* zusammengefasst[156]. Für den weiteren Verlauf dieser Arbeit wird die gezielte Entwicklung einer bestimmten Idee als *Ideenentwicklungsprozess* und die Entwicklung eines Portfolios von Ideen als *Portfolioentwicklungsprozess* bezeichnet. Beide Prozesse laufen in der Regel parallel zueinander ab. Dieser Umstand sowie ihre bereits erläuterte, relative Einordnung zum Innovationsprozess sind in Abbildung 2-7 visualisiert. Sowohl Ideenentwicklungsprozess als auch Portfolioentwicklungsprozess werden nachfolgend im Detail vorgestellt.

[152] Vgl. Bullinger (2009), Innovation and Ontologies, S. 3

[153] Vgl. Kerka (2011), Innovationen entstehen aus Ideen - doch nur wenige Ideen werden zu erfolgreichen Innovationen, S. 11f.

[154] Vgl. Brandenburg (2002), Methodik zur Planung technologischer Produktinnovationen, S. 85

[155] Vgl. Dziallas (2020), How to evaluate innovative ideas and concepts at the front-end?, S. 502

[156] Vgl. Messerle (2016), Methodik zur Identifizierung der erfolgversprechendsten Produktideen in den frühen Phasen des Produktentwicklungsprozesses, S. 14; Koen (2005), The Fuzzy Front End for Incremental, Platform, and Breakthrough Products, S. 81

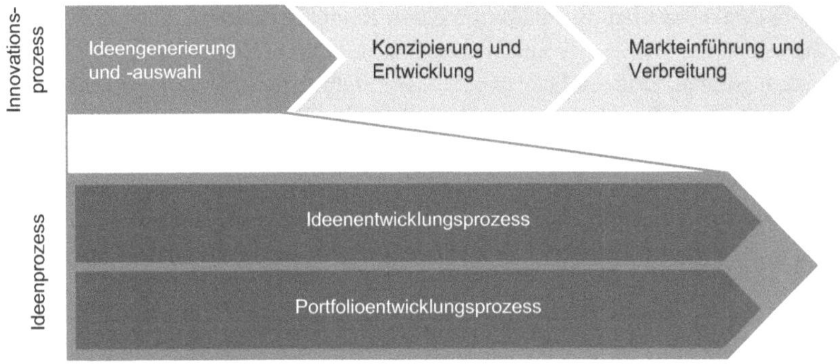

Abbildung 2-7 Zusammenhang zwischen Innovations- und Ideenprozess

2.1.4.2 Ideenentwicklungsprozess

Der Ideenentwicklungsprozess beschreibt ein standardisiertes Rahmenwerk, welches die effiziente Entwicklung einer konkreten Innovationsidee zu einer Innovation zum Ziel hat. Er lässt sich in drei Phasen unterteilen: Die kreativ-divergente Phase, die kreativ-konvergente Phase sowie die Konzeptphase.[157] Zielsetzung und Inhalt der angeführten Phasen werden nachfolgend im Detail beleuchtet.

Die *kreativ-divergente* Phase repräsentiert den Beginn des Ideenentwicklungsprozesses. In dieser Phase entsteht eine Idee.[158] Die Bezeichnung „kreativ-divergent" bezieht sich auf das Ziel der Generierung einer größtmöglichen Menge neuer Ideen in verschiedensten Ausgestaltungsformen[159]. Grundsätzlich können die Ausgestaltungsformen in Problem- und Lösungsidee unterteilt werden. Eine Problemidee beschreibt ein bisher ungelöstes Problem, welches auch in Zukunft nicht an Relevanz verlieren wird. Dies lässt sich als ein Bedürfnis, eine Anforderung oder Aufgabenstellung beschreiben. Eine Lösungsidee repräsentiert die Lösung eines bestehenden Problems. Sie wird meist durch eine technische Lösung beschrieben, welche bestimmte Bedürfnisse, Anforderungen oder Aufgabenstellungen erfüllt.[160] Ergebnis der kreativ-divergenten Phase ist eine Vielfalt verschiedener Möglichkeiten zur Ausgestaltung einer Problem- oder Lö-

[157] Vgl. Brandenburg (2002), Methodik zur Planung technologischer Produktinnovationen, S. 53
[158] Vgl. Brandenburg (2002), Methodik zur Planung technologischer Produktinnovationen, S. 51ff.
[159] Vgl. Brown et al. (2009), Change by design, S. 66ff.
[160] Vgl. Brandenburg (2002), Methodik zur Planung technologischer Produktinnovationen, S. 53

sungsidee. Diese Vielfalt geht einher mit einer hohen Komplexität. Der kreativ-konvergente Denkansatz hat die Reduktion dieser Komplexität zum Ziel.[161] Ziel der *kreativ-konvergenten Phase* ist demnach die erfolgsorientierte Kombination von Problem- und Lösungsideen. Eine erfolgversprechende Kombination tritt als Produktidee in die Konzeptphase ein[162]. In der *Konzeptphase* wird die resultierende Produktidee weiterentwickelt. Zu diesem Zweck werden detaillierte Markt- und Technologieinformationen eingeholt und validiert. Diese Informationen werden kumuliert in Produktkonzepte überführt, welche in Form eines Demonstrators validiert werden.[163]

2.1.4.3 Portfolioentwicklungsprozess

Innerhalb eines Unternehmens existiert jedoch eine Vielzahl von Ideen völlig unterschiedlicher Inhalte und Reifegrade[164]. Eine Entwicklung dieser Ideen nach dem zuvor beschriebenen Ideenentwicklungsprozess erfordert den Einsatz finanzieller und kapazitiver Ressourcen. Aufgrund der in jedem Unternehmen vorherrschenden natürlichen Ressourcenknappheit gilt es für Unternehmen, diese Ressourcen möglichst gezielt zu allokieren.[165] Dieses Ziel wird durch einen definierten Prozess zur Entwicklung der Gesamtheit aller im Unternehmen existierenden Innovationsideen erreicht[166]. Dieser Prozess wird für den weiteren Verlauf dieser Arbeit als Portfolioentwicklungsprozess bezeichnet. In der wissenschaftlichen Literatur bestehen verschiedene Auffassungen hinsichtlich der Elemente und Strukturen des Portfolioentwicklungsprozesses[167]. Basierend auf der Auswertung verschiedenster existierender Ansätze identifiziert MESSERLE vier konstituierende Phasen des Portfolioentwicklungsprozesses[168]. Danach beginnt dieser mit der gezielten Generierung neuer Ideen. Die *Ideengenerierung* ist von dem Ziel gekennzeichnet, eine möglichst große Anzahl verschiedenartiger Ideen hervorzubringen. Zu diesem Zweck existiert heute in Literatur und Praxis eine Viel-

---

[161] Vgl. Brown et al. (2009), Change by design, S. 66ff.

[162] Vgl. Brandenburg (2002), Methodik zur Planung technologischer Produktinnovationen, S. 53

[163] Vgl. Brandenburg (2002), Methodik zur Planung technologischer Produktinnovationen, S. 48

[164] Vgl. Messerle (2016), Methodik zur Identifizierung der erfolgversprechendsten Produktideen in den frühen Phasen des Produktentwicklungsprozesses, S. 1, 22

[165] Vgl. Dziallas (2020), How to evaluate innovative ideas and concepts at the front-end?, S. 502

[166] Vgl. Messerle (2016), Methodik zur Identifizierung der erfolgversprechendsten Produktideen in den frühen Phasen des Produktentwicklungsprozesses, S. 21

[167] Vgl. Messerle (2016), Methodik zur Identifizierung der erfolgversprechendsten Produktideen in den frühen Phasen des Produktentwicklungsprozesses, S. 21; Brandenburg (2002), Methodik zur Planung technologischer Produktinnovationen, S. 51ff.; Drachsler (2007), Bewertung von Produktideen, S. 8; Stern (2010), Erfolgreiches Innovationsmanagement, S. 217

[168] Vgl. Messerle (2016), Methodik zur Identifizierung der erfolgversprechendsten Produktideen in den frühen Phasen des Produktentwicklungsprozesses, S. 21

zahl von Ideenfindungstechniken. Stellvertretend seien an dieser Stelle die 635 Technik oder die Reizwortanalyse genannt.[169] Die erzeugten Ideen stellen die initiale Form späterer Innovationen dar[170]. Sie werden in einem nächsten Schritt beschrieben und hinsichtlich ihrer Erfolgschancen bewertet (s. Abschnitt 2.2.3). Die Selektierung erfolgversprechender Innovationsideen für eine ressourcenunterstützte Weiterentwicklung repräsentiert den letzten Schritt des Portfolioentwicklungsprozesses[171]. Basierend auf der Grundlage der Ideenbewertung wird über die Weiterverfolgung der einzelnen Innovationsideen entschieden[172]. Hinsichtlich der Weiterverfolgung bestehen drei grundsätzliche Möglichkeiten. Eine Idee kann in die nächste Phase des Innovationsprozesses übergehen, in der Ideenentwicklungsphase verbleiben und weiterentwickelt oder verworfen werden.[173] Um eine Verschwendung von Ressourcen zu vermeiden sollte insbesondere die zuletzt genannte Möglichkeit im Portfolioentwicklungsprozess so früh wie möglich wahrgenommen werden[174].

Sowohl Innovations- als auch Ideenprozess werden oft als sequenzielle Abfolge definierter Prozessphasen oder -schritte dargestellt[175]. Tatsächlich werden in der Praxis jedoch sowohl der Innovationsprozess als auch der Ideenprozess wiederholt durchlaufen. Dieser Umstand ist anhand der kreisförmigen Darstellung von Innovationsprozess und Ideenprozess in Abbildung 2-8 visualisiert. Die in der Abbildung dargestellte Überlagerung von Portfolioentwicklungs- und Ideenentwicklungsprozess verdeutlicht, dass beide Prozesse in der Regel parallel zueinander durchlaufen werden.[176]

[169] Vgl. Blumenschein et al. (2016), Ideen managen, S. 82f.

[170] Vgl. Garzarolli et al. (2020), Struktur und Anarchie: Wie Innovation gelingt, S. 7

[171] Vgl. Messerle (2016), Methodik zur Identifizierung der erfolgversprechendsten Produktideen in den frühen Phasen des Produktentwicklungsprozesses, S. 21

[172] Vgl. Jahn (2010), Portfolio- und Reifegradmanagement für Innovationsprojekte zur Multiprojektsteuerung in der frühen Phase der Produktentwicklung, S. 77

[173] Vgl. Augsten et al. (2017), Strategie und Innovation, S. 97

[174] Vgl. Wühr (2017), Innovationsarbeit in der Investitionsgüterindustrie, S. 70

[175] Vgl. Cooper (1990), Stage-gate systems: A new tool for managing new products, S. 46; Herstatt et al. (2007), Management der frühen Innovationsphasen, S. 9

[176] Vgl. Fueglistaller et al. (2016), Entrepreneurship, S. 103; Kerka (2011), Innovationen entstehen aus Ideen - doch nur wenige Ideen werden zu erfolgreichen Innovationen, S. 21

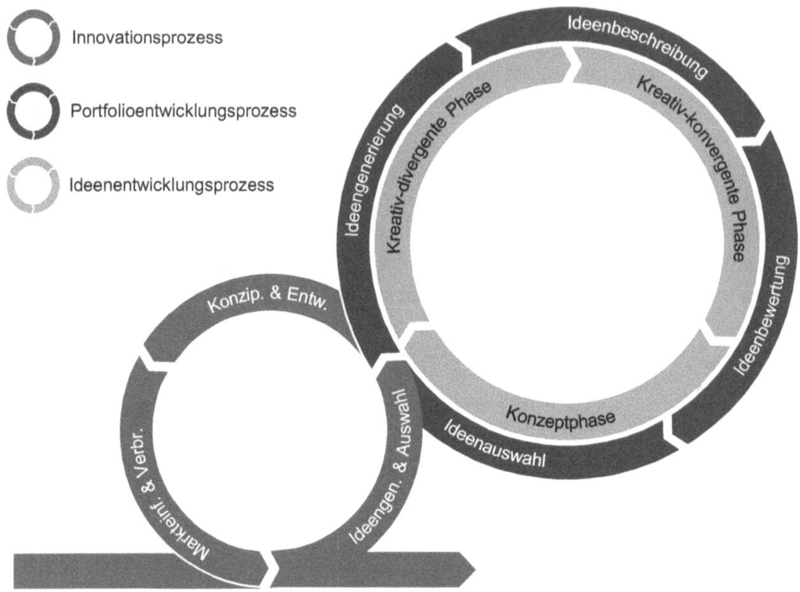

Abbildung 2-8 Iteratives Zusammenwirken von Innovations-, Portfolioentwicklungs- und Ideenentwicklungsprozess

2.1.5 Zwischenfazit: Innovationsideen für technische Systeme

Zielstellung des vorangegangenen Unterkapitels war die Darstellung von Grundlagenkenntnissen und Begrifflichkeiten zum Themengebiet „Innovationsideen für technische Systeme". Zu diesem Zweck wurden sowohl die Begriffe der Innovation als auch der Innovationsidee diskutiert. Diese Erläuterungen bilden die Grundlage der Abgrenzung des Betrachtungsbereiches in Unterkapitel 2.4. Die Diskussion relevanter Charakteristika und Strukturen von technischen Systemen spezifizierte den inhaltlichen Fokus der Ideendefinition für die vorliegende Dissertation. Insbesondere die Erläuterungen der konstituierenden Elemente technischer Systeme, ihrer Zusammenhänge sowie der von ihnen zu erfüllenden Aufgaben bilden die Basis für die Erarbeitung der Informationsgrundlage zur Ermittlung der Logik von Innovationsideen für technische Systeme (s. Unterkapitel 4.1). Zuletzt wurde der Prozess systematischer Weiterentwicklung von Innovationsideen zu Innovationen erläutert. Die diskutierte Differenzierung zwischen Ideenentwicklungsprozess und Portfolioentwicklungsprozess ist ebenfalls für die Abgrenzung des Betrachtungszeitraums relevant (s. Unterkapitel 2.4). Darüber hinaus dienen die vorgestellten Phasen des Ideenentwicklungsprozesses als zeitliche Referenzpunkte für die im Folgenden erarbeitete Methodik zur Ermittlung der Logik von Innovationsideen für technische Systeme (s. Kapitel 4). Insbesondere die zum Begriff der Innovationsidee angeführten Inhalte werden nachfolgend um den Aspekt der Bewertung erweitert.

2.2 Bewertung von Innovationsideen

Die Bedeutung von Innovationsideen für den wirtschaftlichen Erfolg von Unternehmen ist heute unbestritten[177]. Trotzdem schafft es durchschnittlich lediglich eine von 3.000 Ideen, einen kommerziellen Erfolg am Markt zu erzielen[178]. Die Gründe für diese geringe Erfolgsrate liegen weniger in der Generierung einer Vielzahl von Innovationsideen. Vielmehr ist es die Auswahl der erfolgversprechendsten Innovationsideen, welche Unternehmen vor eine Herausforderung stellt.[179] Die vorliegende Dissertation verfolgt daher u. a. das Ziel, zur Verbesserung der Ideenauswahl beizutragen (s. Unterkapitel 1.2). Vor diesem Hintergrund werden im folgenden Unterkapitel die Grundlagen zur Bewertung und Auswahl erfolgversprechender Innovationsideen vorgestellt.

Zu diesem Zweck erfolgt zunächst eine kurze Zusammenfassung hinsichtlich der Ideenbewertung relevanter Informationen (s. Teilkapitel 2.2.1). Es folgt die Darstellung verbreiteter Bewertungskriterien (s. Teilkapitel 2.2.2) sowie die Diskussion von Bewertungsmethoden zur Anwendung der Bewertungskriterien (s. Teilkapitel 2.2.3). Vor dem Hintergrund der Zielstellung dieser Arbeit wird insbesondere auf das Bewertungskriterium des Kundennutzens eingegangen. Als Methoden zur Ermittlung des Kundennutzens stehen insbesondere die Conjoint-Analyse sowie die Means-End Kette im Fokus der Ausführungen.

2.2.1 Relevante Informationen zur Bewertung von Innovationsideen

Nicht alle Ideen haben das Potenzial, zu einer Innovation entwickelt zu werden[180]. Um die erfolgversprechendsten Ideen im späteren Bewertungsprozess identifizieren zu

[177] Vgl. Deutschland –Land der Ideen (2021), Hintergrundinformationen, S. 1
[178] Vgl. Schilling (2017), Strategic management of technological innovation, S. 5
[179] Vgl. Adam (2012), Die Bewertung von Innovationsideen, S. 50
[180] Vgl. Schilling (2017), Strategic management of technological innovation, S. 5

können, gilt es, alle Innovationsideen zu bewerten[181]. Eine belastbare Bewertung kann nur auf der Basis einer qualitativ hochwertigen Informationsgrundlage erfolgen[182]. Zur Bereitstellung dieser Informationsgrundlage müssen alle hinsichtlich einer Innovationsidee relevanten Informationen systematisch erzeugt[183] und erfasst werden[184]. Die in der wissenschaftlichen Literatur als relevant erachteten Informationen sind in Tabelle 2-1 dargestellt.

Zur Unterstützung der Entwicklung von Innovationsideen haben sich methodische Hilfsmittel etabliert. Diese werden als „Methoden und Instrumente“[185], „Werkzeuge und Techniken“[186] oder „Innovationsmethoden und -werkzeuge“[187] bezeichnet. Sie lassen sich zur zielgerichteten und systematischen Erzeugung hinsichtlich der verschiedenen Aspekte einer Innovationsidee relevanten Informationen einsetzen[188]. Für den weiteren Verlauf dieser Arbeit werden diese methodischen Hilfsmittel als „Innovationswerkzeuge“ bezeichnet.

Die systematische und geordnete Erfassung der relevanten Informationen erfolgt in der Praxis anhand von standardisierten Vorlagen. Diese sind unter den verschiedensten Bezeichnungen und in den verschiedensten Ausführungen zu finden (z. B. Produktideendatenblatt nach GERHARDS[189], Ideenkarte nach KERKA[190], Innovations-Steckbrief nach VAHS ET AL.[191], Ideensteckbrief nach KÜHN[192] oder Ideenblatt nach DOMBROWSKI ET AL.[193]).

---

181 Vgl. Messerle (2016), Methodik zur Identifizierung der erfolgversprechendsten Produktideen in den frühen Phasen des Produktentwicklungsprozesses, S. 21

182 Vgl. Adam (2012), Die Bewertung von Innovationsideen, S. 55

183 Vgl. Brandenburg (2002), Methodik zur Planung technologischer Produktinnovationen, S. 91

184 Vgl. Eversheim (2009), Innovation Management for Technical Products, S. 70f.

185 Brandenburg (2002), Methodik zur Planung technologischer Produktinnovationen, S. 92

186 Eversheim (2009), Innovation Management for Technical Products, S. 69

187 Burkhardt et al. (2018), Das große Handbuch Innovation, S. 7

188 Vgl. Brandenburg (2002), Methodik zur Planung technologischer Produktinnovationen, S. 92

189 Vgl. Gerhards (2002), Methodik zur Interaktion von F&E und Marketing in den frühen Phasen des Innovationsprozesses, A-40

190 Vgl. Kerka (2011), Innovationen entstehen aus Ideen - doch nur wenige Ideen werden zu erfolgreichen Innovationen, S. 29

191 Vgl. Vahs et al. (2015), Innovationsmanagement: Von der Idee zur erfolgreichen Vermarktung, S. 312

192 Vgl. Kühn (2003), Systematik des Ideenmanagements im Produktentstehungsprozess, S. 102ff.

193 Vgl. Dombrowski et al. (2009), Modernisierung kleiner und mittlerer Unternehmen, S. 175f.

Tabelle 2-1 Relevante Informationen zur Ideenbeschreibung[194]

Information	Autor
Angestrebter Marktanteil	BRANDENBURG
Entwicklungsaufwand	BRANDENBURG, VAHS ET AL., AHSEN
Fit zur Unternehmensstrategie	AHSEN
Kundenanforderungen	AHSEN
Kundennutzen	VAHS ET AL.
Marktattraktivität	AHSEN
Marktsegment	BRANDENBURG, AHSEN
Marktwachstum	BRANDENBURG
Positionierung zu existierenden Produkten (externen und internen)	BRANDENBURG
Potenzielle Risiken	AHSEN
Technische Funktionen	VAHS ET AL.
Technische Machbarkeit	BRANDENBURG, AHSEN
Wettbewerbsvorteil	BRANDENBURG, DOMBROWSKI ET AL.
Zeitplanung	BRANDENBURG, VAHS ET AL., AHSEN

Sowohl Qualität als auch Quantität der bezüglich einer Innovationsidee verfügbaren Informationen nehmen während des Innovationsprozesses kontinuierlich zu[195]. Dies erfordert eine Orientierung der Instrumente zur Informationserfassung am Entwicklungsstand der jeweiligen Idee, welche jedoch in den wenigsten theoretischen Ansätzen zu finden ist[196].

194 Vgl. Brandenburg (2002), Methodik zur Planung technologischer Produktinnovationen, A-64; Brandenburg (2002), Methodik zur Planung technologischer Produktinnovationen, A-65; Vahs et al. (2015), Innovationsmanagement: Von der Idee zur erfolgreichen Vermarktung, S. 310; Vahs et al. (2015), Innovationsmanagement: Von der Idee zur erfolgreichen Vermarktung, S. 312; Ahsen (2010), Bewertung von Innovationen im Mittelstand, S. 45; Dombrowski et al. (2009), Modernisierung kleiner und mittlerer Unternehmen, S. 175

195 Vgl. Ahsen (2010), Bewertung von Innovationen im Mittelstand, S. 44ff.

196 Vgl. Messerle (2016), Methodik zur Identifizierung der erfolgversprechendsten Produktideen in den frühen Phasen des Produktentwicklungsprozesses, S. 26f.

2.2.2 Kriterien zur Bewertung von Innovationsideen

Maßgeblich verantwortlich für das Ergebnis der Bewertung von Innovationsideen ist die Auswahl der Bewertungskriterien[197]. In der wissenschaftlichen Literatur wird eine Vielzahl von Kriterien zur Bewertung von Innovationsideen[198], Produktideen und Produkten[199] oder Entwicklungsprojekten[200] genannt. Aufgrund der übersichtlichen Gruppierung sind in Tabelle 2-2 Bewertungskriterien nach HERRMANN ET AL., stellvertretend für alle zuvor indizierten Autoren, dargestellt. Für eine umfassende Ergänzung der dargestellten Bewertungsdimensionen um weitere Bewertungskriterien aus der wissenschaftlichen Literatur sei an dieser Stelle auf MESSERLE verwiesen[201].

Aus Tabelle 2-2 sowie den Ausführungen von MESSERLE wird die Anzahl und Diversität der existierenden Kriterien zur Bewertung von Innovationsideen ersichtlich. Alle dargestellten Kriterien lassen sich allerdings den in Abbildung 2-3 dargestellten drei übergeordneten Kriterien zur Bewertung von Innovationsideen zuordnen. Da für die vorliegende Arbeit insbesondere die Untersuchung der Erzeugung eines Kundennutzens von Relevanz ist (s. Unterkapitel 2.4), wird dieses Bewertungskriterium im Folgenden tiefgehender diskutiert.

---

[197] Vgl. Adam (2012), Die Bewertung von Innovationsideen, S. 68

[198] Vgl. Grossklaus (2014), Von der Produktidee zum Markterfolg, S. 169ff.; Herrmann et al. (2013), Produktmanagement, S. 164; Kerka (2011), Innovationen entstehen aus Ideen - doch nur wenige Ideen werden zu erfolgreichen Innovationen, S. 59, S. 67

[199] Vgl. Tzokas et al. (2004), Navigating the new product development process, S. 623; Hart et al. (2003), Industrial Companies' Evaluation Criteria in New Product Development Gates, S. 28; Reichle (2006), Bewertungsverfahren zur Bestimmung des Erfolgspotenzials und des Innovationsgrades von Produktideen und Produkten, S. 68f., S. 71ff.

[200] Vgl. Ahsen (2010), Bewertung von Innovationen im Mittelstand, S. 51ff.; Jahn (2010), Portfolio- und Reifegradmanagement für Innovationsprojekte zur Multiprojektsteuerung in der frühen Phase der Produktentwicklung, S. 83

[201] Vgl. Messerle (2016), Methodik zur Identifizierung der erfolgversprechendsten Produktideen in den frühen Phasen des Produktentwicklungsprozesses, S. 35

Tabelle 2-2 Übersicht von Bewertungskriterien[202]

Bewertungsdimension	Kriterien
Marktbezogene Bewertungskriterien	Marktvolumen, Marktwachstum, Marktpotenzial, Markteintrittsbarrieren
Kundenbezogene Bewertungskriterien	Bedürfniserfüllung, Zahlungsbereitschaft, Ansprechbarkeit
Wirtschaftliche Bewertungskriterien	Umsatz, Deckungsbeitrag
Technische Bewertungskriterien	Technische Umsetzbarkeit, Qualität, Funktionsumfang
Zeitliche Bewertungskriterien	Time-to-market, Produktlebenszyklus
Konkurrenzbezogene Bewertungskriterien	Anzahl der Wettbewerber, Verhalten der Wettbewerber, Preiskampf
Handelsbezogene Bewertungskriterien	Handelsmacht, Akzeptanz im Handel
Unternehmensbezogene Bewertungskriterien	Synergieeffekte, Fit mit Unternehmenszielen, Fit mit Unternehmensimage
Juristische Bewertungskriterien	Rechtliche Beschränkungen, vorhandene Patentrechte, eigener Patentschutz
Umweltbezogene Bewertungskriterien	Gesellschaftliche Bedenken, Umwelt-Bedenken

Kundennutzen

Der Begriff des Kundennutzens wird sowohl aus Anbietersicht als auch aus Kundensicht definiert. Aus Anbietersicht ist er als der Nutzen zu verstehen, welcher dem Unternehmen durch den Kunden entsteht.[203] Für den weiteren Verlauf dieser Arbeit bezieht sich der Begriff auf den aus Sicht des Kunden wahrgenommenen Nutzen.

[202] Vgl. Herrmann et al. (2013), Produktmanagement, S. 164

[203] Vgl. Rudolf-Sipötz et al. (2000), Kundenwert in Forschung und Praxis, S. 8

Der durch ein Produkt entstehende Nutzen ist hinsichtlich einer Kaufentscheidung ausschlaggebend für den Kunden[204]. Damit ist der Kundennutzen gleichzeitig ein entscheidender Faktor für den Markterfolg eines Produktes[205]. ZEITHAML und diverse andere Autoren definieren den Begriff des Kundennutzens als ein Abwägen zwischen dem, was der Kunde für die Nutzung eines Produktes geben muss und dem, was er im Gegenzug erhält[206]. Diese Definition wird von GALE ET AL. konkretisiert. Er definiert das vom Kunden Erhaltene als Qualität eines Produktes und das vom Kunden Gegebene als Preis.[207] Nach WOODSIDE ET AL. erfolgt diese Gegenüberstellung von Preis und Qualität relativ zu bereits am Markt existierenden Lösungen[208]. SETIJONO ET AL. erweitern das Konzept der Gegenüberstellung von Preis und Qualität um eine individuelle Kundenperspektive. Ihrer Meinung nach stellt die Nutzung eines Produktes keinen Selbstzweck für den Kunden dar. Sie dient vielmehr der Befriedigung dessen individueller Bedürfnisse.[209] Diese Ansicht deckt sich mit der Definition des Kundennutzens nach HOHL als „subjektiv empfundenes Maß der Bedürfnisbefriedigung“[210]. Die Bedürfnisbefriedigung wird dabei relativ zum Wettbewerb empfunden[211]. Diese Betrachtungsweise entspricht ebenfalls den praktischen Erfahrungen des Autors und wird folglich für den weiteren Verlauf dieser Dissertation übernommen. Unter Berücksichtigung der vorangegangenen Ausführungen wird daher der Begriff des Kundennutzens wie folgt definiert:

> *„Unter Kundennutzen wird die Differenz aus Vor- und Nachteilen, relativ zu bestehenden Lösungen, verstanden, welche dem Kunden durch die Nutzung eines Produktes zur Befriedigung seiner Bedürfnisse entsteht.“*

Der genaue Zusammenhang zwischen Produkt und Kundenbedürfnissen lässt sich anhand der Means-End Kette beschreiben[212]. Zur Beschreibung dieses Zusammenhangs

---

[204] Vgl. Lieder et al. (2018), A conjoint analysis of circular economy value propositions for consumers: Using “washing machines in Stockholm” as a case study, S. 265

[205] Vgl. Herrmann et al. (2009), Produktmanagement, S. 323

[206] Vgl. Zeithaml (1988), Consumer Perceptions of Price, Quality, and Value: A Means-End Model and Synthesis of Evidence, S. 14; Kotler et al. (2016), Marketing Management, S. 33; Cravens et al. (1988), Marketing's role in product and service quality, S. 288; Blocker (2011), Modeling customer value perceptions in cross-cultural business markets, S. 534

[207] Vgl. Gale et al. (1994), Managing customer value, S. 14

[208] Vgl. Woodside et al. (2009), Customer Value: Theory, Research and Practice, S. 11

[209] Vgl. Setijono et al. (2007), Customer value as a key performance indicator (KPI) and a key improvement indicator (KII), S. 46

[210] Hohl (2011), Nutzen als Basis von Kaufentscheidungen, S. 143

[211] Vgl. Ulrich et al. (2019), Wertschöpfung in der Betriebswirtschaftslehre, S. 464f.

[212] Vgl. Homburg (2017), Marketingmanagement, S. 35

wurden ursprünglich von GUTMAN drei generische Ebenen in eine hierarchische Beziehung („Means-End-Chain“) gebracht: Attribute, Konsequenzen und Werte[213]. Ein Kunde erwirbt ein Produkt folglich aufgrund der daraus entstehenden Konsequenzen. Durch diese erhofft er sich die Erfüllung individueller Ziele oder Bedürfnisse.[214] Die von GUTMAN eingeführten drei Ebenen werden von anderen Autoren weiter differenziert. So unterscheiden BOTSCHEN ET AL. nach konkreten und abstrakten Attributen, funktionalen und sozialen Konsequenzen sowie instrumentalen und terminalen Werten (s. Abbildung 2-9).[215] Für den weiteren Verlauf dieser Arbeit werden alle Elemente, welche einen Einfluss auf die Entstehung von Kundennutzen haben, als „Determinanten“ des Kundennutzens bezeichnet.

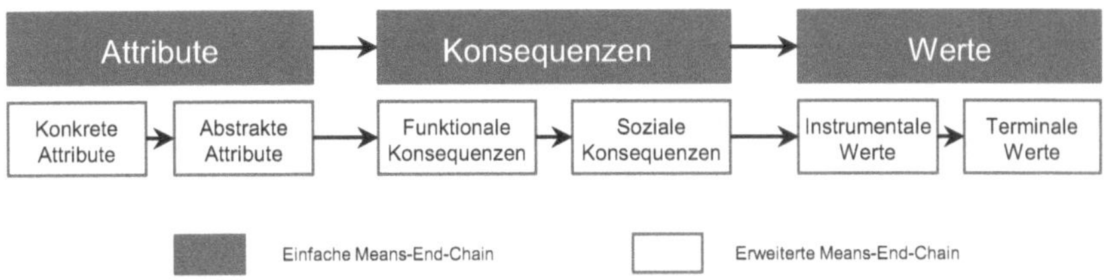

Abbildung 2-9 Darstellung der Means-End Kette[216]

Der Kundennutzen setzt sich nach MEFFERT ET AL. additiv zusammen. So summieren sich verschiedene Teilnutzen zu einem Gesamtnutzen auf.[217] Die einzelnen Teilnutzen können darüber hinaus hierarchisch geordnet werden. So lässt sich der Gesamtnutzen unterteilen in einen Grund- sowie einen Zusatznutzen.[218] Der Zusatznutzen selbst kann weiter nach Erbauungsnutzen und Geltungsnutzen differenziert werden[219]. Die Höhe des beispielsweise durch ein Produkt erzeugten Kundennutzens lässt sich monetär in der maximalen Zahlungsbereitschaft des Kunden ausdrücken. Reduziert man den Kundennutzen um den für das Produkt zu zahlenden Preis ergibt sich der Nettonutzen. Ein Kunde kauft ein Produkt nur dann, wenn dieser Nettonutzen positiv ist.[220]

Des Weiteren wird nach wahrgenommenem und erhaltenem Kundennutzen unterschieden. Der erhaltene Kundennutzen entsteht während der Nutzung des Produktes

[213] Vgl. Gutman (1982), A Means-End Chain Model Based on Consumer Categorization Processes, S. 62
[214] Vgl. Gutman (1982), A Means-End Chain Model Based on Consumer Categorization Processes, S. 62
[215] Vgl. Botschen et al. (1999), Using means-end structures for benefit segmentation, S. 42
[216] Vgl. Reynolds et al. (2001), Understanding consumer decision making, S. 12
[217] Vgl. Meffert et al. (2019), Marketing, S. 396
[218] Vgl. Vershofen (1940), Handbuch der Verbrauchsforschung, S. 71
[219] Vgl. Bänsch (1998), Käuferverhalten, S. 246
[220] Vgl. Schuh (2012), Innovationsmanagement, S. 314

und damit erst nach dem Kauf. Der Begriff des wahrgenommenen Kundennutzens bezieht sich hingegen auf die Zeit vor dem Produktkauf.[221] Obwohl der Kunde das Produkt in dieser Phase weder kauft noch benutzt, entsteht für ihn ein wahrgenommener Kundennutzen[222]. Unabhängig von den vorangegangenen beiden Unterscheidungen des Kundennutzens entsteht dieser als Konsequenz eines existierenden Produktes. Ein solches Produkt (und damit auch ein resultierender Kundennutzen) existiert jedoch während des Ideenprozesses noch nicht. Trotzdem beinhaltet jede Innovationsidee einen (zumindest implizit vorhandenen) Entwurf zur Ausgestaltung derjenigen Elemente, welche einen Einfluss auf den Kundennutzen haben. Aufgrund einer fehlenden Bezeichnung in der wissenschaftlichen Literatur wird dieser für den Verlauf der vorliegenden Dissertation als „Nutzenkonzept" bezeichnet:

> *„Unter einem Nutzenkonzept wird der Entwurf zur Ausgestaltung aller Elemente einer Innovationsidee verstanden, welche einen Einfluss auf den Kundennutzen haben."*

Eine differenzierte Herleitung des Nutzenkonzeptes sowie dessen relevanter Bestandteile erfolgt vor dem Hintergrund der Zielsetzung dieser Arbeit in Unterkapitel 4.1.

2.2.3 Methoden zur Bewertung von Innovationsideen

Aus der wissenschaftlichen Literatur gehen eine Vielzahl von Methoden zur Bewertung von F&E-Projekten[223] oder Innovationsideen[224] hervor. Diese Methoden unterscheiden sich oft nur geringfügig[225]. Ihre Eignung ist dabei nicht abhängig von der Bezeichnung, sondern vielmehr dem Reifegrad des Bewertungsobjektes. AHSEN unterscheidet aus diesem Grund zwischen *qualitativen*, *semi-quantitativen* und *quantitativen* Bewertungsmethoden (s. Abbildung 2-10).[226] Zur Bewertung von Ideen geringer Reifegrade werden tendenziell qualitative, zur Bewertung Ideen hoher Reifegerade

[221] Vgl. Setijono et al. (2007), Customer value as a key performance indicator (KPI) and a key improvement indicator (KII), S. 49

[222] Vgl. Sweeney et al. (2001), Consumer perceived value: The development of a multiple item scale, S. 206

[223] Vgl. Sandau et al. (2009), Methodische Unterstützung bei der Bewertung und Auswahl von Produktinnovationen unter hoher Marktunsicherheit, S. 63ff.; Martino (1995), Research and development project selection, S. 5

[224] Vgl. Wahren (2004), Erfolgsfaktor Innovation, S. 173; Adam (2012), Die Bewertung von Innovationsideen, S. 63

[225] Vgl. Messerle (2016), Methodik zur Identifizierung der erfolgversprechendsten Produktideen in den frühen Phasen des Produktentwicklungsprozesses, S. 29

[226] Vgl. Ahsen (2010), Bewertung von Innovationen im Mittelstand, S. 16

tendenziell quantitative Methoden genutzt[227]. Eine Übersicht existierender Bewertungsmethoden ist in Abbildung 2-10 dargestellt.

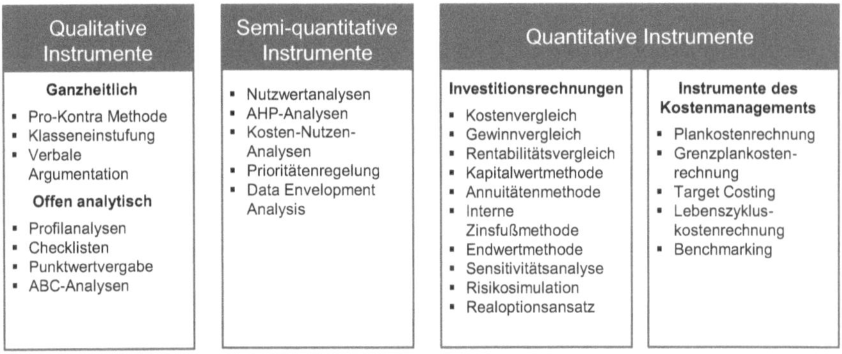

Abbildung 2-10 Übersicht existierender Bewertungsmethoden[228]

Bereits im vorangegangenen Teilkapitel wurde die Bedeutung des Kundennutzens für die Bewertung von Innovationsideen herausgestellt. Zur Nutzenmessung hat sich insbesondere die Methode der Nutzwertanalyse etabliert[229]. Daher werden die relevanten Charakteristika der Nutzwertanalyse im folgenden Abschnitt erläutert.

Nutzwertanalyse

Ziel der Nutzwertanalyse ist die Unterstützung der Entscheidungsfindung bei der Auswahl von komplexen Handlungsalternativen (z. B. der Auswahl von Produkten)[230]. Grundlage dieser Entscheidungsfindung ist die Ermittlung des Nutzens der einzelnen Handlungsalternativen. Die Nutzwertanalyse eignet sich für Entscheidungssituationen, in denen sich der Gesamtnutzen einer Alternative aus verschiedenen Teilnutzen zusammensetzt und somit mehr als ein Kriterium ausschlaggebend für die Entscheidungsfindung ist.[231] Zur Bestimmung des Gesamtnutzens der einzelnen Entscheidungsalternativen werden zunächst geeignete Bewertungskriterien abgeleitet. Daraufhin er-

227 Vgl. Messerle (2016), Methodik zur Identifizierung der erfolgversprechendsten Produktideen in den frühen Phasen des Produktentwicklungsprozesses, S. 29

228 Vgl. Ahsen (2010), Bewertung von Innovationen im Mittelstand, S. 16

229 Vgl. Dittmer (1995), Managen mit Methode, S. 43

230 Vgl. Tauberger (2008), Controlling für die öffentliche Verwaltung, S. 182

231 Vgl. Dittmer (1995), Managen mit Methode, S. 43

folgt die Gewichtung dieser Kriterien nach den individuellen Präferenzen des Anwenders.[232] Anschließend werden die Ausprägungen der Kriterien für die einzelnen Handlungsalternativen identifiziert. Basierend auf den Gewichtungen und Ausprägungen wird zu jedem Kriterium ein Nutzwert berechnet. Die Erstellung einer Rangfolge der ermittelten Nutzwerte sowie die abschließende Beurteilung der Handlungsalternativen bildet den letzten Schritt der Nutzwertanalyse.[233]

2.2.4 Zwischenfazit: Bewertung von Innovationsideen

Die Ideenbewertung gilt als entscheidend für die Auswahl erfolgsversprechender Innovationsideen. Vor diesem Hintergrund erfolgte im vorangegangenen Unterkapitel die Vorstellung in der Praxis etablierter Kriterien und Methoden zur Bewertung von Innovationsideen. Dazu wurde zunächst die existierende Vielfalt von Kriterien zur Ideenbewertung anhand von übergeordneten Kategorien strukturiert und dargestellt. Als besonders relevantes Kriterium der Ideenbewertung wurde der Kundennutzen identifiziert. Dieses wurde daher im Anschluss tiefgehender diskutiert.

Zur Bewertung von Innovationsideen anhand der identifizierten Kriterien existiert eine Vielzahl verschiedener Bewertungsmethoden. Diese waren Betrachtungsgegenstand des dritten Teilkapitels. Es wurde festgestellt, dass der Einsatz der Bewertungsmethoden bis heute unabhängig von ihrem Reifegrad erfolgt, obwohl eine allgemein anerkannte Ordnung der Bewertungsmethoden nach ihrer Ergebnisqualität besteht. Als etablierte Methode zur Messung des Kundennutzens wurde die Nutzwertanalyse im Detail erläutert und diskutiert.

2.3 Logikbestimmung

Ziel der vorliegenden Dissertation ist die Identifikation von Unstimmigkeiten in Innovationsideen für technische Systeme. Vor diesem Hintergrund wird im folgenden Unterkapitel das Konzept der Logik diskutiert. Zu diesem Zweck wird sowohl die Entstehung und das ursprüngliche Verständnis des Logikbegriffes als auch dessen Entwicklung und heutige Verwendung im Kontext des Technologie- und Innovationsmanagements erläutert (s. Teilkapitel 2.3.1). Die gewonnenen Erkenntnisse und deren Bedeutung für den weiteren Verlauf der folgenden Arbeit werden in einem Zwischenfazit subsumiert (s. Teilkapitel 2.3.2).

232 Vgl. Tauberger (2008), Controlling für die öffentliche Verwaltung, S. 182f.

233 Vgl. Tauberger (2008), Controlling für die öffentliche Verwaltung, S. 182f.; Dittmer (1995), Managen mit Methode, S. 43f.

2.3.1 Ursprung und Entwicklung des Logikbegriffes

Die Logik ist in ihrem Ursprung die Theorie des Denkens und der Argumentation. Sie zeichnet sich dadurch aus, dass sie immer einen wahren Schluss auf wahre Prämissen liefert.[234] Im Laufe der Zeit wurden die Werkzeuge der Logik an die Beurteilung verschiedener Objekte angepasst. Die erste systematische Untersuchung des Logikbegriffes erfolgte ca. 345 v. Chr. durch ARISTOTELES[235]. So findet sich in seinen Schriften zur Logik eine erste detaillierte Behandlung der logischen Schlussfolgerung, welche bis heute Teil der Logik ist (s. nachfolgende Erläuterungen)[236]. Im 19. Jahrhundert rückten mathematische Fragen in den Betrachtungsfokus der Logik. BOOLE und DE MORGAN leisteten dazu wichtige Beiträge in der Mitte das 19. Jahrhundert.[237] Heute sind insbesondere die Ansätze der Fuzzy-Logik von praktischer Relevanz. Sie erlauben die mathematische Darstellung von Unschärfe und bieten damit für Bereiche wie beispielsweise die Steuerungs- und Regelungstechnik einen neuen Lösungsansatz.[238]

Unabhängig vom Betrachtungsgegenstand hat das Konzept der Logik die Ermittlung von Kriterien für die Gültigkeit oder Ungültigkeit von Argumenten zum Ziel. Daher stehen inhaltsbezogene Eigenschaften nicht im Mittelpunkt logischer Fragestellungen. Statt zu beurteilen, ob Prämissen oder Schlussfolgerung eines Arguments tatsächlich wahr sind, erlaubt die Logik die Feststellung der Gültigkeit des Argumentes. Die Begriffe der Wahrheit und Gültigkeit müssen daher im Kontext der Logik unterschieden und voneinander abgegrenzt werden.[239] Diese Unterscheidung wird anhand der folgenden Beispiele verdeutlicht.

> *(1) Napoleon war Deutscher; alle Deutschen sind Europäer; Napoleon war also Europäer.*

In diesem Beispiel wird aus falschen Prämissen ein wahrer Schluss gezogen. Das Argument wird trotzdem als gültig bezeichnet. Auch im Falle ausschließlich unwahrer Prämissen kann eine Aussage gültig sein:

> *(2) Napoleon war Deutscher; alle Deutschen sind Asiaten; Napoleon war also Asiate.*

---

[234] Vgl. Gabler Wirtschaftslexikon (2018), Logik

[235] Vgl. Knapp (1965), Der Ursprung der Logik bei den Griechen, S. 8

[236] Vgl. Knapp (1965), Der Ursprung der Logik bei den Griechen, S. 8

[237] Vgl. Tschirk (2021), Vom Spiegel des Universums, S. 105f.

[238] Vgl. Böhme (1993), Fuzzy-Logik, S. 1f.

[239] Vgl. Lampert (2004), Klassische Logik, S. 12ff.

Ein Argument ist jedoch nicht zwangsläufig gültig, wenn Prämissen und Schlussfolgerung der Wahrheit entsprechen:

> *(3) Napoleon war Franzose; alle Franzosen sind Europäer; daher war Maria Theresia Österreicherin.*

Obwohl sowohl die Prämissen als auch die Schlussfolgerung in (3) wahr sind, ist das Argument nicht gültig, da die Schlussfolgerung nicht aus den Prämissen folgt. Selbst wenn eine Schlussfolgerung sich aus den Prämissen ergibt, muss das Argument nicht zwangsläufig gültig sein:

> *(4) Napoleon war ein französischer Kaiser; alle Kaiser sind römisch; Napoleon war also römisch.*

In diesem Beispiel widersprechen sich zwei der Prämissen. Daher ist es nicht möglich, aus ihnen einen eindeutigen Schluss abzuleiten.

Diese Beispiele führen zu einer impliziten Vorstellung davon, unter welchen Umständen ein Argument als gültig zu bezeichnen ist. Die Logikbestimmung zielt darauf ab, präzise Kriterien zu definieren, anhand derer sich gültige von ungültigen Argumenten unterscheiden lassen.[240] Betrachtet man die obigen Argumente, so lassen sich zwei übergeordnete Arten von Kriterien für die logische Gültigkeit identifizieren. In (3) folgt die Schlussfolgerung nicht aus den Prämissen. Damit ein Argument logisch gültig ist, muss sich zwangsläufig aus wahren Prämissen eine wahre Schlussfolgerung ergeben. Diese Voraussetzung der Logik eines Argumentes wird als Schlüssigkeit bezeichnet.[241] In (4) stört ein Widerspruch die logische Gültigkeit des Arguments. Es treten zwei Aussagen auf, die nicht gleichzeitig wahr sein können. Das Fehlen von Widersprüchen wird gemeinhin als Konsistenz bezeichnet.[242]

Die Bewertung von Logik erstreckt sich heute auf eine Vielzahl von Disziplinen, welche von der Mathematik bis zur Philosophie reichen[243]. In den letzten Jahren hat sich die Verwendung des Konzeptes der Logik auch im Technologie- und Innovationsmanagements etabliert. In Anlehnung an die Theorie der Gestalten ist den Autoren GAUS und BACHMANN nach ein harmonisches Zusammenspiel der Elemente eines Systems

[240] Vgl. Lemmon (1985), Beginning logic, S. 1
[241] Vgl. Lemmon (1985), Beginning logic, S. 2
[242] Vgl. Tarski et al. (1994), Introduction to logic and to the methodology of the deductive sciences, S. 125
[243] Vgl. Lemmon (1985), Beginning logic, S. 1

Voraussetzung für dessen Logik[244]. Diese Voraussetzung wird von GAUS als Stabilität[245], von BACHMANN als Kohärenz[246] bezeichnet. Darüber hinaus erachtet BACHMANN zwei weitere Kriterien als ausschlaggebend für eine logische Technologiestrategie: Den Beitrag zu den übergeordneten Unternehmenszielen sowie die Komplexitätsdifferenz[247]. Die genannten Kriterien gilt es im weiteren Verlauf der Arbeit vor dem Hintergrund der formulierten Zielsetzung aufzugreifen und zu adaptieren.

2.3.2 Zwischenfazit: Logikbestimmung

Gegenstand dieses Unterkapitels war die Erläuterung des Begriffes der Logik. Zu diesem Zweck wurden zunächst Herkunft und allgemeine Bedeutung des Logikbegriffes diskutiert. Als allgemeine Voraussetzungen logischer Argumente gelten danach Schlüssigkeit und Konsistenz. Zur Bestimmung der Logik einer Innovationsidee gilt es folglich, die konstituierenden Elemente einer Innovationsidee hinsichtlich Schlüssigkeit und Konsistenz zu überprüfen. Aufgrund der kontinuierlichen Entwicklung der Logik zu einem interdisziplinären Konzept besteht außerdem die Notwendigkeit, bestehende Ansätze zur Logikbestimmung aus dem Technologie- und Innovationsmanagement hinsichtlich weiterer Logikkriterien zu untersuchen.

2.4 Eingrenzung des Betrachtungsbereichs

Um die in Unterkapitel 1.2 aufgeworfene Forschungsfrage fokussiert und nachvollziehbar beantworten zu können, hat das folgende Unterkapitel die Abgrenzung des Betrachtungsbereiches der vorliegenden Dissertation zum Ziel. Dazu wird der Untersuchungsraum der Arbeit zunächst strukturiert und nachfolgend inhaltlich eingegrenzt. Die Strukturierung erfolgt anhand der Kategorien: Objekte, Prädikate und Subjekte. Objekte umfassen dabei diejenigen Gegenstände, welche im Rahmen der vorliegenden Arbeit von Interesse sind. Prozesse und Aktivitäten zur Unterstützung der vorliegenden Methodik werden als Prädikate, Anwender der Methodik als Subjekte bezeichnet.

---

[244] Vgl. Miller et al. (1977), Strategy-Making in Context: Ten Empirical Archetypes, S. 264; Venkatraman (1989), The Concept of Fit in Strategy Research: Toward Verbal and Statistical Correspondence, S. 432; Macharzina (1995), Unternehmensführung, S. 69

[245] Vgl. Gaus (2010), Methodik zur Überprüfung der Logik eines Geschäftsmodells im Werkzeugbau, S. 89

[246] Vgl. Bachmann (2015), Methode zur Bestimmung der Logik einer Technologiestrategie, S. 152

[247] Vgl. Bachmann (2015), Methode zur Bestimmung der Logik einer Technologiestrategie, S. 178; Bachmann (2015), Methode zur Bestimmung der Logik einer Technologiestrategie, S. 184

2.4.1 Objektbezogene Eingrenzung

Das Ziel der vorliegenden Arbeit besteht in der Bestimmung der Logik von Innovationsideen für technische Systeme (s. Unterkapitel 1.2). Aus dieser Zielstellung gehen die im Fokus dieser Arbeit stehenden Objekte hervor. Dabei handelt es sich zum einen um Innovationsideen und zum anderen um technische Systeme. Die Ableitung der Betrachtungsobjekte aus der Zielsetzung ist in Abbildung 2-11 dargestellt. Beide Betrachtungsobjekte werden im Folgenden näher beschrieben.

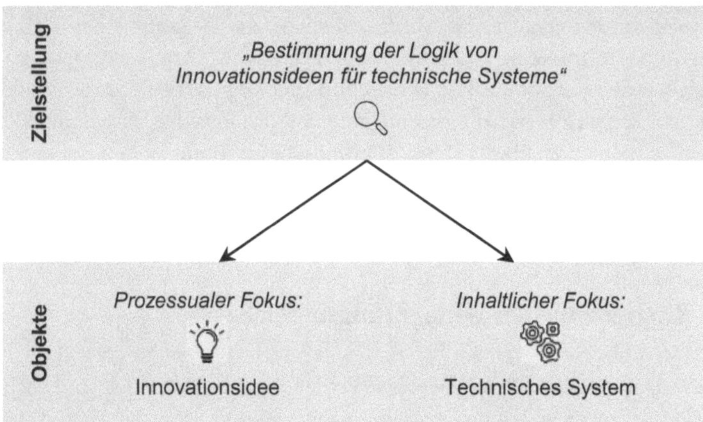

Abbildung 2-11 Darstellung der objektbezogenen Eingrenzung

Innovationsidee

Das Objekt der Innovationsidee definiert die Phase innerhalb des Innovationsprozesses, auf welche sich die vorliegende Arbeit fokussiert. Um diese Phase zeitlich eingrenzen zu können, gilt es den Entstehungs- und Endzeitpunkt einer Innovationsidee zu definieren. Wie bereits in Teilkapitel 2.1.2 erläutert, lässt sich der Entstehungszeitpunkt einer Innovationsidee als die bewusste Entscheidung, sich mit einem noch nicht bekannten Gegenstand zu befassen, das Vorhandensein einer Art Interesse oder Neugierde an einem Thema oder die Hoffnung, dass in einem bestimmten, noch nicht endgültig definierten Bereich noch Innovationen möglich sind, definieren[248]. Als Endzeit-

[248] Vgl. Hauschildt et al. (2016), Innovationsmanagement, S. 21

punkt einer Innovationsidee gilt die Realisierung eines ersten Demonstrators (s. Abschnitt 2.1.4.2)[249]. Aus den Ausführungen in Unterkapitel 1.1 geht hervor, dass das erarbeitete Praxisdefizit hauptsächlich im Kontext von Ideen für Innovationen einer hohen Intensität auftritt. Folglich besteht hinsichtlich einer belastbaren Bewertung dieser Art von Innovationsideen der größte Handlungsbedarf. Die vorliegende Arbeit fokussiert sich daher auf Ideen für Basisinnovationen.

Technisches System

Das Objekt des technischen Systems gibt den inhaltlichen Fokus der betrachteten Innovationsideen vor. Die Charakteristika technischer Systeme sind bereits in Teilkapitel 2.1.3 detailliert beschrieben worden. Nicht im Betrachtungsbereich dieser Arbeit liegen damit Innovationsideen für organisationale, geschäftsbezogene oder soziale Innovationen.

2.4.2 Prädikatsbezogene Eingrenzung

Das übergeordnete Ziel der vorliegenden Arbeit besteht in der Unterstützung von Innovationsaktivitäten zur Reduzierung der Ressourcenverschwendung und Erhöhung des Innovationserfolges (s. Unterkapitel 1.2). Wie im vorangegangenen Abschnitt erläutert, konzentriert sich diese Unterstützung auf die frühe Phase des Innovationsprozesses. Um den Innovationserfolg innerhalb des Ideenprozesses erhöhen oder die Ressourcenverschwendung reduzieren zu können, müssen Innovationsideen hinsichtlich ihrer Aussicht, erfolgreich in eine Innovation überführt werden zu können, bewertet werden (s. Unterkapitel 2.2). Als zentrale Voraussetzungen für die Entwicklung einer Innovationsidee zu einer Innovation kommen als Gegenstand dieser Bewertung der durch die Innovationsidee entstehende Unternehmens- sowie der entstehende Kundennutzen in Frage (s. Teilkapitel 2.2.2). Um den Umfang der vorliegenden Arbeit handhabbar zu gestalten, liegt der Fokus im Folgenden auf der Beurteilung des durch eine Innovationsidee entstehenden Kundennutzens. Da Unternehmens- und Kundennutzen in Abhängigkeit voneinander entstehen, ist eine isolierte Betrachtung des Kundennutzens nicht möglich. Vor diesem Hintergrund finden die Interdependenzen zum Unternehmensnutzen bei der Beurteilung des Kundennutzens ebenfalls Beachtung. Die prädikatsbezogene Eingrenzung der vorliegenden Arbeit ist in Abbildung 2-12 dargestellt.

[249] Vgl. Brandenburg (2002), Methodik zur Planung technologischer Produktinnovationen, S. 113

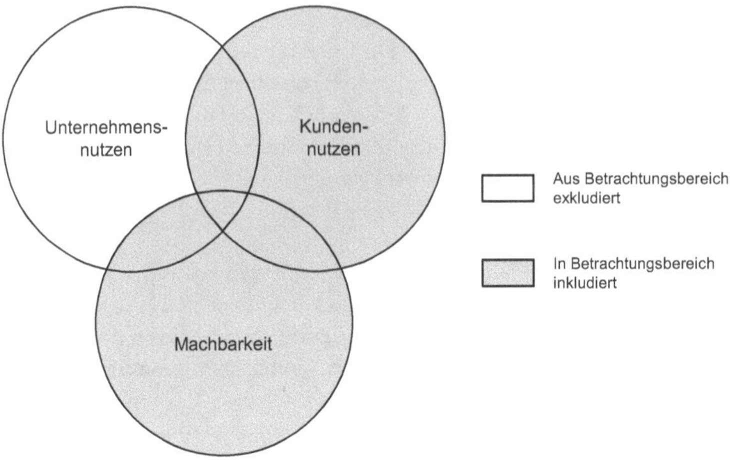

Abbildung 2-12 Darstellung der prädikatsbezogenen Eingrenzung

Eine genauere Eingrenzung des Betrachtungsbereiches erfordert die Abgrenzung des Begriffes des Kundennutzens. Die Ideenphase zeichnet sich dadurch aus, dass noch kein fertiges Produkt existiert. Dies ist aber Voraussetzung für die Entstehung des erhaltenen Kundennutzens (s. Teilkapitel 2.2.2). Folglich beziehen sich die folgenden Ausführungen ausschließlich auf das Nutzenkonzept einer Innovationsidee (s. Teilkapitel 2.2.2). Darüber hinaus sind die Ausführungen auf den durch ein Objekt entstehenden Nutzen begrenzt. Dem Kunden durch Transaktionen, Beziehungen zum oder Wechsel des Anbieters entstehender Nutzen ist nicht Teil der vorliegenden Arbeit.

2.4.3 Subjektbezogene Eingrenzung

Die in Unterkapitel 1.2 beschriebene Zielstellung wird vor dem Hintergrund einer bestimmten Anwendergruppe erarbeitet. Die Eingrenzung dieser Anwendergruppe erfolgt zunächst anhand der Beschreibung von Unternehmenstypen, deren Unterstützung die vorliegende Arbeit dienen soll. Anschließend werden die im Fokus stehenden Anwendergruppen anhand der Zielstellung sowie der vorangegangenen Ausführungen zur Eingrenzung des Betrachtungsbereiches eingegrenzt.

Fokussierte Unternehmenstypen

Unternehmen lassen sich anhand bestimmter Merkmale typisieren. Eine Auswahl von Merkmalen und deren möglichen Ausprägungen stellen THOMMEN ET AL. vor. Diese

Auswahl ist in Abbildung 2-13 dargestellt.[250] Die im Fokus dieser Arbeit stehenden Unternehmenstypen werden nachfolgend anhand ihrer Merkmalsausprägungen beschrieben.

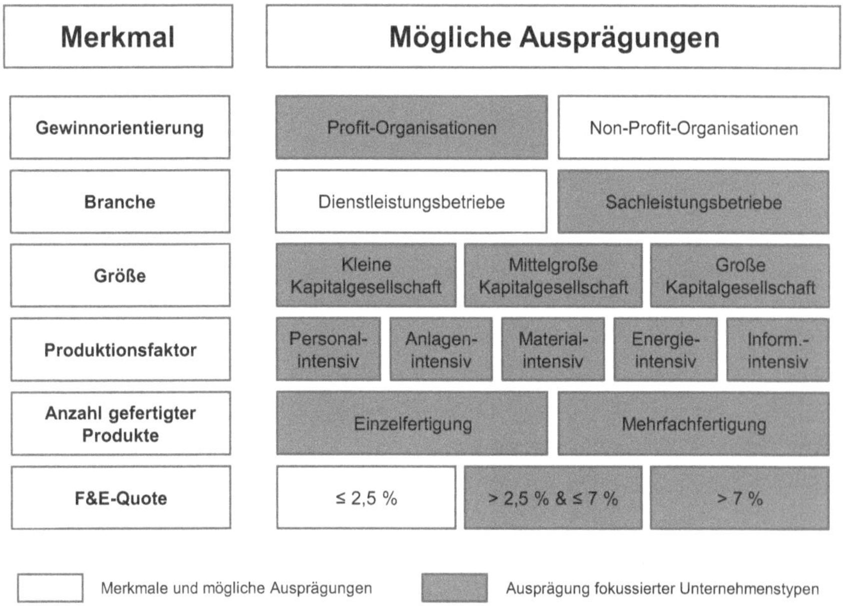

Abbildung 2-13 Eingrenzung der Unternehmenstypen i. A. a. THOMMEN ET AL.[251]

Im Fokus der vorliegenden Arbeit stehen der objektbezogenen Eingrenzung nach Innovationsideen und technische Systeme. Da technische Systeme Sachleistungen darstellen, die meist von profit-orientierten Unternehmen hergestellt werden, stehen *Profit Organisationen,* welche sich der Branche der Branche der *Sachleistungsbetriebe* zuordnen lassen, im Fokus dieser Dissertation. Wie in der Einleitung beschrieben, sind unabhängig vom Produktionsfaktor sowohl etablierte Unternehmen als auch Startups von den Folgen einer mangelhaften Bewertung von Innovationsideen betroffen. Vor diesem Hintergrund werden bezüglich der Merkmale der *Größe*, des *Produktionsfaktors* sowie der *Anzahl der Produkte* keine Einschränkungen vorgenommen. Unternehmen, welche aktiv die Entwicklung von Innovationsideen verfolgen, weisen jedoch in

[250] Vgl. Thommen et al. (2017), Allgemeine Betriebswirtschaftslehre, S. 22ff.
[251] Vgl. Thommen et al. (2017), Allgemeine Betriebswirtschaftslehre, S. 22ff.

der Regel eine mittlere bis hohe F&E Quote auf. Die vorliegende Arbeit richtet sich daher nicht an Unternehmen einer F&E Quote von 2,5% oder darunter.

Fokussierte Anwendergruppen

Aus den vorangegangenen Erläuterungen hinsichtlich der objektbezogenen, prädikatbezogenen und subjektbezogenen Eingrenzung ergeben sich zwei relevante Anwendergruppen. Die erste Anwendergruppe umfasst alle Personen, welche an der Entwicklung einer bestimmten Innovationsidee beteiligt sind (s. dazu auch Abschnitt 2.1.4.2). Ihr übergeordnetes Ziel besteht in der optimalen Ausrichtung und kontinuierlichen Anpassung ihrer Entwicklungsaktivitäten. Die zweite Anwendergruppe umfasst diejenigen Mitarbeiter, welche für die Entwicklung eines Gesamtportfolios von Innovationsideen die Verantwortung tragen (s. dazu auch Abschnitt 2.1.4.3). Aus Sicht dieser Anwendungsgruppe kommt der zielgerichteten Ressourcenbereitstellung für erfolgversprechende Innovationsideen und der Vermeidung von Ressourcenbereitstellung für unlogische Innovationsideen entscheidende Bedeutung zu.

Da die Überprüfung der Logik von Innovationsideen für technische Systeme beiden Anwendergruppen einen Mehrwehrt bietet und sich die Ziele dieser Gruppen hinsichtlich der Ausarbeitung der zugehörigen Methodik nicht entgegenstehen, werden beide Anwendergruppen im Zuge der Ausarbeitung gleichermaßen berücksichtigt.

2.5 Analyse und kritische Würdigung des Stands der Forschung

Zur Einordnung der vorliegenden Dissertation in die wissenschaftliche Literatur wird im folgenden Unterkapitel der zur Bestimmung der Logik von Innovationsideen für technische Systeme relevante Stand der Forschung dargestellt und bewertet. Nach HEYDE ET AL. lässt sich eine Bewertung im allgemeinen Sinne in eine strukturierte Abfolge von Schritten gliedern. Diese Schritte sind in Abbildung 2-14 dargestellt.[252] Den ersten Schritt einer Bewertung bildet demnach die Analyse der Ausgangssituation. Mit der Erläuterung der relevanten Begrifflichkeiten sowie der Eingrenzung des Betrachtungsbereiches ist dieser Schritt bereits im Rahmen der Unterkapitel 2.1 - 2.4. erfolgt. Nachfolgend werden geeignete Kriterien sowie Zielgrößen zur Bewertung des Standes der Forschung festgelegt (s. Teilkapitel 2.5.1). Im Anschluss daran werden im Rahmen einer breit angelegten Literaturrecherche relevante Informationen zum Stand der Forschung ermittelt (s. Teilkapitel 2.5.2). Diese werden in einem zweistufigen Bewertungsverfahren hinsichtlich der Erfüllung der definierten Zielgrößen untersucht (s.

[252] Vgl. Heyde et al. (1991), Innovationen in Industrieunternehmen, S. 194

Teilkapitel 2.5.3). Die Bewertungsergebnisse stellen die Grundlage für die Gesamteinschätzung des Standes der Forschung dar. Diese erfolgt in Form von der Ableitung des resultierenden Forschungsdefizits sowie der Positionierung der vorliegenden Dissertation (s. Teilkapitel 2.5.4).

Abbildung 2-14 Methodischer Ablauf einer Bewertung i. A. a. HEYDE ET AL.[253]

2.5.1 Festlegung der Kriterien zur Bewertung bestehender Ansätze

Zur Bewertung bestehender Ansätze werden zwei Gruppen von Kriterien herangezogen. Die erste Gruppe umfasst Kriterien zur Bewertung des Objektbereichs. Die untersuchten Ansätze werden hinsichtlich der Intensität bewertet, mit welcher sie die in Teilkapitel 2.4.1 beschriebenen Betrachtungsobjekte dieser Arbeit berücksichtigen:

- Betrachtung von Innovationsideen
- Betrachtung von Technischen Systemen
- Bewertung des Kundennutzens

---

[253] Vgl. Heyde et al. (1991), Innovationen in Industrieunternehmen, S. 194

Die zweite Gruppe umfasst Kriterien zur Bewertung des Zielbereiches. Die untersuchten Ansätze werden hinsichtlich ihres Beitrages zur Erfüllung der in Unterkapitel 1.2 definierten Zielsetzung sowie der Beantwortung der Forschungsfragen für die vorliegende Arbeit bewertet:

- Definition notwendiger Informationen zur Bewertung des Nutzenkonzeptes
- Bereitstellung geeigneter Innovationswerkzeuge zur effizienten Erzeugung der benötigten Informationen
- Ableitung geeigneter Mechanismen zur Bestimmung der Logik des Nutzenkonzeptes

2.5.2 Ermittlung potenziell relevanter bestehender Ansätze

Die Bewertung des aktuellen Standes der Forschung erfordert die Identifikation derjenigen wissenschaftlichen Arbeiten, welche mindestens eine der definierten Zielgrößen erfüllen. Es gilt vor diesem Hintergrund zunächst eine möglichst breite Auswahl potenziell relevanter Ansätze zu identifizieren, um eine möglichst repräsentative Betrachtung gewährleisten zu können. Zur Erreichung dieses Ziels dient eine umfassende Literaturrecherche. Ausgangspunkt dieser Literaturrecherche ist die Definition geeigneter Suchbegriffe. Es kann zwischen primären und sekundären Suchbegriffen unterschieden werden[254]. Unter primären Suchbegriffen werden allgemeine und übergeordnete Begriffe verstanden. Benachbarte und spezifische Begriffe werden hingegen als „sekundäre Suchbegriffe“ zusammengefasst. Die primären Suchbegriffe orientieren sich in erster Linie am Objektbereich der vorliegenden Arbeit. Erst im Laufe der Literaturrecherche identifizierte und weiterverfolgte Begriffe sind als Sekundärbegriffe aufgeführt. Eine Übersicht im Rahmen der Literaturrecherche verwendeter Begriffe ist in Tabelle 2-3 zu finden.

[254] Vgl. Döring et al. (2016), Forschungsmethoden und Evaluation in den Sozial- und Humanwissenschaften, S. 158

Tabelle 2-3 Übersicht der Suchbegriffe zur Literaturrecherche

Deutscher Suchbegriff	Englischer Suchbegriff
Primäre Suchbegriffe	
Bewertung	Assessment, evaluation
Innovationsidee	Innovation idea
Kundennutzen	Customer value, customer benefit
Technisches System	Technical system
Sekundäre Suchbegriffe	
Nutzwertanalyse	Utility analysis
Means-End Kette	Means-End Chain

Um eine möglichst vollständige Erfassung bestehender Ansätze sicherzustellen, wird auf feste Kombinationen der Suchbegriffe verzichtet. Ergebnis der Literaturrecherche ist eine Sammlung von 121 potenziell relevanten wissenschaftlichen Ansätzen. Sie lassen sich grundsätzlich den Disziplinen des Innovationsmanagements, des Ideenmanagements sowie der Verbrauchsforschung zuordnen. Die vom Autor selbst verfassten Arbeiten werden innerhalb eines eigenen Themenfeldes zusammengefasst. Alle Ansätze werden unter Berücksichtigung der in Teilkapitel 2.5.1 definierten Kriterien und Zielgrößen bewertet. Eine Übersicht der Ansätze sowie ihrer Bewertung ist im Anhang dieser Arbeit zu finden (s. Anhang A).

2.5.3 Ermittlung, Darstellung und Bewertung relevanter bestehender Ansätze

Eine differenzierte Analyse und Bewertung aller 121 identifizierten Ansätze im Rahmen dieser Arbeit ist weder zielführend noch zeitlich leistbar. Aus diesem Grund werden lediglich diejenigen Ansätze tiefergehend diskutiert, welche eine maßgebliche Relevanz für die vorliegende Dissertation besitzen. Diese Relevanz lässt sich anhand des Erfüllungsgrads der in Teilkapitel 2.5.1 festgelegten Kriterien messen. Ein Ansatz wird für die weiteren Ausführungen in dieser Arbeit als relevant erachtet, wenn er hinsichtlich eines bestimmten Kriteriums des Zielbereiches auf einer Skala von 0,00 bis 1,00 einen Erfüllungsgrad von mindestens 0,75 aufweist oder einen durchschnittlichen Erfüllungsgrad (s. letzte Spalte von Anhang A) von mindestens 0,375. Ausschlaggebend für die Auswahl eines Ansatzes ist in letzter Instanz die Beurteilung des Ansatzes hinsichtlich seines Zielbeitrages für die vorliegende Dissertation durch den Autor. Nach dieser Logik sind 18 wissenschaftliche Ansätze vor dem Hintergrund der Zielsetzung dieser Arbeit von besonderer Relevanz. Diese Ansätze werden nachfolgend innerhalb ihrer Disziplinen nach einem standardisierten Vorgehen diskutiert und bewertet. Dieses Vorgehen beinhaltet die Beschreibung der Zielstellung sowie der Mittel zur Zielerreichung. Darüber hinaus wird abschließend die Implikation jedes relevanten Ansatzes für die vorliegende Dissertation erläutert.

2.5.3.1 Relevante Ansätze des Innovationsmanagements

Das Innovationsmanagement behandelt die Bewertung von Innovationsideen in einem gesamtunternehmerischen Kontext[255]. Zentraler Betrachtungsgegenstand ist aus diesem Grund das Zusammenwirken und die Schnittstellen aller Elemente des Objekt- und Zielbereiches. Eine isolierte Betrachtung einzelner Elemente steht nicht im Fokus dieser Ansätze.

EVERSHEIM (2009): Innovation Management for Technical Products

Ziel des Werkes von EVERSHEIM ist es, dem Leser einen Wegweiser für die effiziente und systematische Transformation technischer Produktideen in Innovationen zur Verfügung zu stellen[256]. Zu diesem Zweck stellt der Autor zunächst das W-Modell vor, welches den gesamten Prozess von der Zielsetzung bis zur Implementierungsplanung beschreibt. Teil dieser Beschreibung ist sowohl die Ideengenerierung als auch die Ideenbewertung.[257] EVERSHEIM unterteilt den Prozess der zielgerichteten Generierung von Innovationsideen in eine kreativ-divergente und eine kreativ-konvergente Phase[258]. Diese Einteilung wird zur Unterscheidung der Reifegrade von Innovationsideen in Unterkapitel 4.1 übernommen. Weiterhin stellt EVERSHEIM in seiner Arbeit für jede Phase des W-Modells geeignete Implementierungsmethoden zur Verfügung[259]. Damit ist eine grobe Orientierung der Implementierungsmethoden am Reifegrad der Innovationsideen gewährleistet. Diese Orientierung wird für die Identifikation geeigneter Innovationsmethoden zur Generierung notwendiger Informationen in Unterkapitel 4.2 übernommen. Die Zielstellung der vorliegenden Arbeit erfordert jedoch eine wesentlich genauere Darstellung des Zusammenhangs zwischen Reifegrad

[255] Vgl. Disselkamp (2017), Innovationen und Veränderungen, S. 42
[256] Vgl. Eversheim (2009), Innovation Management for Technical Products, S. 2f.
[257] Vgl. Eversheim (2009), Innovation Management for Technical Products, S. 30ff.
[258] Vgl. Eversheim (2009), Innovation Management for Technical Products, S. 38f.
[259] Vgl. Eversheim (2009), Innovation Management for Technical Products, S. 123

der Innovationsidee und Eignung der Innovationsmethode, als sie von EVERSHEIM geleistet wird. Die Erarbeitung dieser Darstellung ist ebenfalls Gegenstand der Ausarbeitungen in Unterkapitel 4.2.

GERHARDS (2002): Methodik zur Interaktion von F&E und Marketing in den frühen Phasen des Innovationsprozesses

GERHARDS verfolgt mit ihrer Arbeit das Ziel der Entwicklung einer Methodik zur Unterstützung der effektiven Zusammenarbeit zwischen F&E und Marketing in den frühen Phasen des Innovationsprozesses[260]. Zu diesem Zweck beschreibt sie die Aufgaben von F&E und Marketing entlang des Produktinnovationsprozesses. Diese Beschreibung inkludiert sowohl die Detaillierung als auch die Bewertung generierter Innovationsideen.[261] Als essenziell für die Ideendetaillierung hält GERHARDS das Auflösen technischer Widersprüche. Dies kann ihrer Meinung nach u. a. durch die Identifikation physikalischer Widersprüche gelingen.[262] Die Identifikation von Widersprüchen auf physikalischer Ebene wird im Rahmen der Verknüpfung von Kundenbedürfnissen und Baugruppen in Unterkapitel 4.3 aufgegriffen. In diesem Kontext erfolgt ebenfalls die Herleitung eines handlungsleitenden Vorgehens zur Identifikation physikalischer Widersprüche, welche nicht Teil von GERHARDS Ausführungen ist. Im Hinblick auf die Ideenbewertung ist die Marktvalidierung generierter Lösungskonzepte durch eine Conjoint-Analyse wesentlicher Betrachtungsgegenstand[263]. Wie auch im Falle des Ansatzes von KOSASIH ET AL. wird das Prinzip der additiven Nutzenermittlung für die Ausarbeitungen des Unterkapitels 4.3 übernommen. Darüber hinaus unterstreicht GERHARDS die Bedeutung der Verwendung eines geeigneten Messniveaus[264]. Dieser Gedanke wird in Form von einer reifegradabhängigen Informationsaufnahme insbesondere in Teilkapitel 4.1.2 aufgegriffen.

---

[260] Vgl. Gerhards (2002), Methodik zur Interaktion von F&E und Marketing in den frühen Phasen des Innovationsprozesses, S. 15

[261] Vgl. Gerhards (2002), Methodik zur Interaktion von F&E und Marketing in den frühen Phasen des Innovationsprozesses, S. 77, 91

[262] Vgl. Gerhards (2002), Methodik zur Interaktion von F&E und Marketing in den frühen Phasen des Innovationsprozesses, S. 108

[263] Vgl. Gerhards (2002), Methodik zur Interaktion von F&E und Marketing in den frühen Phasen des Innovationsprozesses, S. 100

[264] Vgl. Gerhards (2002), Methodik zur Interaktion von F&E und Marketing in den frühen Phasen des Innovationsprozesses, S. 99

KOSASIH ET AL. (2020): Integration of conjoint analysis and QFD for new product development in manufacturing small and medium enterprises

Ziel des Ansatzes von KOSASIH ET AL. ist die Unterstützung der Produktentwicklung von klein- und mittelständischen Unternehmen durch die Integration der Conjoint-Analyse sowie des Quality Function Deployment (im Folgenden „QFD")[265]. Zu diesem Zweck stellen die Autoren sowohl das methodische Vorgehen der Conjoint-Analyse als auch des QFD vor[266]. Insbesondere die Ausführungen zur theoretischen und praktischen Anwendung der Conjoint-Analyse sind für die vorliegende Dissertation vor dem Hintergrund der Bewertung des durch eine Innovationsidee entstehenden Kundennutzens von Interesse. Anhand eines Fragebogens wird der vom Kunden hinsichtlich unterschiedlicher Produkte (Stimuli) wahrgenommene Nutzen ermittelt. Auf Basis dieser Ergebnisse werden die Teilnutzen einzelner Baugruppen ermittelt.[267] Der Ansatz der Summierung verschiedener Teilnutzen zu einem Gesamtnutzen wird als Grundlage der Herleitung geeigneter Mechanismen zur Ermittlung des Kundennutzens in Unterkapitel 4.3 übernommen. KOSASIH ET AL. verknüpfen den wahrgenommenen Kundennutzen lediglich mit den Baugruppen. Kundennutzen entsteht jedoch durch die Erfüllung individueller Kundenbedürfnisse (s. Teilkapitel 2.2.2). Die Erarbeitung des quantitativen Zusammenhangs zwischen wahrgenommenem Kundennutzen sowie Baugruppen und Kundenbedürfnissen erfolgt daher im Rahmen dieser Arbeit in Unterkapitel 4.3.

REICHLE (2006): Bewertungsverfahren zur Bestimmung des Erfolgspotenzials und des Innovationsgrades von Produktideen und Produkten

Ziel der Arbeit von REICHLE ist die Entwicklung eines Verfahrens zur Beurteilung des Innovationsgrads und des Erfolgspotenzials von Produktideen und Produkten[268]. Zu diesem Zweck schlägt REICHLE u. a. die Ermittlung des Kundennutzens als Determinante des Erfolges einer Produktidee oder eines Produktes vor. Zur Ermittlung des Kundennutzens präsentiert REICHLE eine Modifikation des QFD Ansatzes.[269] Ähnlich wie KOSASIH ET AL. und GERHARDS unterstellt REICHLE eine additive Zusammensetzung

[265] Vgl. Kosasih et al. (2020), Integration of conjoint analysis and QFD for new product development in manufacturing small and medium enterprises (case study: a food company), S. 1

[266] Vgl. Kosasih et al. (2020), Integration of conjoint analysis and QFD for new product development in manufacturing small and medium enterprises (case study: a food company), S. 2f.

[267] Vgl. Kosasih et al. (2020), Integration of conjoint analysis and QFD for new product development in manufacturing small and medium enterprises (case study: a food company), S. 2f.

[268] Vgl. Reichle (2006), Bewertungsverfahren zur Bestimmung des Erfolgspotenzials und des Innovationsgrades von Produktideen und Produkten, S. 5

[269] Vgl. Reichle (2006), Bewertungsverfahren zur Bestimmung des Erfolgspotenzials und des Innovationsgrades von Produktideen und Produkten, S. 64

des Gesamtnutzens eines Produktes aus den Teilnutzen der Baugruppen. Allerdings führt REICHLE den Teilnutzen der verschiedenen Baugruppen auf Kundenanforderungen unterschiedlicher Intensität zurück.[270] Dieses Vorgehen wird zur Bestimmung des Kundennutzens im Rahmen der vorliegenden Dissertation übernommen und um den Aspekt der von den Baugruppen verursachten Konsequenzen ergänzt (s. Unterkapitel 4.3). Die Erfüllung der Kundenanforderungen und damit die Höhe des entstehenden Kundennutzens ist nach den Ausführungen REICHLES abhängig vom direkten Vergleich der Baugruppen mit den Baugruppen des Wettbewerbs[271]. Auch dieser Gedanke wird im Rahmen der vorliegenden Arbeit in Unterkapitel 4.3 aufgegriffen. REICHLE limitiert seine Ausführungen allerdings auf den Vergleich des eigenen Produktes mit am Markt bereits existierenden, ähnlichen Produkten. Ein Vergleich von nicht-inkrementellen Produktideen mit dem Wettbewerb ist folglich aus dieser Betrachtung ausgeschlossen. Die Ermöglichung eines solchen Vergleiches ist Gegenstand der Ausarbeitungen in Unterkapitel 4.3.

SHEU ET AL. (2009): A proposed process for systematic innovation

Die Arbeit von SHEU ET AL. hat die Entwicklung eines strukturierten und praxisnahen Innovationsprozesses zum Ziel, welcher die systematische Entwicklung innovativer Produkte, Prozesse und Projekte ermöglicht[272]. Basierend auf Erfahrungen aus der Industrie schlagen die Autoren zunächst eine Strukturierung der Innovationsaktivitäten anhand von konsekutiven Phasen vor. Diese Ordnung prozessualer Abläufe wird unterstützt durch die Zuordnung geeigneter Ressourcen in Form von Innovationswerkzeugen.[273] Um geeignete Innovationswerkzeuge für Innovationsideen jedes Reifegrades zur Verfügung stellen zu können, ordnen SHEU ET AL. jeder Phase des Innovationsprozesses die entsprechenden Innovationswerkzeuge zu[274]. Die Orientierung des Einsatzes von Innovationswerkzeugen am Reifegrad der Innovationsidee wird für die vorliegende Dissertation übernommen und in Unterkapitel 4.2 aufgegriffen. SHEU ET AL. präsentieren jedoch weder ein Vorgehen zur Herleitung potenziell geeigneter Innovationswerkzeuge noch zur systematischen Untersuchung der Eignung für die verschiedenen Phasen. Diese Aspekte werden aus diesem Grund ebenfalls Gegenstand der Erläuterungen in Unterkapitel 4.2.

[270] Vgl. Reichle (2006), Bewertungsverfahren zur Bestimmung des Erfolgspotenzials und des Innovationsgrades von Produktideen und Produkten, S. 66ff.

[271] Vgl. Reichle (2006), Bewertungsverfahren zur Bestimmung des Erfolgspotenzials und des Innovationsgrades von Produktideen und Produkten, S. 69

[272] Vgl. Sheu et al. (2011), A proposed process for systematic innovation, S. 848

[273] Vgl. Sheu et al. (2011), A proposed process for systematic innovation, S. 847

[274] Vgl. Sheu et al. (2011), A proposed process for systematic innovation, S. 853

2.5.3.2 Relevante Ansätze des Ideenmanagements

Das Ideenmanagement ist Teil des Innovationsmanagements[275]. Ansätze dieses Bereiches fokussieren sich vor diesem Hintergrund eher auf die isolierte aber detaillierte Betrachtung ausgesuchter Elemente des Zielbereiches.

Burkhardt et al. (2018): Das große Handbuch Innovation

BURKHARDT ET AL. haben sich in ihrem Werk die Erstellung einer umfassenden und strukturierten Sammlung aktueller Methoden und Werkzeuge zur Unterstützung des Innovationsprozesses (insbesondere des Ideenprozesses) zum Ziel gesetzt[276]. Zu diesem Zweck erfolgt eine ausführliche Beschreibung des Ziels sowie der Verwendung aller Innovationsmethoden und –werkzeuge[277]. Sie werden darüber hinaus nach unterschiedlichsten Gesichtspunkten geordnet, um dem Nutzer die bedarfsgerechte Auswahl geeigneter Methoden und Werkzeuge zu ermöglichen. Repräsentativ hierfür ist die Zuordnung der Methoden und Werkzeuge zu den einzelnen Phasen der Entwicklungsmethodik des Design-Thinking.[278] Die Gesamtheit der Innovationsmethoden und –werkzeuge wird als potenzielle Quelle benötigter Informationen zur Bewertung von Innovationsideen für die vorliegende Dissertation übernommen (s. Teilkapitel 4.2.2). Auch der Gedanke einer bedarfsgerechten Zuordnung wird adaptiert. Die von BURKHARDT ET AL. vorgeschlagenen Ordnungsmechanismen sind jedoch für die vorliegende Dissertation nicht ausreichend spezifisch. Sie werden daher in Teilkapitel 4.2.3 um eine Orientierung der Innovationsmethoden und -werkzeuge am Reifegrad der Innovationsideen ergänzt.

SCHUH ET AL. (2018): Description of Ideas for Radical Product Innovations

Ziel der Publikation ist die Entwicklung eines Modells zur objektiven und unternehmensunabhängigen Beschreibung von Ideen für radikale Produktinnovationen[279]. SCHUH ET AL. schlagen die Beschreibung einer Idee anhand von Ebenen und Strukturen vor. Hinsichtlich der Ebenen unterscheiden die Autoren zwischen Applikationsebene, Adaptionsebene und Basisebene. Während die Idee auf der Applikationsebene in ihrem geplanten Anwendungsszenario dargestellt wird, erfolgt auf der Adaptionsebene die Darstellung der Idee losgelöst von ihrem Anwendungskontext. Die Basisebene beinhaltet die einzelnen technologischen Komponenten der Idee. Die Zusammenhänge

[275] Vgl. Miecznik (2013), Ideenmanagement, S. 143
[276] Vgl. Burkhardt et al. (2018), Das große Handbuch Innovation, S. 7
[277] Vgl. Burkhardt et al. (2018), Das große Handbuch Innovation, S. 65ff.
[278] Vgl. Burkhardt et al. (2018), Das große Handbuch Innovation, S. 18ff.
[279] Vgl. Schuh et al. (2018), Description of Ideas for Radical Product Innovations, S. 74

der drei Ebenen werden anhand von Strukturen beschrieben. So beschreibt die Adaptionsstruktur die Zusammensetzung der Idee aus ihren technologischen Komponenten, unabhängig vom Anwendungskontext. Die Applikationsstruktur ordnet die Idee in das Beziehungsgeflecht der verschiedenen Elemente des Applikationsszenarios ein.[280] Im weiteren Verlauf dieser Arbeit wird insbesondere auf den Ansatz der Autoren einer Dekomposition der Idee zum besseren Verständnis ihrer einzelnen Elemente und deren Beziehungen zurückgegriffen (s. Unterkapitel 4.1). Offen bleibt in der Arbeit von SCHUH ET AL. allerdings die Definition von Art und Format derjenigen Informationen, welche zur Beschreibung der Elemente und ihrer Beziehungen benötigt werden.

SHAH ET AL. (2003): Metrics for measuring ideation effectiveness

Ziel dieser Arbeit ist die Charakterisierung und empirische Überprüfung der Effektivität der Ideengenerierung[281]. Zur Effektivitätsmessung führen die Autoren vier Faktoren ein, zu denen u. a. auch die Qualität der generierten Ideen zählt[282]. Die Qualität generierter Ideen lässt sich nach der Auffassung der Autoren u. a. anhand der Überprüfung der technischen Machbarkeit feststellen[283]. SHAH ET AL. schlagen vor, die technische Machbarkeit einer Innovationsidee anhand der Erfüllung domänen-spezifischer Grundsätze zu bewerten, wie z. B. der Minimierung des Gewichtes in der Konstruktionstechnik oder der Minimierung der Produktionsschritte in der Produktionstechnik[284]. Die Berücksichtigung der technischen Machbarkeit von Innovationsideen wird im Rahmen der vorliegenden Dissertation auf die Fähigkeit zur Generierung eines Kundennutzens bezogen. Die von SHAH ET AL. vorgeschlagene Bewertung der technischen Machbarkeit erfordert jedoch kontextabhängige Kenntnis hinsichtlich der einzuhaltenden, domänen-spezifischen Grundsätze. Dieser Umstand steht im Widerspruch zu einer standardisierten und effektiven Bewertung. Vor diesem Hintergrund wird zur Überprüfung der technischen Machbarkeit in Unterkapitel 4.3 auf allgemeingültige, ingenieurswissenschaftliche Grundsätze zurückgegriffen.

2.5.3.3 Relevante Ansätze der Verbrauchsforschung

Gegenstand der Verbrauchsforschung ist die Untersuchung des Verhaltens von Verbrauchern. Dazu zählt sowohl die Untersuchung der Motive und Bedürfnisse des Verbrauchers als auch die Untersuchung von Folgen der Bedürfnisbefriedigung wie z. B.

---

[280] Vgl. Schuh et al. (2018), Description of Ideas for Radical Product Innovations, S. 77
[281] Vgl. Shah et al. (2003), Metrics for measuring ideation effectiveness, S. 111
[282] Vgl. Shah et al. (2003), Metrics for measuring ideation effectiveness, S. 116
[283] Vgl. Shah et al. (2003), Metrics for measuring ideation effectiveness, S. 130
[284] Vgl. Shah et al. (2003), Metrics for measuring ideation effectiveness, S. 129ff.

das Entstehen von Kundennutzen.[285] Vor diesem Hintergrund stehen die Identifikation und Generierung notwendiger Informationen und Mechanismen zur Bestimmung des Kundennutzens im Fokus der nachfolgend beschriebenen Ansätze.

BUSACCA ET AL. (2009): Customer Value Metrics

Ziel des Ansatzes von BUSACCA ET AL. ist die Entwicklung eines ganzheitlichen Konzeptes zur Analyse und Messung des Kundennutzens. Drei Säulen dienen als Grundlage dieses Konzeptes. Während die Rolle des Kundennutzens in Business-to-Business Märkten Gegenstand der ersten Säule ist, hat die zweite Säule die Entwicklung analytischer Phasen zur Erklärung der Entstehung von Kundennutzen zum Fokus. Von besonderem Interesse für diese Arbeit ist die dritte Säule, welche sich auf die Vorstellung von Ansätzen zur Messung des Kundennutzens konzentriert.[286] Zur Messung des Nutzens aus Kundensicht stellen die Autoren eine erweiterte Conjoint-Analyse vor. Diese berücksichtigt existierende Konkurrenzprodukte in Form von zusätzlichen Stimuli. Die resultierende Berechnung des Kundennutzens relativ zum Wettbewerb wird für die vorliegende Dissertation in Unterkapitel 4.3 übernommen. Weiterhin schlagen BUSACCA ET AL. die Kombination der Conjoint-Analyse mit dem Means-End Ansatz vor, um auf diese Weise den Kundennutzen mit den Kundenbedürfnissen verknüpfen und dessen Entstehung darstellen zu können.[287] Dieser Gedanke wird im Rahmen des Unterkapitels 4.3 dieser Arbeit aufgenommen. Ein Umsetzungsvorschlag zur Verknüpfung von Conjoint-Analyse und Means-End Kette geht aus der Arbeit von BUSACCA ET AL. jedoch nicht hervor.

DODDS ET AL. (1991): Effects of Price, Brand and Store Information on Buyers' Product Evaluations

Ziel des Ansatzes von DODDS ET AL. ist die empirische Untersuchung des Zusammenhangs zwischen verschiedenen Produktcharakteristika, den sich daraus für den Kunden ergebenden Vorzügen und Nachteilen sowie des resultierenden Kundennutzens[288]. Zu diesem Zweck entwerfen die Autoren ein Wirkmodell, welches die genannten Größen zueinander in Beziehung setzt. Diesem Modell zur Folge wird jedes Produktcharakteristikum entweder als Vorzug oder als Nachteil vom Kunden wahrgenommen. Aus der Gegenüberstellung aller Vorzüge und Nachteile ergibt sich der vom Kunden

---

[285] Vgl. Gabler Wirtschaftslexikon (2018), Verbrauchsforschung

[286] Vgl. Busacca et al. (2009), Customer Value Metrics, S. 149

[287] Vgl. Busacca et al. (2009), Customer Value Metrics, S. 192ff.

[288] Vgl. Dodds et al. (1991), Effects of Price, Brand, and Store Information on Buyers' Product Evaluations, S. 307

wahrgenommene Nutzen.[289] Für die weiteren Ausführungen dieser Dissertation wird das Konzept der Unterscheidung positiver und negativer Einflussnahme von Produktcharakteristika auf den wahrgenommenen Kundennutzen übernommen (s. Unterkapitel 4.3). Gemäß den in Teilkapitel 2.2.2 erläuterten Ausführungen zur Means-End Kette wird ein Produktcharakteristikum jedoch erst vor dem Hintergrund bestimmter Kundenbedürfnisse als positiv oder negativ vom Kunden wahrgenommen. Der Ansatz einer kontextunabhängigen Unterscheidung positiver und negativer Produktcharakteristika von DODDS ET AL. wird daher nicht weiterverfolgt.

HOHL (2011): Nutzen als Basis von Kaufentscheidungen

HOHL setzt sich in seinem Ansatz die Analyse der Einflussfaktoren auf die Kaufentscheidungen von Menschen vor dem Hintergrund des entstehenden Nutzens zum Ziel[290]. Zur Erreichung dieses Ziels leitet der Autor zunächst mögliche Quellen des Kundennutzens her. Danach kann ein Kundennutzen grundsätzlich einem Objekt, einer Transaktion, einer Beziehung zum Anbieter oder einem Wechsel des Anbieters entspringen.[291] Die Höhe des von diesen vier Elementen hervorgerufenen Kundennutzens wird nach Ansicht von HOHL durch die Determinanten des Urnutzens, der Aversion sowie der Kosten beeinflusst[292]. Weiterhin führt HOHL den Begriff des Nettonutzens ein. Diesen definiert er als die Gegenüberstellung positiver und negativer Aspekte von verschiedenen Kaufalternativen. Nur ein positiver Nettonutzen bewirkt einen Kauf des Produktes durch den Kunden.[293] Diese Definition wird für die vorliegende Dissertation als Grundlage zur Ermittlung des Kundennutzens übernommen (s. Unterkapitel 4.3).

REYNOLDS ET AL. (2001): Understanding Consumer Decision Making

Ziel des Ansatzes von REYNOLDS ET AL. ist es, dem Leser ein Verständnis der Entscheidungsfindungen von Konsumenten zu ermöglichen[294]. Grundlage dieser Bemühung ist die Annahme, dass Kunden eine Kaufentscheidung nicht um eines Produktes willen, sondern vielmehr aufgrund der Konsequenzen treffen, welche mit dem Kauf eines Produktes einhergehen[295]. Dieser Überzeugung verleihen die Autoren in Form der Means-End Kette Ausdruck (s. Teilkapitel 2.2.2). Diesem Modell nach ist mit jedem Attribut

[289] Vgl. Dodds et al. (1991), Effects of Price, Brand, and Store Information on Buyers' Product Evaluations, S. 308

[290] Vgl. Hohl (2011), Nutzen als Basis von Kaufentscheidungen, S. 6f.

[291] Vgl. Hohl (2011), Nutzen als Basis von Kaufentscheidungen, S. 192ff.

[292] Vgl. Hohl (2011), Nutzen als Basis von Kaufentscheidungen, S. 158ff.

[293] Vgl. Hohl (2011), Nutzen als Basis von Kaufentscheidungen, S. 324ff.

[294] Vgl. Reynolds et al. (2001), Understanding consumer decision making, S. 3

[295] Vgl. Reynolds et al. (2001), Understanding consumer decision making, S. 13

eines Produktes eine bestimmte Konsequenz für den Kunden verbunden. Diese Konsequenz wird vom Kunden zur Befriedigung eines bestimmten Wertes oder Bedürfnisses genutzt.[296] Für den weiteren Verlauf dieser Arbeit wird dieser qualitative Zusammenhang zwischen Produkt, Konsequenzen und Bedürfnissen übernommen.

SETIJONO ET AL. (2007): Customer value as a key performance indicator (KPI) and a key improvement indicator (KII)

Der Ansatz von SETIJONO ET AL. hat die Erfassung des Kundennutzens vor dem Kauf eines Produktes zum Ziel[297]. Zu diesem Zweck unterscheiden die Autoren zunächst zwischen den Begriffen des wahrgenommenen und des erhaltenen Kundennutzens[298]. Nach dieser Definition kann der Kunde den Nutzen eines Produktes wahrnehmen, ohne dieses bereits gekauft oder benutzt zu haben. Diese Interpretation des Nutzenbegriffes ist ebenfalls auf Innovationsideen übertragbar und wird vor diesem Hintergrund für die weiteren Ausführungen der vorliegenden Dissertation übernommen. Zur Ermittlung des wahrgenommenen Kundennutzens greifen SETIJONO ET AL bestehende Methoden zur Messung des Kundennutzens auf und entwickeln diese zweckgerichtet weiter. Im Ergebnis entsteht die Ermittlung des Kundennutzens als Gegenüberstellung von Leistungsfähigkeit und Wichtigkeit von Baugruppen. Beide Elemente werden als Determinanten der Höhe des wahrgenommenen Kundennutzens für die vorliegende Dissertation übernommen (s. Teilkapitel 4.1.1). Die Definition geeigneter Informationsarten zum Ausdruck von Leistungsfähigkeit und Wichtigkeit geht aus der Arbeit von SETIJONO ET AL. nicht hervor.

WACHTER (2006): Kundenwert aus Kundensicht

Ziel der Arbeit von WACHTER ist die Entwicklung einer Methodik zur Bestimmung des durch den Konsum eines Produktes entstehenden Nutzens für den Kunden. Zu diesem Zweck definiert die Autorin zunächst relevante Dimensionen des Kundennutzens in Form von rational-funktionalem und emotional-sozialem Kundennutzen. Weiterhin identifiziert sie relevante Determinanten und Konsequenzen des Kundennutzens.[299] Sowohl auf die Determinanten und deren Beziehung zum Kundennutzen als auch auf die Konsequenzen des Kundennutzens hat nach Ansicht der Autorin der Einbezug des

[296] Vgl. Reynolds et al. (2001), Understanding consumer decision making, S. 12

[297] Vgl. Setijono et al. (2007), Customer value as a key performance indicator (KPI) and a key improvement indicator (KII), S. 44

[298] Vgl. Setijono et al. (2007), Customer value as a key performance indicator (KPI) and a key improvement indicator (KII), S. 49

[299] Vgl. Wachter (2006), Kundenwert aus Kundensicht, S. 42ff.

Wettbewerbs einen starken Einfluss[300]. WACHTER berücksichtigt die relative Position eines Produktes zum Wettbewerb daher nicht in Form von einer eigenständigen Determinante des Kundennutzens. Sie bildet die Position des Wettbewerbs vielmehr als eine „moderierende“ Variable ab, welche Auswirkungen auf alle Beziehungen zwischen Determinanten und Kundennutzen sowie Kundennutzen und Konsequenzen hat.[301] Diese differenzierte Berücksichtigung des Wettbewerbs wird für die vorliegende Dissertation übernommen (s. Unterkapitel 4.3).

2.5.3.4 Relevante Ansätze des Autors

Im folgenden Abschnitt werden die eigenen Veröffentlichungen des Autors zur Bewertung von Innovationsideen für technische Systeme vorgestellt. Diese adressieren unterschiedliche Aspekte der Zielstellung und wurden während der Entstehung der vorliegenden Dissertation auf Fachkonferenzen veröffentlicht.

SCHUH ET AL. (2022): Maturity Oriented Description Model for Innovation Ideas of Technical Systems

Ziel des Ansatzes von SCHUH ET AL. ist die Entwicklung eines Modells zur Beschreibung von Innovationsideen für technische Systeme, welches sich am Reifegrad der Innovationsidee orientiert[302]. Grundlage der Modellentwicklung ist die Anforderung, dass sich das Format der zur Ideenbeschreibung genutzten Informationen am Reifegrad der Innovationsidee zum Zeitpunkt der Beschreibung orientieren sollte. Vor diesem Hintergrund differenzieren die Autoren i. A. a. BRANDENBURG zwischen drei repräsentativen Entwicklungsphasen der Idee: Der kreativ-divergenten Phase, der kreativ-konvergenten Phase sowie der Konzeptphase. Für jede der drei Entwicklungsphasen definieren die Autoren ein passendes Informationsformat. Sowohl die Quantität als auch die Qualität der zur Ideenbeschreibung genutzten Informationen nimmt über die drei Phasen hinweg zu.[303] Die Berücksichtigung der Zunahme von Informationsquantität und -qualität wird im Rahmen der Identifikation notwendiger Informationen zur Ideenbewertung für die vorliegende Dissertation übernommen (s. Unterkapitel 4.1).

---

300 Vgl. Wachter (2006), Kundenwert aus Kundensicht, S. 87
301 Vgl. Wachter (2006), Kundenwert aus Kundensicht, S. 116f.
302 Vgl. Schuh et al. (2022), Maturity Oriented Description Model for Innovation Ideas of Technical Systems, S. 1
303 Vgl. Schuh et al. (2022), Maturity Oriented Description Model for Innovation Ideas of Technical Systems, S. 4ff.

SCHUH ET AL. (2020): Methodology for the determination of the logic of innovation ideas for technical systems

Die Publikation von SCHUH ET AL. hat die Entwicklung einer Methodik zur Bestimmung der Logik von Innovationsideen für technische Systeme zum Ziel[304]. Als konstituierende Elemente dieser Methodik identifizieren die Autoren fünf miteinander in Beziehung stehende Modelle. Ein Modell zur Identifikation der relevanten Bestandteile von Innovationsideen sowie deren Beziehungen bildet den Ausgangspunkt der Methodik. Dieses Modell wird ergänzt um eine Definition des geeigneten Formats zur Aufnahme von Informationen hinsichtlich der Bestandteile einer Innovationsidee. Das dritte Modell dient der Identifikation geeigneter Methoden und Werkzeuge zur Erzeugung der benötigten Informationen. Schließlich werden im vierten Modell geeignete Mechanismen zur Bestimmung der Logik von Innovationsideen für technische Systeme hergeleitet. Eine Vorgehensbeschreibung zur praktischen Anwendung der entstandenen Ergebnisse erfolgt schließlich im fünften und letzten Modell.[305] Die beschriebene Struktur der Methodik zur Bestimmung der Logik von Innovationsideen für technische Systeme wird insbesondere zur Ausarbeitung des Grobkonzeptes der vorliegenden Dissertation übernommen (s. Unterkapitel 3.3). Lediglich die separate Entwicklung des ersten und zweiten Modells hat sich aufgrund des starken Zusammenhangs der Inhalte als nicht zweckmäßig erwiesen.

SCHUH ET AL. (2020): Description Model for the Realization of Ideas for Technical Systems

Ziel des Ansatzes von SCHUH ET AL. ist die Entwicklung eines Modells zur standardisierten Beschreibung von Innovationsideen für technische Systeme[306]. Zu diesem Zweck präsentieren die Autoren ein Beschreibungsmodell, welches aus einer Marktperspektive, einer Funktionsperspektive und einer Technologieperspektive besteht. Innerhalb der Marktperspektive werden die der Innovationsidee zugrunde liegenden Kundenbedürfnisse beschrieben, innerhalb der Funktionsperspektive die Funktionen zur Umsetzung dieser Bedürfnisse und innerhalb der Technologieperspektive die geplanten Technologien zur Realisierung der Funktionen. SCHUH ET AL. unterstellen weiterhin eine Beziehung zwischen den Elementen der drei Perspektiven. So beeinflusst, der Ansicht der Autoren nach, jede Funktion die Umsetzung der Kundenbedürfnisse

[304] Vgl. Schuh et al. (2020), Methodology for the determination of the logic of innovation ideas for technical systems, S. 1

[305] Vgl. Schuh et al. (2020), Methodology for the determination of the logic of innovation ideas for technical systems, S. 4f.

[306] Vgl. Schuh et al. (2020), Description Model for the Realization of Ideas for Technical Systems, S. 2

unterschiedlich stark. Darüber hinaus ist jede Funktion über ein physikalisches Wirkprinzip mit mindestens einer Technologie verbunden.[307] Die Elemente der Kundenbedürfnisse, Funktionen und Technologien werden als benötigte Informationsarten zur Bewertung von Innovationsideen für die vorliegende Dissertation übernommen (s. Teilkapitel 4.1.1).

SCHUH ET AL. (2020): Model for the Logic Determination of Innovation Ideas for Technical Systems

Ziel des Ansatzes von SCHUH ET AL. ist die Entwicklung eines Modells zur Bewertung von Innovationsideen für technische Systeme unter Zuhilfenahme des Konzeptes der Logik[308]. Vor dem Hintergrund dieser Zielstellung definieren die Autoren i. A. a. BACHMANN zunächst Kohärenz und Konsistenz als geeignete Kriterien zur Identifikation der Logik von Innovationsideen für technische Systeme. Während Kohärenz als die Entstehung eines Kundennutzens definiert wird, wird unter Konsistenz die technische Machbarkeit des Kundennutzens verstanden. Darüber hinaus werden geeignete Mechanismen zur quantitativen Überprüfung von Kohärenz und Konsistenz von den Autoren entwickelt.[309] Diese Mechanismen zur Berechnung des Kundennutzens sowie der technischen Machbarkeit werden für die vorliegende Dissertation vollständig übernommen. Lediglich oberflächlich und nicht ausreichend für die im Rahmen dieser Dissertation geforderte praxisnahe Anwendbarkeit erfolgt hingegen die Modellierung der Entstehung des Kundennutzens in der Arbeit von SCHUH ET AL..

2.5.4 Zusammenfassung der Bewertung relevanter bestehender Ansätze und Positionierung der Arbeit

Nach der erfolgten Darstellung, Analyse und kritischen Würdigung relevanter Ansätze werden diese zusammenfassend bewertet. Diese Bewertung ist in Abbildung 2-15 dargestellt. Jeder der vorgestellten Ansätze (Zeilen) wird anhand der in Teilkapitel 2.5.1 hergeleiteten Kriterien bewertet. Als Bewertungsskala dienen sog. „Harvey Balls“. Diese weisen insgesamt fünf unterschiedliche, ordinalskalierte Ausprägungsmöglichkeiten[310] (leerer Ball, zu einem Viertel gefüllter Ball, zur Hälfte gefüllter Ball, zu drei Vierteln gefüllter Ball, vollständig gefüllter Ball) auf. Ein gänzlich unerfülltes Kriterium wird durch einen leeren Harvey Ball repräsentiert, wohingegen ein vollständig

---

[307] Vgl. Schuh et al. (2020), Description Model for the Realization of Ideas for Technical Systems, S. 7f.

[308] Vgl. Schuh et al. (2020), Model for the Logic Determination of Innovation Ideas for Technical Systems, S. 1

[309] Vgl. Schuh et al. (2020), Model for the Logic Determination of Innovation Ideas for Technical Systems, S. 4f.

[310] Vgl. Kosfeld et al. (2016), Deskriptive Statistik, S. 7

ausgefüllter Harvey Ball die vollständige Erfüllung des Bewertungskriteriums bedeutet. Der von den jeweiligen Ansätzen durchschnittlich erreichte Erfüllungsgrad ist in der vorletzten Spalte der Abbildung dargestellt, wohingegen die durchschnittliche Erfüllung der Bewertungskriterien durch die Gesamtheit der untersuchten Ansätze (durchschnittliche Häufigkeit) der letzten Zeile der Abbildung zu entnehmen ist.

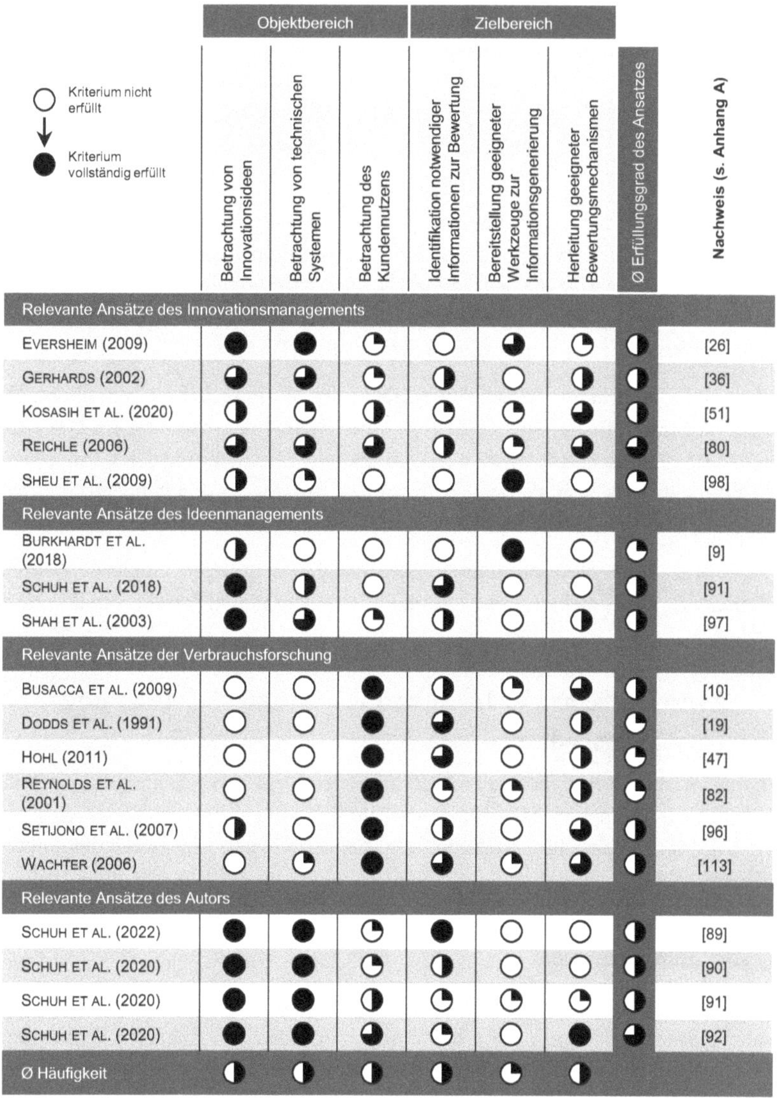

Abbildung 2-15 Bewertung relevanter Ansätze der wissenschaftlichen Literatur

Aus dem durchschnittlichen Erfüllungsgrad der einzelnen Arbeiten geht deutlich hervor, dass bestehende Ansätze der wissenschaftlichen Literatur zur Zielerreichung der vorliegenden Dissertation beitragen und somit als Grundlage der Ausarbeitungen geeignet sind. Gleichzeitig erfüllt keiner der analysierten Ansätze die Kriterien in Gänze. Eine zielgerichtete Weiterentwicklung der bestehenden Ansätze ist vor diesem Hintergrund notwendig.

Eine Betrachtung der durchschnittlichen Häufigkeit zeigt, dass insbesondere der durchschnittliche Erfüllungsgrad des Kriteriums „Identifikation geeigneter Quellen zur Informationsgenerierung" sehr gering ist. Es existieren folglich kaum wissenschaftliche Vorarbeiten, welche als Grundlage der Bereitstellung zur Logikbestimmung benötigter Informationen genutzt werden können.

Weiterhin ist zu erkennen, dass die Ansätze der Verbrauchsforschung hohe Erfüllungsgrade hinsichtlich einzelner Kriterien des Zielbereiches aufweisen. Gleichzeitig beziehen sie sich fast ausschließlich auf das Element „Betrachtung des wahrgenommenen Kundennutzens". Ihr Beitrag zur Erfüllung des übergeordneten Ziels dieser Dissertation ist vor diesem Hintergrund als eingeschränkt zu bewerten.

Aus den oben genannten, zusammenfassenden Beobachtungen innerhalb des Stands der Forschung ergibt sich der im nachfolgenden Unterkapitel dargestellte Forschungsbedarf.

2.6 Zwischenfazit: Ist-Situation und Ableitung des Forschungsbedarfs

Im Hinblick auf die in Unterkapitel 1.2 definierte Zielsetzung gehen aus der Analyse relevanter Forschungsansätze drei wesentliche Defizite hervor. Diese werden als Grundlage der inhaltlichen Ausarbeitung dieser Arbeit nachfolgend detailliert beschrieben.

Keine Berücksichtigung der Veränderung verfügbarer Informationen bei der Bewertung von Innovationsideen

Sowohl die Quantität als auch Qualität der Informationen, welche bezüglich einer Innovationsidee vorhanden sind, verändert sich kontinuierlich. Existierende Ansätze zur Ideenbewertung setzen jedoch als Bewertungsgrundlage Eingangsinformationen einer einzigen Quantität und Qualität voraus. Eine Berücksichtigung der tatsächlichen Informationsverfügbarkeit zum Zeitpunkt der Bewertung ist nicht Teil bestehender Ansätze zur Ideenbewertung.

Kein bedarfsgerechtes Angebot von Innovationsmethoden und -werkzeugen zur Generierung benötigter Informationen

Bestehende Ansätze der wissenschaftlichen Literatur bieten eine Vielzahl verschiedenster Innovationsmethoden und -werkzeuge zur Informationsgenerierung. Die Bewertung einer Innovationsidee erfordert in Abhängigkeit des Reifegrads der Idee jedoch Informationen einer bestimmten Art und Qualität. Die Ordnung der existierenden Methoden und Werkzeuge, basierend auf ihrer Eignung zur Generierung der benötigten Informationen, geht aus den bestehenden Ansätzen der wissenschaftlichen Literatur nicht hervor.

Fehlende Berücksichtigung relevanter Elemente und Zusammenhänge

Existierende Ansätze der Verbrauchsforschung bewerten den Kundennutzen lediglich auf der Grundlage der Leistungsfähigkeit des Produktes bzw. der verschiedenen Baugruppen. Kundenbedürfnisse sind zwar insbesondere in den analysierten konzeptionellen Ansätzen als Ursache des Kundennutzens anerkannt, finden jedoch in Ansätzen zur Quantifizierung des Kundennutzens keine Beachtung. Damit sind auch die Abhängigkeiten zwischen Baugruppen und Kundenbedürfnissen kein Gegenstand der existierenden wissenschaftlichen Ansätze zur Bewertung des Kundennutzens. Insbesondere eine Analyse der technischen Eigenschaften von Baugruppen vor dem Hintergrund der Fähigkeit zur Befriedigung spezifischer Kundenbedürfnisse erfolgt somit nicht. Die genannten Umstände führen darüber hinaus zu einer limitieren Berücksichtigung des Wettbewerbs als maßgebliche Determinante des Kundennutzens.

Die erläuterten Defizite mangelnder Verfügbarkeit benötigter Informationen sowie fehlender Berücksichtigung relevanter Elemente und Zusammenhänge haben zur Folge, dass die belastbare Beurteilung der Logik einer Innovationsidee im Hinblick auf die Erzeugung eines Kundennutzens heute nicht möglich ist. Diese Erkenntnis bildet den Ausgangspunkt der Ausarbeitung dieser Dissertation. Sie wirkt damit richtungsweisend hinsichtlich der nachfolgenden inhaltlichen Konzeptionierung der Methodik.

3 Konzeption der Methodik

Ziel der vorliegenden Arbeit ist die Entwicklung einer Methodik zur Bestimmung der Logik von Innovationsideen für technische Systeme (s. Unterkapitel 1.2). Unter einer Methodik wird eine planmäßige Verfahrensweise zur Erreichung eines definierten Ziels unter Einsatz bestimmter Strategien, Methoden, Werkzeuge und Hilfsmittel verstanden[311]. Nach der Erarbeitung relevanter Grundlagen (s. Unterkapitel 2.1 bis 2.3) sowie praktischer und theoretischer Defizite(s. Unterkapitel 1.1 bzw. Unterkapitel 2.5) gilt es i. A. a. den Forschungsprozess nach ULRICH (s. Unterkapitel 1.4.), das Grobkonzept für die Entwicklung dieser Methodik zu erarbeiten. Dazu werden zunächst relevante Anforderungen an die Methodik hergeleitet (s. Unterkapitel 3.1) und theoretische Grundlagen der Modellkonzeption erläutert (s. Unterkapitel 3.2). Auf der Grundlage der hergeleiteten Anforderungen sowie der erläuterten Grundlagen erfolgt die Erarbeitung des Grobkonzepts für die vorliegende Arbeit (s. Unterkapitel 3.3).

3.1 Anforderungen an die Methodik

Die Formulierung von Anforderungen an die zu entwickelnde Methodik beinhaltet die Herleitung sowohl formaler Anforderungen (s. Teilkapitel 3.1.1) als auch inhaltlicher Anforderungen (s. Teilkapitel 3.1.2). Während sich die formalen Anforderungen aus der Modelltheorie ergeben, werden die inhaltlichen Anforderungen aus den Defiziten der Theorie und Praxis sowie der Zielsetzung für die vorliegende Dissertation abgeleitet.

3.1.1 Formale Anforderungen

Die Modelle einer Methodik vermögen nicht alle Attribute der Realität abzubilden. Es muss also ein Kompromiss zwischen erreichbarer Realitätsnähe und überschaubarem Aufwand bei der Erstellung und Anwendung des Modells gefunden werden.[312] Um

[311] Vgl. Ehrlenspiel et al. (2013), Integrierte Produktentwicklung, 146
[312] Vgl. Patzak (1982), Systemtechnik - Planung komplexer innovativer Systeme, S. 315

diesen Kompromiss konkurrieren nach PATZAK fünf Anforderungen. Danach sollte jedes Modell empirisch richtig, formal richtig, produktiv, handhabbar und nicht aufwendig sein.

Die empirische Korrektheit fordert einen hohen Grad an Übereinstimmung zwischen dem Modellverhalten und den tatsächlichen, realen Systemeigenschaften. Das Modell ist darüber hinaus formal korrekt, wenn es frei von internen Widersprüchen ist und die Modellergebnisse replizierbar und überprüfbar sind. Als produktiv erachtet PATZAK ein Model, wenn es dem Zweck dienlich ist, die aufgeworfenen Fragestellungen inhaltlich und formal korrekt zu beantworten. Die Anforderung an die Handhabbarkeit des Modells bezieht sich indes auf eine einfache Anwendbarkeit des Modells und die leichte Interpretation der Modellergebnisse. Gleichzeitig sollte der Aufwand für Erstellung und Anwendung des Modells möglichst gering ausfallen.[313]

Durch die Einhaltung dieser formalen Anforderungen wird ein strukturierter Aufbau der Methodik und eine systematische Vorgehensweise bei der Erstellung der zugehörigen Modelle erreicht. Darüber hinaus ermöglichen sie eine optimale Effektivität zur Erreichung der in Unterkapitel 1.2 formulierten Zielstellung.

3.1.2 Inhaltliche Anforderungen

Die inhaltlichen Anforderungen der vorliegenden Dissertation ergeben sich aus den identifizierten Defiziten in der Praxis (s. Unterkapitel 1.1) und der daraus resultierenden Zielsetzung (s. Unterkapitel 1.2) sowie den Defiziten in der Theorie (s. Unterkapitel 2.6). Das Zusammenspiel aus Defiziten, Zielsetzung und daraus resultierenden Anforderungen ist in Abbildung 3-1 dargestellt. Letztere werden nachfolgend im Detail erläutert.

[313] Vgl. Patzak (1982), Systemtechnik - Planung komplexer innovativer Systeme, S. 309f.

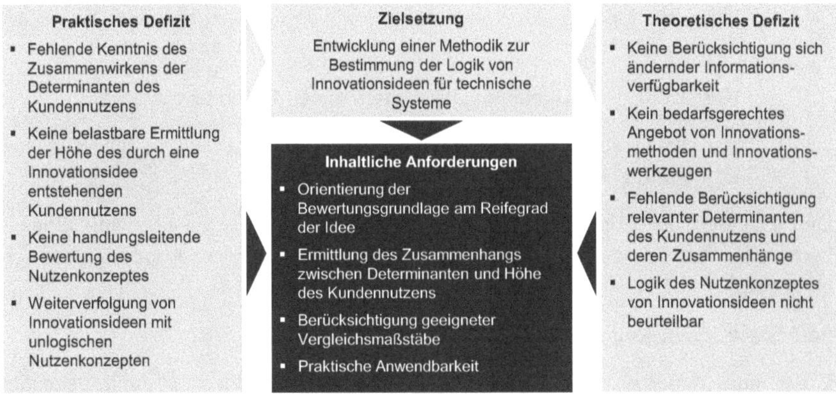

Abbildung 3-1 Ableitung der inhaltlichen Anforderungen an die Methodik

Orientierung der Bewertungsgrundlage am Reifegrad der Innovationsidee

Bestehende Ansätze zur Ideenbewertung und damit auch zur Bewertung des entstehenden Kundennutzens definieren als Bewertungsgrundlage Informationen einer bestimmten Qualität und Quantität (s. Teilkapitel 2.2.1). Während der Entwicklung der Innovationsidee ändert sich jedoch die Qualität und Quantität der verfügbaren Informationen kontinuierlich und ist somit abhängig vom Reifegrad der untersuchten Innovationsidee. Bestehende Ansätze bewerten die Innovationsidee daher nicht auf Basis der Informationen, welche zum Zeitpunkt der Bewertung tatsächlich vorhanden sind. Dies führt zu einer Verzerrung des Bewertungsergebnisses. Um folglich eine Innovationsidee belastbar bewerten zu können, müssen sich die zur Bewertung geforderte Qualität und Quantität von Informationen am Reifegrad der Innovationsidee orientieren.

Berücksichtigung aller relevanten Elemente des Nutzenkonzeptes sowie deren Zusammenhänge

Wie in Teilkapitel 2.2.2 beschrieben, sind die den Kundennutzen determinierenden Elemente aus der Means-End Kette bekannt. Nicht bekannt sind hingegen die entscheidenden Merkmale, anhand derer sich die Determinanten des Kundennutzens charakterisieren lassen. In der Konsequenz berücksichtigen Ansätze zur Bewertung des Kundennutzens lediglich einen Teil derjenigen Elemente, welche für die Entstehung von Kundennutzen ausschlaggebend sind (s. Teilkapitel 2.5.3 und 2.5.4). Vor diesem Hintergrund lassen sich drei Teilanforderungen ableiten:

- Identifikation charakterisierender Merkmale der Determinanten des Kundennutzens
- Herleitung des Zusammenhangs zwischen den Determinanten
- Herleitung des Zusammenhangs zwischen Determinanten und Höhe des Kundennutzens

Durch die Berücksichtigung der formulierten Teilanforderungen wird sowohl eine belastbare als auch handlungsleitende Bewertung des entstehenden Kundennutzens ermöglicht.

Berücksichtigung geeigneter Vergleichsmaßstäbe

Existierende Ansätze zur Ermittlung der Höhe des Kundennutzens beschränken sich auf den Vergleich des eigenen Produktes mit bereits am Markt verfügbaren Lösungen. Charakteristikum von Ideen für Basisinnovationen ist aber der Fokus auf Produkte, welche bisher nicht in dieser Form am Markt existieren (s. Teilkapitel 2.1.1). Ein Vergleich von Ideen für Basisinnovationen mit am Markt bereits existierenden Lösungen ist folglich nicht möglich. Die zu entwickelnde Methodik muss daher einen Vergleich der untersuchten Innovationsidee mit existierenden Lösungen erlauben, welcher unabhängig vom im Zentrum der Idee stehenden Produkt ist.

Praktische Anwendbarkeit der Methodik

Wie bereits in Teilkapitel 2.1.4 beschrieben, ist die Anzahl von Innovationsideen in der frühen Phase des Innovationsprozesses groß. Die hinsichtlich dieser Innovationsideen bestehende Informationsverfügbarkeit ist stark limitiert und die Unsicherheit hinsichtlich ihrer Weiterentwicklung hoch. Vor diesem Hintergrund steht nicht die detaillierte Bewertung aller Aspekte des Nutzenkonzeptes von Innovationsideen im Vordergrund der zu entwickelnden Methodik. Aus den vorangegangenen Ausführungen folgt vielmehr die Anforderung einer zeiteffizienten Überprüfung des Nutzenkonzeptes hinsichtlich fundamentaler Logikbrüche. Aufgrund ihrer Relevanz geht diese Anforderung über die formale Anforderung der Handhabbarkeit hinaus und wird an dieser Stelle gesondert hervorgehoben.

3.2 Theoretische Grundlagen zur Modellkonzeption

Die im Rahmen dieser Dissertation aufgeworfene Fragestellung gilt es wissenschaftlich zu beantworten. Dabei wird auf existierende formale Hilfsmittel zurückgegriffen. Insbesondere Vorgehensweisen der Modellierungs- und Systemtheorie eignen sich für den Vorgang der Problemlösung.

3.2.1 Allgemeine Modellierungstheorie

Modelle stellen beschränkte Ausschnitte der Realität in einer abstrakten und damit vereinfachten Weise dar. Sie werden folglich zur Erklärung komplexer Zusammenhänge der Realität konzipiert und verwendet.[314] Nach STACHOWIAK zeichnen sich alle Modelle durch drei konstituierende Merkmale aus: Das Abbildungsmerkmal, das Verkürzungsmerkmal und das pragmatische Merkmal. Das Abbildungsmerkmal besagt, dass Modelle immer Repräsentationen eines Originals sind. Dem Verkürzungsmerkmal nach bildet ein Modell nicht alle Attribute des Originals ab. Es erfasst lediglich diejenigen, welche dem Entwickler oder Nutzer des Modells relevant erscheinen. Das pragmatische Merkmal besagt, dass Modelle ihrem Original nicht eindeutig zugeordnet werden können. Ihre Modellierungsfunktion existiert nur für einen bestimmten Benutzer, in einem bestimmten Zeitintervall und für eine bestimmte Anwendung.[315]

Nach PATZAK bestehen verschiedene Möglichkeiten zur Gliederung von Modellen. Die zweckbezogene Gliederung unterscheidet zwischen vier aufeinander aufbauenden Modelltypen: Beschreibungsmodellen, Erklärungsmodellen, Vorhersagemodellen und Entscheidungsmodellen. Beschreibungsmodelle stellen bestehende Zustände von realen Systemen dar, ohne die Wirkungszusammenhänge der beobachteten Zustände zu explizieren. Die Erklärung dieser Wirkzusammenhänge erfolgt durch Erklärungsmodelle. Anhand der ermittelten Wirkungszusammenhänge vermögen sie folglich das Verhalten von Systemen zu erklären. Vorhersagemodelle erweitern die Erklärung des Systemverhaltens um die Prognose zukünftiger Zustände des Systems. Entscheidungsmodelle dienen vor dem Hintergrund definierter Ziele zur Ermittlung und Bewertung von Handlungsempfehlungen.[316] Die aufgezählten Modelltypen wurden insbesondere im Kontext des Software Managements um Vorgehensmodelle ergänzt. Diese definieren eine bestimmte Reihenfolge von Aktivitäten sowie als Ergebnis der Aktivitäten entstehende Produkte bzw. Artefakte.[317]

[314] Vgl. Patzak (1982), Systemtechnik - Planung komplexer innovativer Systeme, S. 307f.
[315] Vgl. Stachowiak (1973), Allgemeine Modelltheorie, S. 131ff.
[316] Vgl. Patzak (1982), Systemtechnik - Planung komplexer innovativer Systeme, S. 313ff.
[317] Vgl. Versteegen (2002), Vorgehensmodelle, S. 29

Im Rahmen dieser Dissertation wird eine Methodik entwickelt, die aus zusammenhängenden Modellen besteht. Unter diesen Modellen befinden sich sowohl Beschreibungs- und Erklärungsmodelle als auch auf Entscheidungsmodelle.

3.2.2 Systemtechnik als Teil der Systemtheorie

Wie bereits in der Forschungskonzeption erläutert, ermöglicht der systemtheoretische Ansatz nach ULRICH die Berücksichtigung allgemeiner Zusammenhänge zwischen den Theorien der einzelnen Fach- und Wissenschaftsrichtungen[318]. Die Systemtechnik als Teil der Systemtheorie kann in diesem Zusammenhang als Hilfsmittel zum Umgang mit komplexen Systemen verstanden werden[319]. Ihr Ziel besteht in der Entwicklung einer interdisziplinär geltenden, formalen Theorie. Dafür stellt die Systemtechnik eine gemeinsame, formale Sprache zur Verfügung[320]. Auf diese Weise können ingenieurwissenschaftliche Methoden auf angrenzende Wissenschaftsdisziplinen übertragen werden oder auf deren Methoden zuzugreifen. Die Systemtechnik bietet somit die Möglichkeit interdisziplinärer Problemlösung.[321]

Wesentliche Elemente der Systemtechnik sind der Problemlösungsprozess, das Systemdenken sowie das Vorgehensmodell der Systemtechnik. Diese Elemente sowie ihre Beziehungen sind in Abbildung 3-2 dargestellt und werden nachfolgend näher erläutert.

[318] Vgl. Boulding (1975), Die allgemeine Systemtheorie - als Skelett der Wissenschaft, S. 16
[319] Vgl. Patzak (1982), Systemtechnik - Planung komplexer innovativer Systeme, S. 160
[320] Vgl. Gabler Wirtschaftslexikon (2018), Systemtheorie
[321] Vgl. Bruns (1991), Systemtechnik, S. 1

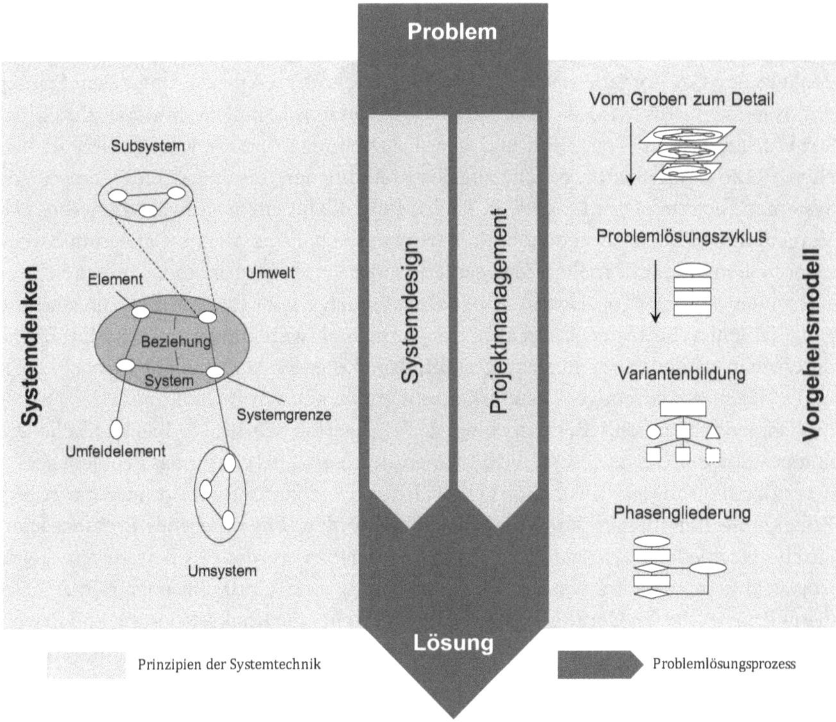

Abbildung 3-2 Relevante Begrifflichkeiten und Bestandteile der Systemtechnik i. A. a. HABERFELLNER[322]

Der Problemlösungsprozess stellt das systematische Vorgehen von der Formulierung eines Ziels zur Identifikation einer geeigneten Lösung dar[323]. Er lässt sich unterteilen in das Gebiet der Systemgestaltung und des Projektmanagements. Während die Techniken des Projektmanagements zur Umsetzung organisatorischer Aspekte der Problemlösung dienen, werden die Techniken der Systemgestaltung zur inhaltlichen Umsetzung der Lösung eingesetzt.[324]

[322] Vgl. Haberfellner et al. (2019), Systems engineering, S. 27f.
[323] In Anlehnung an Haberfellner et al. (2019), Systems engineering, 44
[324] Vgl. Haberfellner et al. (2019), Systems engineering, S. 101

Der Problemlösungsprozess wird durch die allgemeine Philosophie des Systems Engineering begleitet und unterstützt. Dieser Philosophie liegen die Prinzipien des Systemdenkens und des Vorgehensmodells der Systemtechnik zu Grunde. Unter dem Prinzip des Systemdenkens wird der Denkansatz verstanden, komplexe Systeme durch die Strukturierung von Elementen und deren Beziehungen besser verständlich zu machen.[325] Die Nomenklatur, welche zur Beschreibung der verschiedenen Elemente von Systemen verwendet wird, wurde in Teilkapitel 2.1.3 bereits ausführlich erläutert. Das Vorgehensmodell der Systemtechnik besteht aus vier Prinzipien, welche zum Zweck einer systematischen Problemlösung miteinander kombinierbar sind. Das erste dieser Prinzipien wird als "Top-Down"-Ansatz bezeichnet. Dieser fordert, dass zunächst die ganzheitlichen Problemzusammenhänge betrachtet werden, bevor Detailprobleme untersucht werden. So wird sichergestellt, dass das große Ganze nicht vernachlässigt und effizient ein stimmiges Lösungskonzept entwickelt wird. Die Lösung der Detailprobleme erfolgt anschließend in einem nachgelagerten Schritt. Die hierarchische Dekomposition der Gesamtlösung wird solange fortgesetzt, bis ein für das Problem geeigneter Detaillierungsgrad erreicht ist.[326] Bei jedem Detaillierungsschritt muss das zweite Prinzip, die Variantenbildung, berücksichtigt werden. Ein gegebenes Problem kann durch verschiedene Systemarchitekturen beschrieben werden. Es besteht also keine Notwendigkeit, dass die erste entwickelte Lösung dem Optimum entspricht.[327] Das dritte Prinzip, die Gliederung in Projektphasen, stellt eine Konkretisierung und Erweiterung der ersten beiden Prinzipien dar. Es fordert die Aufteilung der Systementwicklung in verschiedene Teilphasen zur schrittweisen Lösung des Problems mit vordefinierten Revisionspunkten.[328] Das vierte Grundprinzip beinhaltet ein formal-logisches Schema des Vorgehens vom Beginn bis zur Lösung des Problems in Form des Problemzyklus[329].

Die Prinzipien und Grundsätze der Systemtechnik werden in der vorliegenden Dissertation zur systematischen Lösungsentwicklung in Form von geeigneten Modellen genutzt.

[325] Vgl. Haberfellner et al. (2019), Systems engineering, S. 3
[326] Vgl. Haberfellner et al. (2019), Systems engineering, S. 28ff.
[327] Vgl. Haberfellner et al. (2019), Systems engineering, S. 31ff.
[328] Vgl. Haberfellner et al. (2019), Systems engineering, S. 35ff.
[329] Vgl. Haberfellner et al. (2019), Systems engineering, S. 43ff.

3.3 Grobkonzept zur Bestimmung der Logik von Innovationsideen für technische Systeme

Das übergeordnete Ziel der vorliegenden Dissertation besteht in der Unterstützung der in Teilkapitel 2.4.3 definierten Anwendergruppe bei der Ermittlung der Logik von Innovationsideen für technische Systeme (s. Unterkapitel 1.2). Zur Erreichung dieses Ziels wird eine Methodik zur Bestimmung der Logik von Innovationsideen für technische Systeme entwickelt (s. Unterkapitel 1.2). Die relevanten Grundlagen sowie die aus praktischen und theoretischen Defiziten resultierenden Anforderungen an diese Methodik wurden in den Unterkapiteln 2.1 bis 2.3 bzw. in Unterkapitel 3.1 erarbeitet. Basierend auf diesen Grundlagen und Anforderungen wird das Grobkonzept der Methodik zur Bestimmung der Logik von Innovationsideen für technische Systeme im folgenden Unterkapitel hergeleitet.

Die Bewertung von Innovationsideen erfolgt auf der Grundlage zur Verfügung stehender Informationen. Die Belastbarkeit des Bewertungsergebnisses ist dabei abhängig von der Qualität der Informationsgrundlage (s. Teilkapitel 2.2.1). Vor diesem Hintergrund bildet ein Modell zur Definition aller Informationen, welche hinsichtlich der Bestimmung der Logik von Innovationsideen für technische Systeme von Relevanz sind, den Ausgangspunkt der zu entwickelnden Methodik. Der Ideenprozess ist gekennzeichnet von einer starken Limitation verfügbarer Ressourcen (s. Unterkapitel 1.1). Vor diesem Hintergrund ist die zielgerichtete Erzeugung der als für die Logikbestimmung relevant identifizierten Informationen von besonderer Bedeutung. Innovationswerkzeuge unterstützen die Erzeugung von Informationen zu den verschiedensten Aspekten einer Innovationsidee (s. Teilkapitel 2.2.1). Das zweite Modell dient daher der Identifikation geeigneter Innovationswerkzeuge zur Erzeugung der zur Logikbestimmung benötigten Informationen. Neben einer aussagekräftigen Informationsgrundlage erfordert die Bewertung von Innovationsideen die Definition geeigneter Kriterien und Methoden (s. Teilkapitel 2.2.2 und 2.2.3). Das dritte Modell dient daher der Ermittlung geeigneter Kriterien und Methoden zur Bestimmung der Logik von Innovationsideen für technische Systeme. Die limitierte Verfügbarkeit von Ressourcen innerhalb des Ideenprozesses erfordert die zeiteffiziente Anwendbarkeit der zu entwickelnden Methodik (s. Teilkapitel 3.1.2). Vor diesem Hintergrund dient das vierte Modell der Entwicklung einer intuitiven und standardisierten Vorgehensweise zur Bestimmung der Logik von Innovationsideen für technische Systeme. Die beschriebenen Modelle sowie deren Zusammenspiel sind in Abbildung 3-3 schematisch dargestellt. Die Definition benötigter Informationen (Modell I) dient dabei als Grundlage zur zielgerichteten Erzeugung dieser Informationen (Modell II) sowie der Herleitung geeigneter Kriterien und Methoden zur Logikbestimmung (Modell III). Die drei genannten Modelle werden durch die standardisierte Vorgehensweise zur Logikbestimmung (Modell IV) miteinander verknüpft.

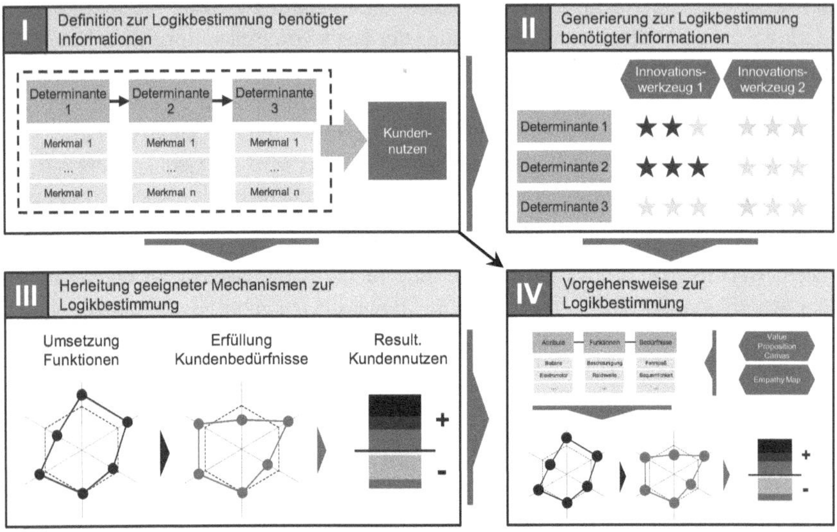

Abbildung 3-3 **Grobkonzept zur Bestimmung der Logik von Innovationsideen für technische Systeme**

Die wichtigsten Aspekte zur inhaltlichen Ausgestaltung der jeweiligen Modelle werden gemäß den zuvor formulierten Anforderungen nachfolgend beschrieben. Eine detaillierte Ausarbeitung des Konzeptes sowie die Herleitung der Ergebnisse erfolgt in Kapitel 4.

Modell I: Definition zur Logikbestimmung benötigter Informationen

Ziel dieses Modells ist die Erarbeitung eines Beschreibungsmodells zur Darstellung der Informationen, welche zur Bestimmung der Logik von Innovationsideen für technische Systeme benötigt werden. Im Fokus dieser Logikbestimmung steht das Nutzenkonzept der Innovationsidee (s. Teilkapitel 2.4.2). Vor diesem Hintergrund ist eine Identifikation aller Informationen erforderlich, welche hinsichtlich der Entstehung des Kundennutzens von Relevanz sind. Zu diesem Zweck werden alle Elemente sowie deren relevante Merkmale identifiziert, welche einen signifikanten Einfluss auf die

Entstehung des Kundennutzens haben. Die Means-End Kette beschreibt die Entstehung von Kundennutzen durch definierte Elemente (s. Teilkapitel 2.2.2). Sie wird daher als Ausgangspunkt der Identifikation relevanter Determinanten des Kundennutzens genutzt. Die Merkmale der identifizierten Determinanten werden anhand der in Kapitel 2 erarbeiteten Grundlagen analytisch-deduktiv hergeleitet.

Eine bloße Beschreibung der Determinanten des Kundennutzens sowie ihrer Merkmale ist jedoch im Hinblick auf die Anforderung der praktischen Anwendbarkeit der Methodik nicht ausreichend. Um den Anwender zu einer anwenderfreundlichen und zeiteffizienten Bereitstellung der benötigten Informationen zu befähigen, wird daher für jedes Merkmal ein eindeutiges Format festgelegt, in welchem dieses zu spezifizieren ist. Bei der Festlegung des Formates gilt es die sich verändernde Informationsverfügbarkeit während des Ideenentwicklungsprozesses zu berücksichtigen (s. Teilkapitel 3.1.2). Vor diesem Hintergrund werden auf Basis des Ideenentwicklungsprozesses (s. Abschnitt 2.1.4.2) repräsentative Entwicklungsphasen von Innovationsideen sowie die innerhalb dieser Phasen typischerweise verfügbare Qualität und Quantität von Informationen hergeleitet. Basierend auf der ermittelten Informationsqualität und -quantität werden die geeigneten Formate zur Spezifizierung abgeleitet.

Modell II: Generierung zur Logikbestimmung benötigter Informationen

Ziel des zweiten Modells ist die Entwicklung eines Beschreibungsmodells zur Darstellung der Instrumente, welche zur Bereitstellung der benötigten Informationen erforderlich sind. Zur Erarbeitung der im Innovationskontext benötigten Informationen hat sich in der Praxis die Nutzung von Innovationswerkzeugen etabliert (s. Teilkapitel 2.2.1). Daher bildet eine umfassende Literaturrecherche zur Sammlung aktuell existierender Innovationswerkzeuge den Ausgangspunkt des zweiten Modells. Eine ungeordnete Sammlung existierender Innovationswerkzeuge ist jedoch vor dem Hintergrund der Anforderung einer zeiteffizienten und anwenderfreundlichen Nutzbarkeit der Methodik nicht ausreichend. Vielmehr gilt es, dem Anwender in Abhängigkeit der benötigten Informationen, die am besten geeigneten Innovationswerkzeuge zur Verfügung zu stellen. Die zusammengestellte Sammlung von Innovationswerkzeugen wird daher zunächst anhand von Einschlusskriterien hinsichtlich ihrer generellen Eignung zur Generierung der benötigten Informationen überprüft. Die grundsätzlich geeigneten Innovationswerkzeuge werden anschließend hinsichtlich ihrer Fähigkeit untersucht, den Anwender bei der Spezifizierung der im ersten Modell identifizierten Merkmale der Determinanten des Kundennutzens unterstützen zu können.

Modell III: Herleitung geeigneter Mechanismen zur Logikbestimmung

Während in Modell I die Definition der zur Logikbestimmung benötigten Informationen erfolgt, werden in Modell II geeignete Innovationswerkzeuge zur zielgerichteten Erzeugung dieser Informationen zur Verfügung gestellt. Ziel des dritten Modells ist es daher, Mechanismen herzuleiten, anhand derer sich auf der Basis der in Modell I und Modell II erarbeitete Informationsgrundlage die Logik von Innovationsideen bestimmen lässt. Diese Herleitung erfolgt in Form von einem Erklärungsmodell.

Den Ausführungen in Teilkapitel 2.3.1 nach zeichnet sich ein logisches System durch das harmonische Zusammenspiel seiner Elemente aus. Im Fokus der Logikbestimmung steht in der vorliegenden Arbeit der aus einer Innovationsidee resultierende Kundennutzen (s. Unterkapitel 2.4). Inhalt des dritten Modells ist daher die Beurteilung des Zusammenspiels der Elemente des Nutzenkonzeptes vor dem Hintergrund des daraus resultierenden Kundennutzens. Eine Beurteilung aller möglichen Kombinationen von Elementausprägungen im Hinblick auf den daraus resultierenden Kundennutzen ist im Rahmen der vorliegenden Arbeit nicht leistbar. Daher gilt es zunächst relevante Kennzahlen zu bestimmen, anhand derer sich das Ergebnis des Zusammenspiels bestimmter Elemente des Nutzenkonzeptes zusammenfassend darstellen lässt. Zur Erfüllung der in Teilkapitel 3.1.2 ermittelten, inhaltlichen Anforderungen erfolgt die Herleitung der Mechanismen zur Berechnung dieser Kennzahlen unter der Berücksichtigung bereits am Markt existierender Lösungen. Da das Nutzenkonzept von Innovationsideen im Fokus der Logikbestimmung steht, wird zur Herleitung der relevanten Kennzahlen auf die Grundzüge der Nutzwertanalyse zurückgegriffen. In Abhängigkeit der Höhe der relevanten Kennzahlen sowie des daraus zu erwartenden Kundennutzens werden anschließend verschiedene Logikgrade zur Beurteilung einer Innovationsidee hergeleitet.

Modell IV: Vorgehensweise zur Logikbestimmung

Um das Nutzenkonzept einer Innovationsidee in der Praxis beurteilen zu können, müssen die Ergebnisse der zuvor beschriebenen drei Modelle dem Anwender in möglichst einfacher Weise zugänglich gemacht werden. Vor dem Hintergrund der Anforderung praktischer Anwendbarkeit ist daher das Ziel des vierten Modells, die ersten drei Modelle in Form von einem Vorgehensmodell zu einer handlungsleitenden Vorgehensweise für den Anwender der Methodik zu verknüpfen (s. Unterkapitel 4.4).

Die Informationsverfügbarkeit und damit auch das Vorgehen zur Logikbestimmung ist abhängig vom Entwicklungsstand der zu untersuchenden Innovationsidee (s. Teilkapitel 2.2.1). Um den Entwicklungsstand bestimmen zu können, muss daher zunächst eine Vorgehensweise zur Aufnahme aller verfügbaren sowie Identifikation fehlender Informationen entwickelt werden. Darüber hinaus wird auf Grundlage der Ergebnisse des zweiten Modells ein Vorgehen zur Erzeugung der fehlenden Informationen durch die Auswahl und den Einsatz geeigneter Innovationswerkzeuge hergeleitet. Auf der Basis der Ergebnisse des dritten Modells erfolgt zuletzt die Herleitung notwendiger Aktivitäten und zugehöriger Artefakte zur Bestimmung der Logik von Innovationsideen für technische Systeme.

3.4 Zwischenfazit: Konzeption der Methodik zur Bestimmung der Logik von Innovationsideen für technische Systeme

Die vorangegangenen Unterkapitel hatten die Erarbeitung eines Grobkonzepts der Methodik zur Bestimmung der Logik von Innovationsideen für technische Systeme zum Ziel. Innerhalb des Unterkapitels 3.1 wurden zu diesem Zweck sowohl formale als auch inhaltliche Anforderungen an die Methodik hergeleitet. Grundlage der inhaltlichen Anforderungen bildeten existierende Defizite in Theorie (s. Unterkapitel 2.6) und Praxis (s. Unterkapitel 1.1) sowie die Zielsetzung der vorliegenden Arbeit (s. Unterkapitel 1.2). Die vorgestellten formalen Anforderungen wiederum zielen auf die empirische und formale Richtigkeit, die Handhabbarkeit sowie die Ergebnisqualität der Methodik ab.

Die zur Entwicklung der Methodik relevanten modelltheoretischen Grundlagen wurden in Unterkapitel 3.2 erläutert. Diese umfassen die Grundsätze der allgemeinen Modellierungstheorie sowie der Systemtechnik, welche hinsichtlich der Entwicklung und des Zusammenwirkens relevanter Modellelemente von Relevanz sind.

Aufbauend auf den Anforderungen an die Methodik sowie den Grundlagen der Modellierungstheorie erfolgte in Unterkapitel 3.3 die Erarbeitung des Grobkonzepts der Methodik zur Bestimmung der Logik von Innovationsideen für technische Systeme. Das erste Modell dient der Definition der Art und des Formats benötigter Informationen zur Logikbestimmung. Mit der Means-End Kette wird ein in der Wissenschaft anerkanntes Instrument als Grundlage zur Erreichung dieses Ziels genutzt. Die Erweiterung der Means-End Kette erhöht die Komplexität des Verständnisses und der Anwendung der Methodik. Sie ermöglich allerdings gleichzeitig eine differenzierte Darstellung aller Informationen, welche hinsichtlich der Entstehung von Kundennutzen und damit auch für die Logik eines Nutzenkonzeptes von Relevanz sind. Die Definition eines geeigneten Formates zur Aufnahme und Bereitstellung dieser Informationen stellt die praktische Anwendbarkeit der Methodik sicher. Die sich verändernde Informationsverfügbarkeit während des Ideenentwicklungsprozesses wird in diesem Kontext durch die Definition eines individuellen Formates für jede repräsentative Phase des Ideenentwicklungsprozesses berücksichtigt. Um eine hohe Anwenderfreundlichkeit der Methodik zu garantieren, ist die Anzahl der repräsentativen Phasen begrenzt. Die Genauigkeit, mit welcher die zum Betrachtungszeitpunkt tatsächlich verfügbaren Informationen erfasst werden, ist allerdings durch die limitierte Anzahl der Phasen eingeschränkt. Eine zukünftige Erhöhung dieser Genauigkeit durch die Erhöhung der Anzahl repräsentativer Phasen wird an dieser Stelle daher nicht ausgeschlossen.

Ziel des zweiten Modells ist die Identifikation geeigneter Innovationswerkzeuge zur Erzeugung benötigter Informationen. Vor dem Hintergrund der Vielzahl bereits existierender Innovationswerkzeuge wird auf die Eigenentwicklung eines maßgeschneiderten Innovationswerkzeugs verzichtet. Die Innovationsleistung hinsichtlich des zweiten Modells liegt stattdessen darin, dem Anwender in Abhängigkeit der benötigten Informationen die richtigen Innovationswerkzeuge bereitzustellen und ihm somit eine effiziente Informationserzeugung zu ermöglichen.

Das dritte Modell hat die Herleitung geeigneter Mechanismen zur Logikbestimmung der Nutzenkonzepte von Innovationsideen zum Ziel. Diese Mechanismen bilden das differenzierende Merkmal in Bezug auf existierende Ansätze zur Bewertung von Innovationsideen und versprechen damit den größten Erkenntnisgewinn für den Anwender. Gleichzeitig stellen Sie den komplexesten Teil der Methodik dar und gehen folglich mit einem erhöhten Anwendungsaufwand einher. Der Überprüfung des Verhältnisses von Anwendungsaufwand und resultierendem Erkenntnisgewinn in Kapitel 5 dieser Arbeit kommt vor diesem Hintergrund eine besondere Bedeutung zu.

Schließlich besteht das Ziel des vierten Modells in der Entwicklung einer Vorgehensweise, welche dem Anwender eine praktikable Nutzung der Methodik ermöglicht. Die Verknüpfung möglicher Ergebnisszenarien der Logikbestimmung mit geeigneten Handlungsempfehlungen ermöglicht es dem Anwender der Methodik, die Ergebnisse der Bewertung des Nutzenkonzeptes in die Ideenentwicklung zu integrieren. Auf diese Weise wird die praktische Anwendbarkeit der Methodik im Kontext aller weiteren Aktivitäten der Ideenentwicklung sichergestellt.

Vor dem Hintergrund der vorangegangenen Ausführungen stellen das erste sowie das dritte Modell den Kern der Innovationsleistung für die vorliegende Arbeit dar. Die detaillierte Ausarbeitung der Inhalte des Grobkonzeptes erfolgt in Kapitel 4.

4 Detaillierung der Methodik

Im vorangegangenen Kapitel wurde basierend auf inhaltlichen und formalen Anforderungen das Grobkonzept der vorliegenden Dissertation hergeleitet. Ergebnis des Grobkonzeptes sind vier zusammenhängende Modelle (s. Abbildung 4-1), welche es im folgenden Kapitel zu detaillieren gilt.

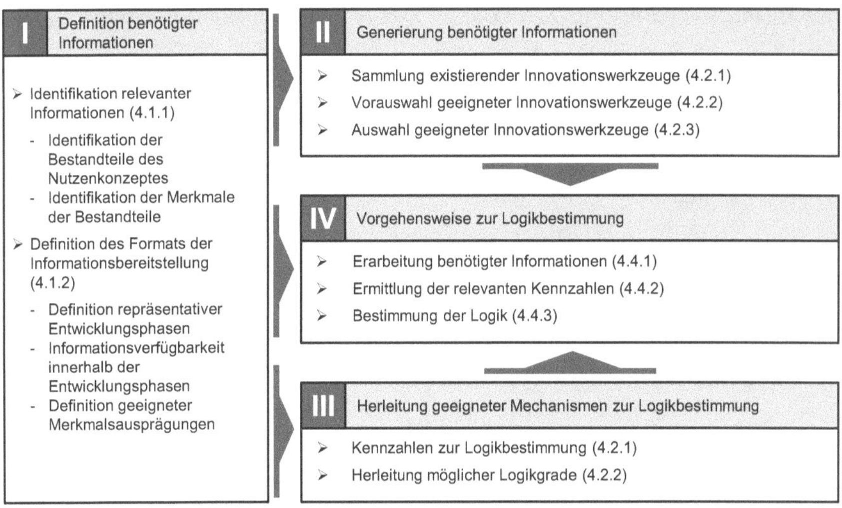

Abbildung 4-1 Detaillierung der Methodik

Ziel des ersten Modells ist die Definition der zur Logikbestimmung eines Nutzenkonzeptes notwendigen Informationen. Zu diesem Zweck erfolgt zunächst eine Herleitung der Determinanten des Kundennutzens sowie deren relevanter Merkmale. Daraufhin wird ein geeignetes Format zur Spezifizierung der Ausprägung dieser Merkmale definiert (s. Unterkapitel 4.1). Die Auswahl geeigneter Innovationsmethoden und Innovationswerkzeuge zur Generierung der benötigten Informationen folgt im zweiten Modell (s. Unterkapitel 4.2). Im dritten Modell werden die geeigneten Mechanismen zur

Logikbestimmung hergeleitet (s. Unterkapitel 4.3). Die Verknüpfung der vorangegangenen Schritte zu einer Vorgehensweise, welche dem Anwender die Ermittlung der Logik von Innovationsideen für technische Systeme erlaubt, ist Gegenstand des vierten Modells (s. Unterkapitel 4.4). Das Kapitel schließt mit einem Zwischenfazit (s. Unterkapitel 4.5).

4.1 Definition zur Logikbestimmung benötigter Informationen

Ziel dieses Unterkapitels ist die Definition derjenigen Informationen, welche zur Logikbestimmung des Nutzenkonzeptes einer Innovationsidee bereitgestellt werden müssen. Dies erfordert zunächst die Auswahl bereitzustellender Informationen (s. Teilkapitel 4.1.1). Vor dem Hintergrund der Anforderungen nach formaler Richtigkeit sowie Praktikabilität der Methodik gilt es darüber hinaus, ein geeignetes Format der Informationsbereitstellung für den Anwender der Methodik zu definieren (s. Teilkapitel 4.1.2). Die Ergebnisse und Implikationen des Unterkapitels werden in einem Zwischenfazit herausgestellt (s. Teilkapitel 4.1.3).

4.1.1 Identifikation relevanter Informationen des Nutzenkonzeptes

Die Bestimmung der hinsichtlich des Nutzenkonzeptes relevanten Informationen erfolgt im Rahmen dieses Teilkapitels anhand des systemtheoretischen „Top-Down“-Ansatzes[330]. So werden zunächst die relevanten Bestandteile des Nutzenkonzeptes identifiziert (s. Abschnitt 4.1.1.1). Für jeden der identifizierten Bestandteile werden anschließend charakterisierende Merkmale hergeleitet (s. Abschnitt 4.1.1.2).

4.1.1.1 Identifikation relevanter Bestandteile des Nutzenkonzeptes

Als relevante Bestandteile des Nutzenkonzeptes werden alle Elemente erachtet, welche wesentlichen Anteil an der Entstehung des Kundennutzens haben (s. Teilkapitel 2.2.2). Diese Elemente werden im Folgenden als Determinanten des Kundennutzens bezeichnet. In der wissenschaftlichen Literatur besteht Einigkeit darüber, dass die Befriedigung der individuellen Bedürfnisse des Kunden zu einem Kundennutzen führt (s. Teilkapitel 2.2.2). Kundenbedürfnisse repräsentieren daher eine entscheidende Determinante des Kundennutzens. Eine ausschließliche Betrachtung der Kundenbedürfnisse ist jedoch für das Verständnis der Entstehung von Kundennutzen nicht ausreichend (s. Teilkapitel 2.2.2). Gegenstand des Nutzenkonzeptes müssen vor diesem Hintergrund ebenfalls die die Mittel sein, welche die Erfüllung der Kundenbedürfnisse ermöglichen (s. Teilkapitel 2.2.2). Bei diesen Mitteln handelt es sich vor dem Hintergrund des Betrachtungsbereiches der vorliegenden Dissertation um ein Produkt. Der

[330] Vgl. Haberfellner et al. (2019), Systems engineering, S. 28ff.

Zusammenhang zwischen Bedürfnisbefriedigung und Erwerb eines Produktes wird durch den Means-End Ansatz beschrieben. Danach erzeugen die Attribute eines Produktes bestimmte Konsequenzen, welche wiederum zur Befriedigung der Bedürfnisse des Kunden führen (s. Teilkapitel 2.2.2). Die genannten Elemente der Means-End Kette werden nachfolgend vor dem Hintergrund der Zielsetzung sowie des Betrachtungsbereiches der vorliegenden Dissertation für die weiteren Ausarbeitungen spezifiziert.

Wie bereits zuvor erläutert ist die Entstehung von Kundennutzen maßgeblich vom Produkt abhängig, welches zur Bedürfnisbefriedigung dienen soll. Ein Produkt lässt sich auf unterschiedlichen hierarchischen Ebenen beschreiben. Dabei repräsentiert die Beschreibung des Gesamtproduktes die höchste, die Beschreibung aller Einzelkomponenten des Produktes die niedrigste hierarchische Ebene.[331] Ziel der vorliegenden Arbeit ist es, die Elemente des Nutzenkonzeptes hinsichtlich eines logischen Zusammenspiels zu untersuchen. Eine Betrachtung des Produktes auf der höchsten Hierarchieebene wäre vor diesem Hintergrund wenig spezifisch und würde den Erkenntnisgewinn hinsichtlich der Logik des Nutzenkonzeptes damit stark einschränken. Eine Berücksichtigung aller Einzelkomponenten innerhalb des Nutzenkonzeptes würde hingegen der in Teilkapitel 3.1.2 definierten Anforderung der praktischen Anwendbarkeit entgegenstehen. Vor diesem Hintergrund erfolgt die Berücksichtigung des Produktes im Nutzenkonzept auf einer hierarchischen Ebene zwischen Gesamtprodukt und Komponenten. Diese Ebene wird durch die verschiedenen Baugruppen[332] des Produktes und deren Eigenschaften repräsentiert.

Der Kunde verspricht sich von den Baugruppen des Produktes die Erzeugung bestimmter Konsequenzen. Diese Konsequenzen lassen sich im Kontext technischer Systeme als Funktionen interpretieren (s. Teilkapitel 2.1.3). Funktionen stellen daher ebenfalls ein relevantes Element des Nutzenkonzeptes dar. Allerdings ist bezüglich der Entstehung eines Kundennutzens für den Kunden nicht nur die Lösung technischer, sondern auch wirtschaftlicher Funktionen relevant[333]. So wird beispielsweise die „Beschleunigung" eines PKW ebenso einen Einfluss auf den entstehenden Kundennutzen haben wie die „Minimierung der Investitionskosten". Der Begriff der Funktion bezieht sich daher im Rahmen dieser Dissertation sowohl auf die Umsetzung technischer als auch wirtschaftlicher Aufgaben.

[331] Vgl. Feldhusen et al. (2013), Pahl/Beitz Konstruktionslehre, S. 255f.
[332] Vgl. Feldhusen et al. (2013), Pahl/Beitz Konstruktionslehre, S. 255f.
[333] Vgl. Blecharz et al. (2011), Product Quality and Customer Benefit, S. 382f.

Durch die Realisierung der Funktionen verspricht sich der Kunde die Erfüllung individueller Bedürfnisse (s. Teilkapitel 2.2.2). Diese individuellen Bedürfnisse sind unabhängig von der Zielsetzung oder dem Betrachtungsbereich der vorliegenden Arbeit. Das Element der Kundenbedürfnisse wird daher unverändert als Determinante und direkte Verbindung zum Kundennutzen übernommen. Das Zusammenspiel der Determinanten des Kundennutzens ist in Abbildung 4-2 durch den gestrichelten Kasten visualisiert. Nur im Falle eines stimmigen Zusammenspiels der Determinanten entsteht ein positiver Nutzen für den Kunden. Die Herleitung relevanter Merkmale der einzelnen Determinanten erfolgt im nächsten Abschnitt.

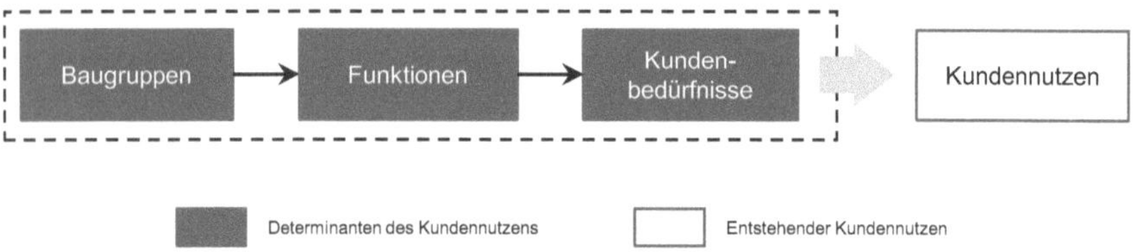

Abbildung 4-2 Darstellung des Nutzenkonzeptes

4.1.1.2 Identifikation relevanter Merkmale der Bestandteile

Im vorangegangenen Abschnitt wurden die Determinanten des Kundennutzens identifiziert. Für eine detaillierte Bestimmung der zur Logikbestimmung notwendigen Informationen werden nachfolgend die relevanten Merkmale dieser Determinanten hergeleitet.

Relevante Merkmale der Kundenbedürfnisse

Die belastbare Ermittlung der Logik eines Nutzenkonzeptes erfordert die Kenntnis derjenigen Kundenbedürfnisse, welche dem Nutzenkonzept zu Grunde liegen. Um diese Kundenbedürfnisse eindeutig identifizieren zu können, wird die „Bezeichnung des Kundenbedürfnisses i“ als relevantes Merkmal der Determinante der Kundenbedürfnisse erachtet. Weiterhin ist die Höhe des entstehenden Kundennutzens von der Wichtigkeit der jeweiligen Bedürfnisse für den Kunden abhängig. So könnte das Bedürfnis „Fahrspaß“ für den potenziellen Kunden eines elektrischen Stadtautos schwerer wiegen als das Kundenbedürfnis „Bequemlichkeit“. Eine starke Befriedigung des Kundenbedürfnisses „Fahrspaß“ führt infolgedessen auch zu einem hohen Kundennutzen. Dieser Ausführung folgend wird als weiteres relevantes Merkmal der Determinante der Kundenbedürfnisse die „Wichtigkeit für den Kunden“ definiert. (s. Tabelle 4-1).

Tabelle 4-1 Relevante Merkmale der Kundenbedürfnisse

Determinante	Merkmal	Abkürzung
Kundenbedürfnisse	Bezeichnung des Kundenbedürfnisses i	KB_i
	Wichtigkeit des Kundenbedürfnisses i	W_i

Relevante Merkmale der Funktionen

Funktionen repräsentieren diejenigen Aufgaben, deren Lösung zur Befriedigung der Kundenbedürfnisse notwendig sind (s. Abschnitt 4.1.1.1). Analog zu den Kundenbedürfnissen wird die Bezeichnung einer Funktion als relevantes Merkmal zur eindeutigen Identifikation erachtet. Wie in Teilkapitel 2.2.2 erläutert, haben die Funktionen einen direkten Einfluss auf die Erfüllung der Kundenbedürfnisse. So hat beispielsweise die Funktion „Geschwindigkeit" einen Einfluss auf die Erfüllung des Kundenbedürfnisses „Fahrspaß"[334]. Der Einfluss einer Funktion muss sich jedoch nicht auf ein einzelnes Kundenbedürfnis beschränken. So beeinflusst die Funktion „Beschleunigung" neben dem Kundenbedürfnis „Fahrspaß" auch die Befriedigung des Kundenbedürfnisses „Fahrsicherheit"[335]. Der Einfluss verschiedener Funktionen auf ein Kundenbedürfnis kann dabei unterschiedlich hoch ausfallen. So kann sich die Funktion „Beschleunigung" (für ein gegebenes Kundensegment) unter Umständen erheblich stärker auf die Befriedigung des Kundenbedürfnisses „Fahrspaß" auswirken als die Funktion „Reichweite". Der Einfluss einer bestimmten Funktion auf ein bestimmtes Kundenbedürfnis stellt daher ebenfalls ein relevantes Merkmal dar. Zu welchem Grad ein Kundenbedürfnis erfüllt wird, ist jedoch nicht nur vom Einfluss der Funktionen abhängig, sondern auch von ihrer Leistungsfähigkeit. So ist die Befriedigung des Kundenbedürfnisses „Fahrspaß" von der Ausprägung der Funktion „Geschwindigkeit" abhängig[336]. Wie aus den genannten Beispielen hervorgeht, lässt sich die Leistungsfähigkeit einer Funktion durch einen physikalischen Parameter ausdrücken. Dieser wird für den weiteren Verlauf dieser Arbeit als „Funktionsleistungsparameter" bezeichnet. Vor dem Hintergrund der vorangegangenen Erläuterungen stellt die „Höhe des Funktionsleistungsparameters der Funktion k der Idee" daher ein relevantes Merkmal einer Funktion dar. Um den Funktionsleistungsparameter einer Funktion eindeutig identifizieren zu können, ist darüber hinaus die „Bezeichnung des Funktionsleistungsparameters der Funktion

[334] Vgl. Hagman (2010), Driving Pleasure: A Key Concept in Swedish Car Culture, S. 25

[335] Vgl. Wedlin et al. (1992), Combining Properties for Driving Pleasure and Driving Safety: A Challenge for the Chassis Engineer, S. 82

[336] Vgl. Hagman (2010), Driving Pleasure: A Key Concept in Swedish Car Culture, S. 25

k" relevant. Wie bereits in Teilkapitel 2.5.3 erläutert, erzeugt eine Innovationsidee nur dann einen Kundennutzen, wenn sie Kundenbedürfnisse besser erfüllt als existierende Lösungen. Die Bestimmung des Kundennutzens kann folglich nur im direkten Vergleich der Leistungsfähigkeit der Funktionen der Innovationsidee mit der Leistungsfähigkeit der Funktionen bereits am Markt existierender Lösungen erfolgen. Aus diesem Grund wird den Funktionen neben der „Höhe des Funktionsleistungsparameters k der Idee" mit der „Höhe des Funktionsleistungsparameters k des Referenzszenarios" die Leistungsfähigkeit einer konkurrierenden Lösung als relevantes Merkmal zugeordnet (zur Bestimmung des Referenzszenarios s. Unterkapitel 4.3). Die relevanten Merkmale der Funktionen sind in Tabelle 4-2 aufgelistet.

Tabelle 4-2 Relevante Merkmale der Funktionen

Determinante	Merkmal	Abkürzung
Funktionen	Bezeichnung der Funktion k	F_k
	Einfluss der Funktion k auf Kundenbedürfnis i	$e_{F\ k \to KB\ i}$
	Bezeichnung des Funktionsleistungsparameters der Funktion k	$Bezeichnung\ FLP_k$
	Höhe des Funktionsleistungsparameters der Funktion k der Idee	$FLP_{k,Idee}$
	Höhe des Funktionsleistungsparameters der Funktion k des Referenzszenarios	$FLP_{k,RS}$

Relevante Merkmale der Baugruppen

Die Umsetzung der Funktionen einer Innovationsidee erfolgt durch die Baugruppen des zugehörigen Produktes (s. Abschnitt 4.1.1.1). Wie auch für die Merkmale der Kundenbedürfnisse und Funktionen stellt die „Bezeichnung der Baugruppe j" vor dem Hintergrund eindeutiger Identifizierbarkeit ein relevantes Merkmal der Baugruppen dar. Darüber hinaus ist für die Umsetzung einer Funktion die Beziehung zu den relevanten Baugruppen ausschlaggebend. Um die Umsetzung der Funktionen nachvollziehen zu können, muss festgestellt werden, welche Baugruppen an der Umsetzung einer Funktion beteiligt sind. So sind zur Realisierung der Funktion „Umgebung aufhellen" durch eine Spiegelreflexkamera z. B. mehrere Baugruppen wie eine „Blitzröhre", ein „Blitzgehäuse“, eine „Blitzbatterie“ sowie eine „Steuerelektronik“ notwendig. Eine Baugruppe kann dabei für die Umsetzung mehrerer Funktionen verantwortlich sein.[337] Um den Einfluss der Baugruppe auf die Funktionen eindeutig darstellen zu können, wird der „Einfluss der Baugruppe j auf die Funktion i“ folglich als relevantes Merkmal der Baugruppen definiert. Die Funktion „Umgebung aufhellen“ kann im Falle des Beispiels der Spiegelreflexkamera nur durch die Gesamtheit aller Baugruppen umgesetzt werden. Fehlen „Blitzröhre“ oder „Blitzbatterie“, ist unabhängig von der Leistungsfähigkeit der weiteren Baugruppen die Realisierung der Funktion nicht möglich. Daher ist hinsichtlich der Umsetzung einer Funktion lediglich relevant, ob eine Baugruppe einen Einfluss auf die Umsetzung einer Funktion hat. Die Angabe der Höhe des Einflusses ist vor dem Hintergrund der vorangegangenen Ausführungen nicht zielführend und stellt folglich kein relevantes Merkmal dar.

Die Leistungsfähigkeit einer Funktion ist abhängig von der Leistungsfähigkeit der sie umsetzenden Baugruppen[338]. Diese Leistungsfähigkeit der Baugruppen kann sich ebenso wie die Funktionen auf technische, aber auch wirtschaftliche Aspekte beziehen. So wird die Reichweite eines Elektroautos bspw. maßgeblich durch die Leistungsfähigkeit der verwendeten Batterie bedingt[339], die Investitionskosten hingegen durch den Preis der Batterie[340]. Die Leistungsfähigkeit einer Baugruppe lässt sich anhand seiner technologischen Leistungsparameter ausdrücken (im Fall einer Batterie beispielsweise Energie- und Leistungsdichte oder Preis)[341]. Als weitere relevante Merkmale der Baugruppen werden daher die „Bezeichnung des technologischen Leistungsparameters i der Baugruppe j“ sowie die „Höhe des technologischen Leistungsparameters i der Baugruppe j“ erachtet. Die relevanten Merkmale der Baugruppe sind in Tabelle 4-3 zusammengefasst.

[337] Vgl. Feldhusen et al. (2013), Pahl/Beitz Konstruktionslehre, S. 260

[338] Vgl. Feldhusen et al. (2013), Pahl/Beitz Konstruktionslehre, S. 255

[339] Vgl. Kraft (2020), Reichweite eines Elektrofahrzeugs auf Autobahnen, S. 71

[340] Vgl. Wörner et al. (2019), Elektromobilität im urbanen Raum - Analysen und Prognosen im Spannungsfeld von Elektromobiltät und Energieversorgung am Fallbeispiel Stuttgart, S. 11

[341] Vgl. Schöning (2006), Potenzialbasierte Bewertung neuer Technologien, S. 68

Tabelle 4-3 Relevante Merkmale der Baugruppen

Determinante	Merkmale	Abkürzung
Baugruppen	Bezeichnung der Baugruppe j	BG_j
	Einfluss der Baugruppe j auf Funktion k	$e_{BG\ j \rightarrow F\ k}$
	Bezeichnung des technologischen Leistungsparameters i der Baugruppe j	$Bezeichnung\ TLP_{i,j}$
	Höhe des technologischen Leistungsparameters der Baugruppe j	$TLP_{i,j}$

Die Determinanten des Nutzenkonzeptes sowie deren Merkmale und Beziehungen sind in Abbildung 4-3 dargestellt. Aus der Darstellung geht hervor, dass zwar Beziehungen zwischen den verschiedenen Arten von Determinanten Teil des Nutzenkonzeptes sind, Beziehungen zwischen Determinanten derselben Art aber nicht explizit dargestellt werden. Dies ist darauf zurückzuführen, dass Informationen zu einem bestimmten Element lediglich in einem bestimmten Kontext entstehen[342]. So lässt sich beispielsweise aus einer kontextlosen Betrachtung der Baugruppen „Batterie“ und „Chassis“ eines Elektroautos keine Aussage über die Beziehung der beiden Baugruppen treffen. Diese Beziehung entsteht erst im Kontext einer konkreten, umzusetzenden Funktion wie beispielsweise der „Reichweite“ des Elektroautos. Die Beziehung zwischen Baugruppen kommt folglich in den Beziehungen der Baugruppen zu den Funktionen zum Ausdruck. Dies gilt analog für die Beziehung zwischen den Funktionen. Diese kommen in den Beziehungen zu den Kundenbedürfnissen zum Ausdruck.

[342] Vgl. Mahr (2021), Gegenstand und Kontext. Eine Theorie der Auffassung, S. 137

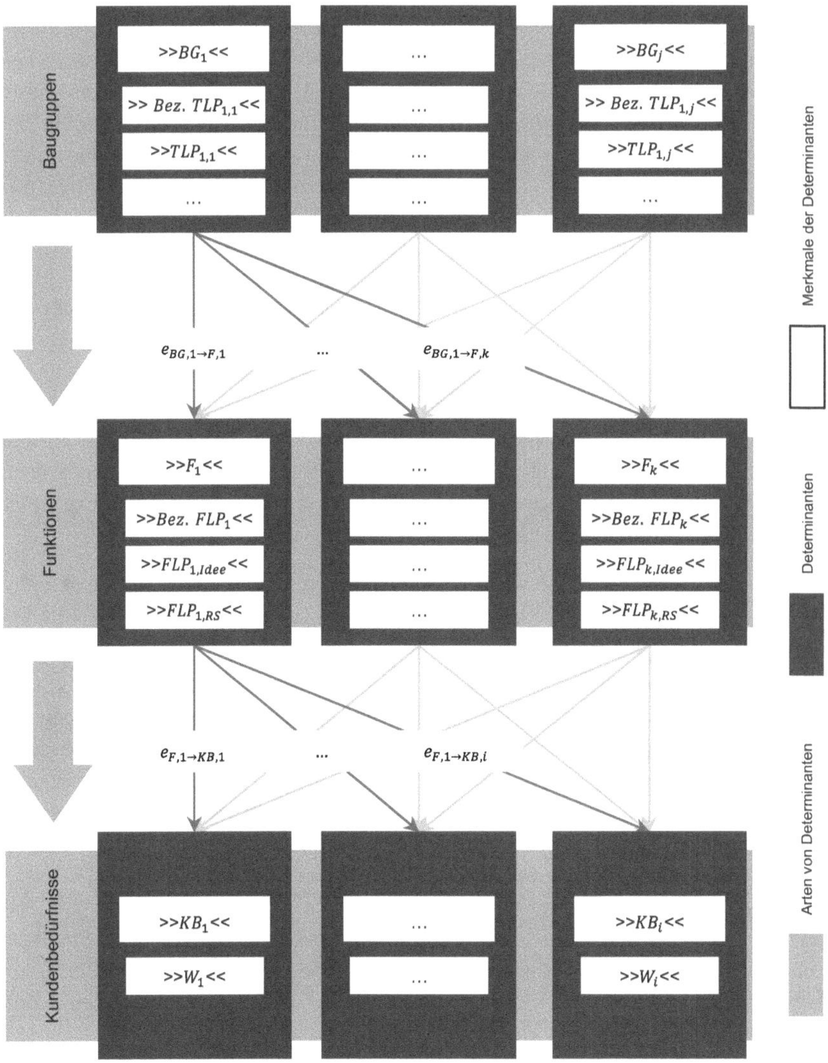

Abbildung 4-3 Differenzierte Darstellung des Nutzenkonzeptes i. A. a. das Means-End Model[343]

---

343 Vgl. Reynolds et al. (2001), Understanding consumer decision making, S. 12

4.1.2 Definition des Formates zur Bereitstellung der Informationen

Wie zuvor erläutert, unterliegt die zu erarbeitende Methodik den Anforderungen empirischer und formaler Richtigkeit (s. Teilkapitel 3.1.1) sowie praktischer Anwendbarkeit für den Nutzer (s. Teilkapitel 3.1.2). Um den Anforderungen nach formaler Richtigkeit sowie praktischer Anwendbarkeit genügen zu können, muss ein standardisiertes Format definiert werden, in welchem die zur Logikbestimmung notwendigen Informationen vom Anwender der Methodik zur Verfügung gestellt werden. Die Erfüllung der Anforderung empirischer Richtigkeit erfordert darüber hinaus die Orientierung dieses Formats an der Verfügbarkeit der Informationen zum Zeitpunkt der Logikbestimmung. Die Informationsverfügbarkeit ändert sich jedoch während des Ideenentwicklungsprozesses kontinuierlich[344]. Vor diesem Hintergrund erfolgt zunächst eine detaillierte Darstellung der in den Grundlagen eingeführten (s. Abschnitt 2.1.4.2), repräsentativen Phasen des Ideenentwicklungsprozesses (s. Abschnitt 4.1.2.1). Anschließend werden die innerhalb dieser Phasen typischerweise verfügbaren Informationen hergeleitet (s. Abschnitt 4.1.2.2). Auf der Grundlage der Informationsverfügbarkeit wird schließlich ein geeignetes Format zur Informationsbereitstellung für jede Entwicklungsphase definiert (s. Abschnitt 4.1.2.3).

4.1.2.1 Definition repräsentativer Phasen des Ideenentwicklungsprozesses

BRANDENBURG unterteilt den Ideenentwicklungsprozess in drei charakteristische Phasen: Die „kreativ-divergente Phase“, die „kreativ-konvergente Phase“ sowie die „Konzeptphase“ (s. Abschnitt 2.1.4.2)[345]. Aufgrund ihrer Verbreitung in der wissenschaftlichen Literatur[346] werden diese Phasen als Grundlage zur Strukturierung des Ideenentwicklungsprozesses übernommen. Vereinfacht wird für den weiteren Verlauf dieser Dissertation davon ausgegangen, dass die hinsichtlich der Determinanten des Kundennutzens verfügbaren Informationen innerhalb einer Phase unverändert bleiben. Um ein Verständnis von der Informationsverfügbarkeit in den einzelnen Phasen zu vermitteln, werden ihre Charakteristika nachfolgend beschrieben.

Charakteristika der kreativ-divergenten Phase

Innerhalb der kreativ-divergenten Phase wird entweder eine Problemidee oder eine Lösungsidee entwickelt. Eine Problemidee ist als Definition eines ungelösten Bedürf-

[344] Vgl. Ahsen (2010), Bewertung von Innovationen im Mittelstand, S. 44ff.

[345] Vgl. Brandenburg (2002), Methodik zur Planung technologischer Produktinnovationen, S. 53

[346] Vgl. Eversheim (2009), Innovation Management for Technical Products, S. 38f.

nisses oder einer ungelösten Aufgabe zu verstehen (s. Abschnitt 2.1.4.2). Ziel der Erarbeitung einer Lösungsidee in der kreativ-divergenten Phase ist die klare Definition einer neuartigen technischen Lösung (s. Abschnitt 2.1.4.2).

Charakteristika der kreativ-konvergenten Phase

Ziel der kreativ-konvergenten Phase ist das Zusammenführen einer Problemidee mit einer passenden Lösungsidee. Es werden folglich die Bestandteile der Problemidee mit den passenden Bestandteilen der Lösungsidee zu einer vollständigen Innovationsidee verknüpft. Weiterhin zeichnet sich die kreativ-konvergente Phase durch einen ersten Vergleich der Innovationsidee mit möglichen Konkurrenzlösungen aus. Das Erzeugen von Kundenfeedback oder ein Anwendungsvergleich sind hingegen noch nicht Gegenstand der kreativ-konvergenten Phase.[347]

Charakteristika der Konzeptphase

Ziel der Konzeptphase ist die Weiterentwicklung aller Bestandteile der Innovationsidee zu einem Entwicklungsstand, welcher die Erstellung eines ersten Prototyps erlaubt. Charakteristisch für die Konzeptphase ist demnach die Entwicklung eines ersten Prototyps. Auch die Erzeugung eines ersten Kundenfeedbacks sowie ein erster Leistungsvergleich mit möglichen Konkurrenzlösungen auf Basis des Prototyps ist Bestandteil dieser Phase.[348]

Nach AHSEN liegen zu Beginn des Innovationsprozesses fast ausschließlich qualitative (beschreibende) Informationen hinsichtlich einer Innovationsidee[349] vor. Die Informationsqualität steigt jedoch mit dem Reifegrad der Innovationsideen. So liegen mit zunehmendem Reifegrad semi-quantitative Informationen vor. Diese zeichnen sich dadurch aus, dass sie die Erstellung einer Reihenfolge der Betrachtungsobjekte ermöglichen, ohne jedoch Aufschluss über deren Abstand zu geben. In den späteren Phasen des Innovationsprozesses liegen vermehrt quantitative Informationen vor. Diese ermöglichen neben der Erstellung einer Reihenfolge die Interpretation der Abstände zwischen den Betrachtungsobjekten.[350] Eine genaue Zuordnung der vorliegenden Informationsqualität zu den Phasen des Innovations- oder Ideenprozesses wird von AHSEN jedoch nicht vorgenommen. Der Ideenprozess ist für die vorliegende Arbeit in die drei zuvor charakterisierten Entwicklungsphasen unterteilt worden. Um einen

[347] Vgl. Brandenburg (2002), Methodik zur Planung technologischer Produktinnovationen, S. 51ff.

[348] Vgl. Brandenburg (2002), Methodik zur Planung technologischer Produktinnovationen, S. 53f.

[349] AHSEN bezieht sich auf den Beginn eines Innovationsprojektes. Da eine Innovationsidee den Ursprung einer Innovation und damit auch eines Innovationsprojektes darstellt, wird an dieser Stelle weiterhin von Innovationsideen gesprochen.

[350] Vgl. Ahsen (2010), Bewertung von Innovationen im Mittelstand, S. 17

handhabbaren Umfang sicherzustellen, wird vor dem Hintergrund der vorangegangenen Ausführungen für den weiteren Verlauf dieser Arbeit davon ausgegangen, dass in der kreativ-divergenten Phase ausschließlich qualitative, in der kreativ-konvergenten Phase ausschließlich semi-quantitative und in der Konzeptphase ausschließlich quantitative Informationen vorliegen.

Anhand der vorangegangenen Ausführungen wird im nachfolgenden Abschnitt hergeleitet, welche hinsichtlich der Logikbestimmung relevanten Informationen einer Innovationsidee bei Erreichen des jeweiligen Entwicklungsstandes verfügbar sind.

4.1.2.2 Informationsverfügbarkeit innerhalb der repräsentativen Phasen

Während die relevanten Determinanten des Kundennutzens inklusive ihrer zugehörigen Merkmale in Teilkapitel 4.1.1 hergeleitet wurden, erfolgte die Darstellung des typischen Entwicklungsstandes von Innovationsideen innerhalb der repräsentativen Phasen des Ideenentwicklungsprozesses im vorangegangenen Abschnitt. Auf der Grundlage dieser Erläuterungen wird im folgenden Abschnitt die Informationsverfügbarkeit hinsichtlich der Determinanten in den repräsentativen Phasen hergeleitet. Dabei wird jeweils erläutert, auf welche Determinanten und Merkmale sich die verfügbaren Informationen beziehen (Art der verfügbaren Informationen) wie auch in welcher Qualität diese vorliegen.

Verfügbare Informationen in der kreativ-divergenten Phase im Fall einer Problemidee

Innerhalb der kreativ-divergenten Phase existiert eine Innovationsidee entweder als Problem- oder als Lösungsidee. Nachfolgend werden daher zunächst Art und Qualität der verfügbaren Informationen im Falle des Vorliegens einer Problemidee hergeleitet.

Kundenbedürfnisse und Funktionen

Eine Problemidee definiert neuartige Kundenbedürfnisse und Funktionen[351]. Vor diesem Hintergrund wird für den weiteren Verlauf dieser Arbeit davon ausgegangen, dass im Falle des Vorliegens einer Problemidee sowohl Informationen hinsichtlich der Bezeichnung von Kundenbedürfnissen und Funktionen als auch hinsichtlich des Einflusses der Funktionen auf die Kundenbedürfnisse existieren.

---

[351] Vgl. Eversheim (2009), Innovation Management for Technical Products, S. 66

Baugruppen

Baugruppen repräsentieren ein Vehikel zur Lösung von technischen Aufgaben[352]. Sie sind folglich kein Bestandteil der Problem- sondern vielmehr der Lösungsidee. Liegt eine Problemidee in der kreativ-divergenten Phase vor, wird davon ausgegangen, dass keine Informationen zu den Baugruppen vorhanden sind.

Verfügbare Informationen in der kreativ-divergenten Phase im Fall einer Lösungsidee

Eine Lösungsidee beinhaltet das Prinzip einer neuartigen technologischen Lösung[353]. Als Lösung ist die Bewältigung einer schwierigen Aufgabe definiert[354]. Diese Aufgabe wird im Kontext technischer Systeme als Funktion verstanden[355]. Zur Lösung dieser Aufgabe bzw. Funktion dienen die Baugruppen eines Produktes[356].

Kundenbedürfnisse

Kundenbedürfnisse sind, den o.g. Erläuterungen nach, kein Bestandteil einer Lösungsidee. Liegt eine Lösungsidee in der kreativ-divergenten Phase vor, wird für den weiteren Verlauf dieser Arbeit davon ausgegangen, dass keine Informationen hinsichtlich der Kundenbedürfnisse vorhanden sind.

Funktionen und Baugruppen

Den vorangegangenen Ausführungen nach beschreibt eine Lösungsidee die Umsetzung von Funktionen durch Baugruppen eines Produktes. Vor diesem Hintergrund wird davon ausgegangen, dass im Falle einer vorliegenden Lösungsidee Informationen hinsichtlich der Bezeichnung von Funktionen und Baugruppen sowie des Einflusses der Baugruppen auf die Funktionen vorhanden sind.

Wie bereits zu Beginn des Abschnitts erwähnt, liegen die verfügbaren Informationen in der kreativ-divergenten Phase ausschließlich in qualitativer Form vor. Eine zusammenfassende Übersicht der innerhalb der kreativ-divergenten Phase verfügbaren Informationen ist für den Fall einer vorliegenden Problemidee in Tabelle 4-4 und für den Fall einer Lösungsidee in Tabelle 4-5 dargestellt.

[352] Vgl. Feldhusen et al. (2013), Pahl/Beitz Konstruktionslehre, S. 238
[353] Vgl. Eversheim (2009), Innovation Management for Technical Products, S. 56
[354] Vgl. Dudenredaktion (o. J.) (2021), Lösung
[355] Vgl. Feldhusen et al. (2013), Pahl/Beitz Konstruktionslehre, S. 242
[356] Vgl. Feldhusen et al. (2013), Pahl/Beitz Konstruktionslehre, S. 238

Tabelle 4-4 **Informationsverfügbarkeit in der kreativ-divergenten Phase im Fall einer Problemidee**

Determinante	Merkmal	Informationsverfügbarkeit
Kundenbedürfnisse	Bezeichnung des Kundenbedürfnisses i	Informationen zur Bezeichnung in qualitativer Form vorhanden
	Wichtigkeit des Kundenbedürfnisses i	Keine Informationen vorhanden
Funktionen	Bezeichnung der Funktion k	Informationen zur Bezeichnung in qualitativer Form vorhanden
	Einfluss der Funktion k auf Kundenbedürfnis i	Bekannt, ob Einfluss vorhanden oder nicht
	Bezeichnung des Funktionsleistungsparameters der Funktion k	Keine Informationen vorhanden
	Höhe des Funktionsleistungsparameters der Funktion k der Idee	Keine Informationen vorhanden
	Höhe des Funktionsleistungsparameters der Funktion k des Referenzszenarios	Keine Informationen vorhanden
Baugruppen	Bezeichnung der Baugruppe j	Keine Informationen vorhanden
	Einfluss der Baugruppe j auf Funktion k	Keine Informationen vorhanden
	Bezeichnung des technologischen Leistungsparameters i der Baugruppe j	Keine Informationen vorhanden
	Höhe des technologischen Leistungsparameters i der Baugruppe j	Keine Informationen vorhanden

Tabelle 4-5 Informationsverfügbarkeit in der kreativ-divergenten Phase im Fall einer Lösungsidee

Determinante	Merkmal	Informationsverfügbarkeit
Kundenbedürfnisse	Bezeichnung des Kundenbedürfnisses i	Keine Informationen vorhanden
	Wichtigkeit des Kundenbedürfnisses i	Keine Informationen vorhanden
Funktionen	Bezeichnung der Funktion k	Informationen zur Bezeichnung in qualitativer Form vorhanden
	Einfluss der Funktion k auf Kundenbedürfnis i	Keine Informationen vorhanden
	Bezeichnung des Funktionsleistungsparameters der Funktion k	Keine Informationen vorhanden
	Höhe des Funktionsleistungsparameters der Funktion k der Idee	Keine Informationen vorhanden
	Höhe des Funktionsleistungsparameters der Funktion k des Referenzszenarios	Keine Informationen vorhanden
Baugruppen	Bezeichnung der Baugruppe j	Informationen zur Bezeichnung in qualitativer Form vorhanden
	Einfluss der Baugruppe j auf Funktion k	Bekannt, ob Einfluss vorhanden oder nicht
	Bezeichnung des technologischen Leistungsparameters i der Baugruppe j	Keine Informationen vorhanden
	Höhe des technologischen Leistungsparameters i der Baugruppe j	Keine Informationen vorhanden

Verfügbare Informationen in der kreativ-konvergenten Phase

Der Entwicklungsstand einer Innovationsidee innerhalb der kreativ-konvergenten Phase zeichnet sich durch die Verknüpfung einer Problemidee mit einer passenden

Lösungsidee zu einer vollständigen Innovationsidee aus (s. Abschnitt 4.1.2.1). Aus diesem Grund sind ab der kreativ-konvergenten Phase Informationen zu allen Determinanten des Kundennutzens verfügbar. Die Informationen zur Bezeichnung von Determinanten und Merkmalen dienen der eindeutigen Identifikation. Diese Anforderung wird durch qualitative Informationen erfüllt. Vor diesem Hintergrund ändert sich die Informationsverfügbarkeit bezüglich der Bezeichnung von Determinanten und Merkmalen in der kreativ-konvergenten Phase sowie der Konzeptphase nicht. Darüber hinaus stehen in der kreativ-konvergenten Phase alle Informationen, welche nicht der Bezeichnung von Determinanten oder deren Merkmalen dienen, in semi-qualitativer Form zur Verfügung (s. Abschnitt 4.1.2.1).

Kundenbedürfnisse

In der kreativ-konvergenten Phase erfolgt ein erster Vergleich der Innovationsidee mit existierenden Lösungen (s. Abschnitt 4.1.2.1). Aus diesem Grund sind nun auch erste Erkenntnisse hinsichtlich der Wichtigkeit der Kundenbedürfnisse vorhanden. Diese Informationen sind semi-quantitativer Art. In der Konsequenz lassen sich in der kreativ-konvergenten die Kundenbedürfnisse ihrer Wichtigkeit nach ordnen. Eine quantitativ exakte, relative Einordnung zueinander (bspw. „Bedürfnis A ist 1,5-mal wichtiger als Bedürfnis B") ist allerdings in der kreativ-konvergenten Phase noch nicht möglich (s. Abschnitt 4.1.2.1).

Funktionen

Aufgrund des fortgeschrittenen Entwicklungsstadiums der Innovationsidee stehen die Informationen hinsichtlich des Einflusses der Funktionen auf die Kundenbedürfnisse in der kreativ-konvergenten Phase nicht mehr in qualitativer sondern semi-quantitativer Form zu Verfügung. Die Einflussstärken unterschiedlicher Funktionen lassen sich daher nun relativ zueinander in eine Rangfolge überführen. Ein quantitativer Vergleich der Einflussstärken (bspw. „Einflussstärke A ist 1,5-mal höher als Einflussstärke B") ist jedoch noch nicht möglich (s. Abschnitt 4.1.2.1). Des Weiteren erfolgt in der kreativ-konvergenten Phase ein erster Vergleich der Innovationsidee mit existierenden Lösungen. Folglich existieren Informationen hinsichtlich des Merkmals „Bezeichnung des Funktionsleistungsparameters der Funktion k". Diese Informationen sind (wie für alle Bezeichnungen) qualitativer Art (s. o.). Darüber hinaus sind durch den Vergleich der Innovationsidee mit existierenden Lösungen auch erste Informationen zur Leistungsfähigkeit in semi-quantitativer Form (s. Abschnitt 4.1.2.1) verfügbar. Die Funktionsleistungsparameter der Innovationsidee sowie der Referenzlösung lassen sich folglich relativ zueinander ordnen (Funktionsleistungsparameter der Funktion k der Idee ist wichtiger als Funktionsleistungsparameter der Funktion k des Referenzszenarios). Ein quantitativer relativer Vergleich (bspw. „Funktionsleistungsparameter der Funktion k der Idee ist 3,5-mal höher als Funktionsleistungsparameter der Funktion k des Referenzszenarios“) ist in der kreativ-konvergenten Phase jedoch noch nicht möglich (s. Abschnitt 4.1.2.1).

Baugruppen

Aufgrund der Weiterentwicklung der Innovationsidee liegen in der kreativ-konvergenten Phase erste Erkenntnisse hinsichtlich der technologischen Leistungsfähigkeit der Innovationsidee vor (s. Abschnitt 4.1.2.1). Daher sind Informationen hinsichtlich der „Bezeichnung des technologischen Leistungsparameters i der Baugruppe j“ in qualitativer Form (s. o.) vorhanden. Der Vergleich der Innovationsidee mit einer Referenzlösung führt hingegen in der kreativ-konvergenten Phase zu keinem Informationsgewinn hinsichtlich des Merkmals „Höhe des technologischen Leistungsparameters“. Zwei völlig unterschiedliche Baugruppen können dieselbe Aufgabe (Funktion) mitunter gleich gut umsetzen[357]. Aus diesem Grund ist hinsichtlich des Merkmals „Höhe des technologischen Leistungsparameters i der Baugruppe j“ nur ein absoluter Wert (z. B. „Kapazität = 205 kWh“) aussagekräftig. Informationen in dieser Qualität sind jedoch erst in einem fortgeschrittenen Entwicklungsstadium der Innovationsidee vorhanden. Eine Übersicht der verfügbaren Informationen zu den Merkmalen aller Determinanten in der kreativ-konvergenten Phase ist in Tabelle 4-6 dargestellt.

[357] Vgl. Feldhusen et al. (2013), Pahl/Beitz Konstruktionslehre, S. 255

Tabelle 4-6 Informationsverfügbarkeit in der kreativ-konvergenten Phase

Determinante	Merkmal	Informationsverfügbarkeit
Kundenbedürfnisse	Bezeichnung des Kundenbedürfnisses i	Informationen zur Bezeichnung in qualitativer Form vorhanden
	Wichtigkeit des Kundenbedürfnisses i	Rangfolge der Kundenbedürfnisse hinsichtlich ihrer Wichtigkeit lässt sich erstellen
Funktionen	Bezeichnung der Funktion k	Informationen zur Bezeichnung in qualitativer Form vorhanden
	Einfluss der Funktion k auf Kundenbedürfnis i	Rangfolge der Funktionen hinsichtlich ihres Einflusses auf ein Kundenbedürfnis lässt sich erstellen
	Bezeichnung des Funktionsleistungsparameters der Funktion k	Informationen zur Bezeichnung in qualitativer Form vorhanden
	Höhe des Funktionsleistungsparameters der Funktion k der Idee	Qualitativer Vergleich relativ zur Höhe des Funktionsleistungsparameters des Referenzszenarios möglich
	Höhe des Funktionsleistungsparameters der Funktion k des Referenzszenarios	Keine Informationen vorhanden
Baugruppen	Bezeichnung der Baugruppe j	Informationen zur Bezeichnung in qualitativer Form vorhanden
	Einfluss der Baugruppe j auf Funktion k	Bekannt, ob Einfluss vorhanden oder nicht
	Bezeichnung des technologischen Leistungsparameters i der Baugruppe j	Informationen zur Bezeichnung in qualitativer Form vorhanden
	Höhe des technologischen Leistungsparameters i der Baugruppe j	Keine Informationen vorhanden

Verfügbare Informationen in der Konzeptphase

Bereits in der kreativ-konvergenten Phase sind Informationen zu allen Determinanten des Kundennutzens vorhanden (s. o.). Durch die Weiterentwicklung der Idee und insbesondere die Realisierung eines Prototyps (s. Abschnitt 4.1.2.1) sind diese Informationen, mit Ausnahme der Merkmale zur Bezeichnung (s. o.), in der Konzeptphase in quantitativer Form vorhanden (s. Abschnitt 4.1.2.1). Die Implikationen dieser erhöhten Informationsqualität für die einzelnen Merkmale der Determinanten wird im folgenden Abschnitt erläutert.

Kundenbedürfnisse

Trotz der Weiterentwicklung der Innovationsidee liegen die Informationen hinsichtlich der Bezeichnung der Kundenbedürfnisse weiterhin in qualitativer Form vor (s. o.). Die Wichtigkeit der Kundenbedürfnisse lässt sich hingegen in der Konzeptphase quantitativ bestimmen (s. Abschnitt 4.1.2.1). Damit lässt sich nicht nur eine Rangfolge der Kundenbedürfnisse, bezogen auf ihre Wichtigkeit, erstellen, sondern auch ihr Abstand zueinander ausdrücken (bspw. „Kundenbedürfnis A ist 3,5-mal wichtiger als Kundenbedürfnis B“).

Funktionen

Die Informationen hinsichtlich der Bezeichnung der Funktionen bleiben in der Konzeptphase unverändert in qualitativer Form bestehen. Dies gilt auch für die Informationen zum Merkmal „Bezeichnung des Funktionsleistungsparameters der Funktion k“ (s. o.). Im Gegensatz dazu liegen die Informationen zu den Merkmalen „Höhe des Funktionsleistungsparameters der Funktion k der Idee“ und „Höhe des Funktionsleistungsparameters der Funktion k des Referenzszenarios“ in der Konzeptphase in quantitativer Art vor (s. Abschnitt 4.1.2.1). So können sowohl die Höhe der Funktionsleistungsparameter der Innovationsidee als auch die Höhe der Funktionsleistungsparameter des Referenzszenarios in der Konzeptphase absolut und quantitativ angegeben werden (z. B. „Beschleunigung = 5,4 m/s^2").

Baugruppen

Die in den vorangegangenen Entwicklungsphasen vorhanden Informationen hinsichtlich der Bezeichnung der Baugruppen bleiben auch in der Konzeptphase in qualitativer Form bestehen. Dies gilt gleichermaßen für die Bezeichnung der technologischen Leistungsparameter. Im Gegensatz dazu sind die Informationen hinsichtlich der Höhe der technologischen Leistungsparameter aufgrund der Weiterentwicklung der Innovationsidee in einer höheren Qualität als zuvor vorhanden (s. Abschnitt 4.1.2.1). Sie sind nun absoluter und quantitativer Art (z. B. Kapazität = 205 kWh). Eine Übersicht der verfügbaren Informationen zu den Merkmalen aller Determinanten in der Konzeptphase ist in Tabelle 4-7 dargestellt.

Tabelle 4-7 Informationsverfügbarkeit in der Konzeptphase

Determinante	Merkmal	Informationsverfügbarkeit
Kundenbedürfnisse	Bezeichnung des Kundenbedürfnisses i	Informationen zur Bezeichnung in qualitativer Form vorhanden
	Wichtigkeit des Kundenbedürfnisses i	Kundenbedürfnisse lassen sich anhand ihrer Wichtigkeiten in einem quantitativen Abstand zueinander ordnen
Funktionen	Bezeichnung der Funktion k	Informationen zur Bezeichnung in qualitativer Form vorhanden
	Einfluss der Funktion k auf Kundenbedürfnis i	Funktionen lassen sich anhand ihres Einflusses auf die Kundenbedürfnisse in einem quantitativen Abstand zueinander ordnen
	Bezeichnung des Funktionsleistungsparameters der Funktion k	Informationen zur Bezeichnung in qualitativer Form vorhanden
	Höhe des Funktionsleistungsparameters der Funktion k der Idee	Absolute Angabe der Höhe des Funktionsleistungsparameters der Idee ist möglich
	Höhe des Funktionsleistungsparameters der Funktion k des Referenzszenarios	Absolute Angabe der Höhe der Funktionsleistungsparameters des Referenzszenarios ist möglich
Baugruppen	Bezeichnung der Baugruppe j	Informationen zur Bezeichnung in qualitativer Form vorhanden
	Einfluss der Baugruppe j auf Funktion k	Bekannt, ob Einfluss vorhanden oder nicht
	Bezeichnung des technologischen Leistungsparameters i der Baugruppe j	Informationen zur Bezeichnung in qualitativer Form vorhanden
	Höhe des technologischen Leistungsparameters i der Baugruppe j	Absolute Angabe der Höhe des technologischen Leistungsparameters ist möglich

4.1.2.3 Definition geeigneter Merkmalsausprägungen

Im vorangegangenen Teilabschnitt wurden Art und Qualität der Informationen ermittelt, welche in den repräsentativen Phasen des Ideenentwicklungsprozesses hinsichtlich der Determinanten des Kundennutzens und ihrer Merkmale vorhanden sind. Die reine Bestimmung der Informationsverfügbarkeit ist jedoch vor dem Hintergrund der Anforderung praktischer Anwendbarkeit nicht ausreichend (s. Teilkapitel 3.1.2). Vielmehr gilt es, eine Auswahl sinnvoller Merkmalsausprägungen zu definieren, welche dem Anwender der Methodik eine zeiteffiziente Bereitstellung der Informationsgrundlage zur Logikbestimmung ermöglichen. Diese Merkmalsausprägungen werden auf Basis der verfügbaren Informationen (s. Abschnitt 4.1.2.2) im folgenden Abschnitt hergeleitet.

Merkmalsausprägungen in der kreativ-divergenten Phase

In der kreativ-divergenten Phase stehen lediglich Informationen zu ausgesuchten Merkmalen der Determinanten zur Verfügung. Die Informationen sind darüber hinaus ausschließlich qualitativer Art (s. Abschnitt 4.1.2.2). Die Merkmalsausprägungen müssen sich an diesen Gegebenheiten orientieren.

Kundenbedürfnisse

Bezüglich der Kundenbedürfnisse stehen in der kreativ-divergenten Phase ausschließlich Informationen zum Merkmal der Bezeichnung zur Verfügung (s. Tabelle 4-4). Die Bezeichnung der Kundenbedürfnisse (sowie aller anderen Determinanten und Merkmale) dient ihrer eindeutigen Identifizierbarkeit. Diese Forderung könnte durch die Angabe einer beliebigen Reihenfolge von Zeichen erfüllt werden, welche für den Bezeichnenden eine Bedeutung aufweist. Um aber gleichzeitig die Anforderung praktischer Anwendbarkeit der Methodik zu erfüllen, muss sich die Bedeutung der gewählten Zeichenfolge auch Dritten gegenüber erschließen. Als geeignete Ausprägungen des Merkmals „Bezeichnung des Kundenbedürfnisses i“ sind vor diesem Hintergrund ausschließlich Folgen von Zeichen zulässig, welche sich zu einem Wort zusammensetzen. Da die Informationsqualität hinsichtlich der Bezeichnung der Kundenbedürfnisse in den späteren Entwicklungsphasen der Innovationsidee unverändert bleibt, eignen sich die definierten Ausprägungen ebenfalls für die kreativ-konvergente sowie die Konzeptphase. Darüber hinaus gelten die zu Beginn dieses Abschnitts beschriebenen Anforderungen für die Bezeichnungen aller Determinanten und Merkmale. Dementsprechend werden Wörter als geeignete Ausprägungen für die Bezeichnungen aller Determinanten und ihrer Merkmale in allen repräsentativen Entwicklungsphasen definiert. Auf diese Merkmalsausprägungen wird im Folgenden nicht mehr erneut hingewiesen.

Funktionen

Neben den Informationen zur Bezeichnung der Funktionen sind in der kreativ-divergenten Phase Informationen bezüglich des Einflusses der Funktionen auf die Kundenbedürfnisse vorhanden. Bekannt ist jedoch lediglich, ob ein Einfluss der Funktion auf die Erfüllung eines Kundenbedürfnisses existiert oder nicht (s. Abschnitt 4.1.2.2). Vor diesem Hintergrund eignet sich zur Angabe des Einflusses der Funktionen auf die Kundenbedürfnisse eine Nominalskala mit den Ausprägungen „vorhanden“ und „nicht vorhanden“.

Baugruppen

Die geeigneten Ausprägungen des Merkmals „Bezeichnung der Baugruppe j“ wurden bereits zu Beginn dieses Abschnittes hergeleitet. Hinsichtlich des Einflusses der Baugruppen auf die Funktionen ist lediglich bekannt, ob ein solcher Einfluss vorliegt, nicht jedoch in welcher Stärke (s. Abschnitt 4.1.2.2). Auch zur Erfassung des Einflusses der Baugruppen auf die Funktionen eignen sich folglich in der kreativ-divergenten Phase die beiden nominalskalierten Ausprägungen „vorhanden“ und „nicht vorhanden“. Eine Übersicht der möglichen Ausprägungen aller Merkmale inklusive des zugehörigen Skalenniveaus in der kreativ-divergenten Phase ist in Tabelle 4-8 zu finden.

Tabelle 4-8 Merkmalsausprägungen in der kreativ-divergenten Phase

Determinante	Merkmal	Skalenniveau	Merkmals-ausprägungen
Kundenbedürfnisse	Bezeichnung des Kundenbedürfnisses i	Nominalskaliert	{Wörter}
Funktionen	Bezeichnung der Funktion k	Nominalskaliert	{Wörter}
	Einfluss der Funktion k auf Kundenbedürfnis i	Nominalskaliert	{vorhanden, nicht vorhanden}
Baugruppen	Bezeichnung der Baugruppe j	Nominalskaliert	{Wörter}
	Einfluss der Baugruppe j auf Funktion k	Nominalskaliert	{vorhanden, nicht vorhanden}

Merkmalsausprägungen in der kreativ-konvergenten Phase

Durch das Zusammenführen von Problem- und Lösungsidee stehen in der kreativ-konvergenten Phase Informationen zu allen Determinanten des Kundennutzens zur

Verfügung (s. Abschnitt 4.1.2.2). Diese sind in semi-quantitativer Form vorhanden (s. Abschnitt 4.1.2.1). Diese Qualitätszunahme muss bei der Definition geeigneter Merkmalsausprägungen für die kreativ-konvergente Phase berücksichtigt werden.

Kundenbedürfnisse

In der kreativ-konvergenten Phase sind erstmalig Informationen hinsichtlich der Wichtigkeit der Kundenbedürfnisse verfügbar (s. Abschnitt 4.1.2.2). Die Qualität dieser Informationen erlaubt die Erstellung einer Rangfolge der Kundenbedürfnisse bezüglich ihrer Wichtigkeit. Die genaue numerische Distanz der Wichtigkeiten lässt sich jedoch zu diesem Zeitpunkt noch nicht bestimmen (s. Abschnitt 4.1.2.2). Zur Angabe der Wichtigkeit eigenen sich vor diesem Hintergrund ordinalskalierte Ausprägungen[358]. Um eine Scheinobjektivität zu vermeiden, wird die Anzahl der möglichen Ausprägungen auf vier limitiert. Diese werden als „hoch", „mittel", „gering" und „nicht vorhanden" definiert.[359]

Funktionen

Aufgrund der gestiegenen Informationsqualität können die Funktionen in der kreativ-konvergenten Phase hinsichtlich ihrer Einflussstärke auf die Kundenbedürfnisse in eine Rangfolge gebracht werden. Die genaue numerische Distanz der verschiedenen Einflussstärken lässt sich jedoch zu diesem Zeitpunkt noch nicht bestimmen (s. Abschnitt 4.1.2.2). Wie auch zur Angabe der „Wichtigkeit des Kundenbedürfnisses i" eigenen sich vor dem Hintergrund dieser Informationslage die ordinalskalierten[360] Ausprägungen „hoch", „mittel", „gering" und „nicht vorhanden" zur Angabe des Einflusses (s. Tabelle 4-9). Darüber hinaus sind erste Informationen hinsichtlich der Höhe des Funktionsleistungsparameters der Idee sowie der Höhe des Funktionsleistungsparameters des Referenzszenarios verfügbar. Beide können zwar relativ zueinander geordnet werden, ihr Abstand kann jedoch zu diesem Zeitpunkt noch nicht quantifiziert werden (s. Abschnitt 4.1.2.2). Vor diesem Hintergrund wird in der kreativ-konvergenten Phase die „Höhe des Funktionsleistungsparameters der Funktion k der Idee" relativ zur „Höhe des Funktionsleistungsparameters der Funktion k des Referenzszenarios" angegeben. Der relative Charakter dieser Spezifizierung macht eine zusätzliche Angabe der „Höhe des Funktionsleistungsparameters der Funktion k des Referenzszenarios" überflüssig. Zur Spezifizierung eignen sich, den vorangegangenen Ausführungen folgend,

---

358 Vgl. Kosfeld et al. (2016), Deskriptive Statistik, S. 7

359 An dieser Stelle sei darauf hingewiesen, dass die Bezeichnung der Ausprägungen willkürlich gewählt ist. Jede Sammlung von Ausprägungen, anhand derer die Wichtigkeiten in eine Reihenfolge gebracht werden können (z. B. „A", „B" und „C"), wäre an dieser Stelle denkbar gewesen.

360 Vgl. Schäfer (2016), Methodenlehre und Statistik, S. 25

ordinalskalierte Ausprägungen[361]. Um eine Scheinobjektivität der verfügbaren Informationsqualität zu vermeiden, werden die möglichen Ausprägungen zur Spezifizierung der Höhe des Funktionsleistungsparameter der Innovationsidee im Vergleich zum Referenzszenario auf „besser", „gleich" und „schlechter" limitiert.

Baugruppen

Die Umsetzung einer Funktion kann nur im Zusammenspiel aller dafür notwendigen Baugruppen gelingen[362]. Bestimmte Baugruppen können daher weder eine höhere Wichtigkeit noch einen stärkeren Einfluss auf die Umsetzung einer Funktion haben als andere Baugruppen. Vor diesem Hintergrund bleiben die geeigneten Merkmalsausprägungen der kreativ-divergenten Phase auch in der kreativ-konvergenten sowie der Konzeptphase bestehen. Aufgrund der Weiterentwicklung der Innovationsidee liegen in der kreativ-konvergenten Phase jedoch erste Informationen hinsichtlich der Bezeichnung der technologischen Leistungsparameter vor (s. Abschnitt 4.1.2.2). Geeignete Merkmalsausprägungen sind, wie zuvor erläutert, alle Kombinationen von Zeichen, welche sich zu einem Wort zusammensetzen. Eine Übersicht geeigneter Merkmalsausprägungen in der kreativ-konvergenten Phase ist in Tabelle 4-9 dargestellt.

[361] Vgl. Schäfer (2016), Methodenlehre und Statistik, S. 25

[362] Vgl. Feldhusen et al. (2013), Pahl/Beitz Konstruktionslehre, S. 256

Tabelle 4-9 Merkmalsausprägungen in der kreativ-konvergenten Phase

Determinante	Merkmal	Skalenniveau	Merkmals-ausprägungen
Kundenbedürfnisse	Bezeichnung des Kundenbedürfnisses i	Nominalskaliert	{Wörter}
	Wichtigkeit des Kundenbedürfnisses i	Ordinalskaliert	{gering, mittel, hoch}
Funktionen	Bezeichnung der Funktion k	Nominalskaliert	{Wörter}
	Einfluss der Funktion k auf Kundenbedürfnis i	Ordinalskaliert	{nicht vorhanden, gering, mittel, hoch}
	Bezeichnung des Funktionsleistungsparameters der Funktion k	Nominalskaliert	{Wörter}
	Höhe des Funktionsleistungsparameters der Funktion k der Idee	Ordinalskaliert	{schlechter, gleich, besser}
Baugruppen	Bezeichnung der Baugruppe j	Nominalskaliert	{Wörter}
	Einfluss der Baugruppe j auf Funktion k	Nominalskaliert	{nicht vorhanden, vorhanden}
	Bezeichnung des technologischen Leistungsparameters i der Baugruppe j	Nominalskaliert	{Wörter}

Merkmalsausprägungen in der Konzeptphase

Die Innovationsidee weist in der Konzeptphase den fortgeschrittensten Entwicklungsstand innerhalb des Ideenprozesses auf (s. Abschnitt 4.1.2.1). Dieser Entwicklungsfortschritt geht einher mit einer erhöhten Qualität der verfügbaren Informationen. Diese liegen in der Konzeptphase in quantitativer Form vor (s. Abschnitt 4.1.2.1). Die Definition geeigneter Merkmalsausprägungen orientiert sich daher an diesen Gegebenheiten.

Kundenbedürfnisse

Das Merkmal „Wichtigkeit des Kundenbedürfnisses i" ist aufgrund der Weiterentwicklung der Innovationsidee im Vergleich zur kreativ-konvergenten Phase genauer bestimmbar. So kann in der Konzeptphase das relative Verhältnis der Wichtigkeiten zweier Kundenbedürfnisse angegeben werden (s. Abschnitt 4.1.2.2). Es eigenen sich folglich intervallskalierte Merkmalsausprägungen zur Angabe der Wichtigkeit[363]. Die Anzahl der Merkmalsausprägungen muss dabei hoch genug sein, um dem Anwender eine genaue Spezifizierung des Merkmals zu ermöglichen. Um eine Scheinobjektivität zu vermeiden, gilt es die Anzahl der Merkmalsausprägungen gleichzeitig zu limitieren. Der Definitionsbereich wird daher auf ganze Zahlen im Intervall von 1 bis 10 begrenzt.

Funktionen

Aufgrund der Weiterentwicklung der Innovationsidee hat die Qualität verfügbarer Informationen hinsichtlich des Einflusses der Funktionen auf die Kundenbedürfnisse im Vergleich zur kreativ-konvergenten Phase weiter zugenommen. So kann in der Konzeptphase das quantitative Verhältnis des Einflusses zweier Funktionen auf ein Kundenbedürfnis angegeben werden (s. Abschnitt 4.1.2.2). Analog zum Merkmal „Wichtigkeit des Kundenbedürfnisses i" eignen sich zur Angabe des Einflusses verhältnisskalierte Merkmalsausprägungen.[364] Die Ausprägungen des Merkmals „Wichtigkeit des Kundenbedürfnisses i" werden daher zur Angabe des Einflusses der Funktionen auf die Kundenbedürfnisse übernommen. Auch die Qualität der verfügbaren Informationen hinsichtlich der Funktionsleistungsparameter hat in der Konzeptphase zugenommen. So ist nun eine quantitative Bestimmung der Funktionsleistungsparameter der Innovationsidee sowie der Funktionsleistungsparameter des Referenzszenarios möglich (s. Abschnitt 4.1.2.2). Da die Höhe der Funktionsleistungsparameter durch physikalische Größen dargestellt wird (s. Abschnitt 4.1.1.2), lassen sie sich auf Skalen mit einem natürlichen Nullpunkt erfassen. Die Merkmalsausprägungen der Funktionsleistungsparameter sind daher verhältnisskaliert.[365] Als Kompromiss zwischen Genauigkeit und Vermeidung einer Scheinobjektivität werden daher Dezimalzahlen mit zwei Nachkommastellen als mögliche Ausprägungen definiert.

Baugruppen

Wie zuvor erläutert, werden die Ausprägungen für die Merkmale „Bezeichnung der Baugruppe j", „Bezeichnung des technologischen Leistungsparameters i der Baugruppe

[363] Vgl. Schäfer (2016), Methodenlehre und Statistik, S. 27

[364] Vgl. Kosfeld et al. (2016), Deskriptive Statistik, S. 7f.

[365] Vgl. Schäfer (2016), Methodenlehre und Statistik, S. 27

j“ sowie „Einfluss der Baugruppe j auf die Funktion k“ aus den vorangegangenen Phasen übernommen. Durch die Weiterentwicklung der Innovationsidee ist jedoch in der Konzeptphase die quantitative Bestimmung der Höhe der technologischen Leistungsparameter möglich. Wie auch für die Höhe der Funktionsleistungsparameter werden Dezimalzahlen mit zwei Nachkommastellen als geeignete Merkmalsausprägungen definiert. Eine Übersicht der möglichen Ausprägungen aller Merkmale inklusive des zugehörigen Skalenniveaus in der Konzeptphase ist in Tabelle 4-10 dargestellt.

Tabelle 4-10 Merkmalsausprägungen in der Konzeptphase

Determinante	Merkmal	Skalenniveau	Merkmals-ausprägungen
Kundenbedürfnisse	Bezeichnung des Kundenbedürfnisses i	Nominalskaliert	{Wörter}
	Wichtigkeit des Kundenbedürfnisses i	Intervallskaliert	{1, 2, 3, 4, 5, 6, 7, 8, 9, 10}
Funktionen	Bezeichnung der Funktion k	Nominalskaliert	{Wörter}
	Einfluss der Funktion k auf Kundenbedürfnis i	Intervallskaliert	{1, 2, 3, 4, 5, 6, 7, 8, 9, 10}
	Bezeichnung des Funktionsleistungsparameters der Funktion k	Nominalskaliert	{Wörter}
	Höhe des Funktionsleistungsparameters der Funktion k der Idee	Verhältnisskaliert	{Dezimalzahlen mit zwei Nachkommastellen}
	Höhe des Funktionsleistungsparameters der Funktion k des Referenzszenarios	Verhältnisskaliert	{Dezimalzahlen mit zwei Nachkommastellen}
Baugruppen	Bezeichnung der Baugruppe j	Nominalskaliert	{Wörter}
	Einfluss der Baugruppe j auf Funktion k	Nominalskaliert	{vorhanden, nicht vorhanden}
	Bezeichnung des technologischen Leistungsparameters i der Baugruppe j	Nominalskaliert	{Wörter}
	Höhe des technologischen Leistungsparameters i der Baugruppe j	Verhältnisskaliert	{Dezimalzahlen mit zwei Nachkommastellen}

4.1.3 Zwischenfazit: Definition benötigter Informationen

Innerhalb dieses Unterkapitels wurde die Informationsgrundlage der Logikbestimmung von Nutzenkonzepten erarbeitet. Aufbauend auf der Means-End Kette wurden eingangs zu diesem Zweck die Determinanten des Kundennutzens hergeleitet. Auf der Grundlage einer breit angelegten Literaturrecherche hinsichtlich der identifizierten Determinanten folgte eine Ableitung relevanter Merkmale der Determinanten. Insbesondere die Beziehung der Determinanten wurde durch diese Merkmale abgebildet.

Anschließend wurden geeignete Ausprägungen zur Spezifizierung der identifizierten Merkmale in Abhängigkeit der Entwicklungsphase der Innovationsidee hergeleitet. Zu diesem Zweck wurden mit Hilfe bestehender Arbeiten des Technologiemanagements repräsentative Phasen des Ideenentwicklungsprozesses definiert. Für jede der definierten Phasen wurde auf Basis einer Literaturrecherche die typischerweise zu den Merkmalen verfügbaren Informationen identifiziert. Basierend auf der verfügbaren Informationsqualität wurden unter Zuhilfenahme statistischer Grundlagen der Datenerhebung geeignete Ausprägungen zur Spezifizierung der Merkmale definiert. Die Definition geeigneter Ausprägungen erfolgte dabei für jede der zuvor hergeleiteten repräsentativen Phasen des Ideenentwicklungsprozesses.

Zur Identifikation der Determinanten des Kundennutzens wurde aufgrund ihrer Fundierung in der Verbraucherforschung die Means-End Kette genutzt. Insofern besteht die Innovationshöhe dieses Modells vielmehr in der Detaillierung der Determinanten und ihres Zusammenhangs in Form von relevanten Merkmalen und zugehörigen Ausprägungen. Dies ermöglicht ein erweitertes Verständnis des Kundennutzens und dadurch gleichzeitig eine zielgerichtete Ermittlung von potenziellen Logikbrüchen innerhalb eines Nutzenkonzeptes. Das Modell stellt folglich die Grundlage zur Ermittlung eines Zusammenhanges zwischen Determinanten des Nutzenkonzeptes und dem resultierenden Kundennutzen und damit zur Erfüllung der in Teilkapitel 3.1.2 formulierten Anforderung dar. Die definierten Merkmalsausprägungen vermögen die zum Zeitpunkt der Logikbestimmung tatsächlich vorhandenen Informationen weder quantitativ noch qualitativ vollständig wiederzugeben. Sie stellen vielmehr einen Kompromiss zwischen den Anforderungen empirischer und formaler Richtigkeit sowie praktischer Anwendbarkeit an die Methodik dar.

4.2 Generierung zur Logikbestimmung benötigter Informationen

Ziel dieses Unterkapitels ist die Identifikation geeigneter Innovationswerkzeuge zur Erhebung derjenigen Informationen, welche zur Logikbestimmung benötigt werden. Die Ergebnisse dieses Modells tragen insbesondere zur praktischen Anwendbarkeit der zu entwickelnden Methodik bei. Zur Erreichung der beschriebenen Zielstellung werden dem systemtheoretischen Grundsatz „vom Groben zum Detail“ folgend aus der Menge aller heute etablierten Innovationswerkzeuge diejenigen ermittelt, welche zur Sammlung der benötigten Informationen geeignet sind. Zu diesem Zweck wird zunächst mittels einer ausführlichen Literaturrecherche eine Sammlung heute existierender Innovationswerkzeuge erstellt (s. Teilkapitel 4.2.1). Diese Vorauswahl wird in Teilkapitel 4.2.2 anhand geeigneter Einschlusskriterien zu einer Auswahl von Innovationswerkzeugen reduziert, welche grundsätzlich zur Erzeugung der benötigten Informationen geeignet ist. Alle grundsätzlich geeigneten Innovationswerkzeuge werden schließlich hinsichtlich ihrer Eignung zur Erzeugung der zur Logikbestimmung benötigten Informationen bewertet (s. Teilkapitel 4.2.3). Die Auswahl der Bewertungskriterien orientiert sich dabei an den in Abschnitt 4.1.1.2 hergeleiteten Merkmalen der Determinanten des Kundennutzens. Sie erfolgt daher in Abhängigkeit der in Abschnitt 4.1.2.1 definierten repräsentativen Phasen des Ideenentwicklungsprozesses. Das Unterkapitel schließt mit einem Zwischenfazit (s. Teilkapitel 4.2.4).

4.2.1 Sammlung existierender Innovationswerkzeuge

Wie bereits in Teilkapitel 2.2.1 erläutert, wird die zielgerichtete und systematische Erzeugung hinsichtlich einer Innovationsidee relevanter Informationen durch Innovationswerkzeuge unterstützt. Um die Identifikation geeigneter Innovationswerkzeuge sicherstellen zu können, muss zunächst eine möglichst vollständige Sammlung derzeit existierender Innovationswerkzeuge erstellt werden. Eine umfassende Literaturrecherche dient zur Erreichung dieses Ziels. Die konstituierenden Schritte einer Literaturreche sind bereits in Unterkapitel 2.5 erläutert worden. Ausgangspunkt der Literaturrecherche ist demnach die Definition geeigneter primärer und sekundärer Suchbegriffe. Da die Begriffe „Innovationswerkzeug“, „Innovationsmethode“, „Kreativitätstool“ und „Kreativitätsmethode“ synonym füreinander verwendet werden, stellen sie und ihre englischen Übersetzungen übergeordnete Begriffe für die Literaturrecherche dar. Sie werden daher als primäre Suchbegriffe definiert. Die im Zentrum der Recherche stehenden Innovationswerkzeuge sollen im Kontext der Entwicklung von Innovationsideen zur Anwendung kommen. Weiterhin steht insbesondere die Generierung von Informationen zur Erzeugung von Kundennutzen im Fokus. Als sekundäre Suchbegriffe werden daher „Innovationsidee“, „Innovationsmanagement“, „Ideenmanagement“ und „Kundennutzen“ sowie deren englische Übersetzungen definiert. Tabelle 4-11 fasst die genannten primären und sekundären Suchbegriffe für die Literaturrecherche zusammen.

Tabelle 4-11 Suchbegriffe im Rahmen der Literaturrecherche

Deutscher Suchbegriff	Englischer Suchbegriff
Primäre Suchbegriffe	
Innovationswerkzeug	innovation tool
Innovationsmethode	innovation method
Kreativitätstool	creativity tool
Kreativitätsmethode	creativity method
Sekundäre Suchbegriffe	
Innovationsidee	innovation idea
Innovationsmanagement	innovation managment
Ideenmanagement	idea management
Kundennutzen	customer value

Um eine möglichst vollständige Erfassung existierender Innovationswerkzeuge sicherzustellen, wird auf feste Kombinationen der Suchbegriffe verzichtet. Ergebnis der Literaturrecherche ist eine Sammlung von 557 Innovationswerkzeugen. Eine detaillierte Übersicht dieser Sammlung ist aufgrund ihres Umfangs im Anhang zu finden (s. Anhang B).

4.2.2 Vorauswahl geeigneter Innovationswerkzeuge

Die im vorangegangenen Teilkapitel erstellte Sammlung enthält ungeordnet alle Innovationswerkzeuge, welche anhand der definierten Suchbegriffe identifiziert werden konnten. Aufgrund der Breite und damit geringen Spezifität der Literaturrecherche ist nur ein Teil dieser Innovationswerkzeuge auch tatsächlich zur Erhebung der benötigten Informationen geeignet. Zur Vorauswahl geeigneter Innovationswerkzeuge werden daher zunächst Einschlusskriterien definiert, welche ein Innovationswerkzeug erfüllen muss (s. Abschnitt 4.2.2.1). Anschließend werden alle gesammelten Innovationswerkzeuge hinsichtlich der Erfüllung dieser Kriterien überprüft. Nur diejenigen Innovationswerkzeuge, welche alle Einschlusskriterien erfüllen, werden einer differenzierten Bewertung unterzogen (s. Abschnitt 4.2.2.2).

4.2.2.1 Definition geeigneter Einschlusskriterien

Die erste von den Innovationswerkzeugen zu erfüllende inhaltliche Voraussetzung geht aus der Zielsetzung dieses Unterkapitels hervor: Danach müssen die Innovationswerkzeuge Informationen erheben, welche zur Logikbestimmung benötigt werden. Diese Voraussetzung wird im Folgenden als „Zweckgerichtetheit“ bezeichnet. Die benötigten Informationen sind Abschnitt 4.1.1.1 zu entnehmen. Sie dienen folglich als Referenz zur Überprüfung der Zweckgerichtetheit. Ein Innovationswerkzeug ist nur dann zur Unterstützung der Logikbestimmung geeignet, wenn es Informationen zu mindestens einer der drei Determinanten des Kundennutzens (Kundenbedürfnisse, Funktionen oder Baugruppen) erzeugt. Um der Anforderung einer hohen Praktikabilität der Methodik nachzukommen (s. Teilkapitel 3.1.2), muss die Informationserhebung dabei explizites Ziel der Innovationswerkzeuge sein. Innovationswerkzeuge mit einem unkonkreten inhaltlichen Ziel wie beispielsweise „Experteninterviews“ bedeuten einen erhöhten Aufwand für den Anwender. Sie erfüllen daher die inhaltliche Voraussetzung der Zweckgerichtetheit nicht ausreichend.

Das zweite und dritte von den Innovationswerkzeugen zur erfüllende Einschlusskriterium geht aus der in Teilkapitel 2.4.3 definierten Eingrenzung des Betrachtungsbereiches hervor. Danach soll die im Rahmen dieser Dissertation entwickelte Methodik für jeden Entwickler von Innovationsideen anwendbar sein. Die Anwendbarkeit des Innovationswerkzeugs darf daher nicht abhängig von den unternehmerischen Ressourcen des Anwenders sein. So ist beispielsweise die Nutzung von Innovationswerkzeugen wie „Customer data in large companies“ Anwendern vorbehalten, welche auf die Daten etablierter Unternehmen zugreifen können. Solche Innovationswerkzeuge erfüllen damit die zweite Voraussetzung der „Unabhängigkeit vom Anwender“ nicht. Als dritte Voraussetzung wird darüber hinaus die „Öffentliche Zugänglichkeit“ der Innovationswerkzeuge definiert. Kostenfreie Leistungen (z. B. in der Form von Tools oder Services) weisen in der Regel einen geringeren Umfang als kostenpflichtige Leistungen auf[366]. Dies gilt analog für Innovationswerkzeuge, welche ebenfalls ein Tool bzw. einen Service darstellen (s. Teilkapitel 2.2.1). Aufgrund des unterschiedlichen Leistungsumfangs lassen sich kostenpflichtige und kostenfreie Innovationswerkzeuge nicht miteinander vergleichen. Nicht öffentlich zugängliche Innovationswerkzeuge werden daher ebenfalls nicht in die Vorauswahl aufgenommen. Eine Übersicht der drei Einschlusskriterien sowie deren Operationalisierung ist in Tabelle 4-12 zu finden.

[366] Vgl. Alexa et al. (2021), Tools für Social Listening und Sentiment-Analyse, S. 44; Mayer-Föll et al. (2000), Anwendung von Electronic Commerce im Umweltinformationssystem Baden-Württemberg, S. 35

Tabelle 4-12 Übersicht der Einschlusskriterien

Einschlusskriterium	Operationalisierung
Zweckgerichtetheit	Erhebung von relevanten Informationen auf geeigneter Aggregationsebene
Unabhängigkeit vom Anwender	Nutzbarkeit unabhängig vom ökonomischen Umfeld des Anwenders
Öffentliche Zugänglichkeit	Gebührenfreie Nutzbarkeit

4.2.2.2 Ermittlung und Darstellung der Vorauswahl von Innovationswerkzeugen

Zur Erstellung der Vorauswahl geeigneter Innovationswerkzeuge wird die in Teilkapitel 4.2.1 erstellte Sammlung von Innovationswerkzeugen hinsichtlich der Erfüllung der zuvor definierten Einschlusskriterien bewertet. Die Überprüfung aller 557 Innovationswerkzeuge ist im Anhang B zusammengefasst. Die Erfüllung einer Voraussetzung wird durch eine „1", die Nichterfüllung durch eine „0" indiziert. Lediglich Innovationswerkzeuge, welche alle drei definierten Voraussetzungen erfüllen, sind für die Erhebung der zur Logikbestimmung benötigten Informationen grundsätzlich geeignet und werden im Anschluss einer differenzierten Bewertung unterzogen.

Auf Basis der Evaluation erfüllen die folgenden 14 Innovationswerkzeuge alle definierten Voraussetzungen: „Value Proposition Canvas", „Persona Template", „Kano-Modell", „Nutzwertanalyse", „Quality Function Deployment", „Nine Windows", „ERAF Systems Diagram", „Empathy Map", „Function Structure", „Komponentenanalyse", „Kreativitätsschieber", „Structured Abstraction" sowie „Separation Principles". Die genannten Innovationswerkzeuge sind im Anhang B farblich gekennzeichnet. Um eine Grundlage für die detaillierte Bewertung der identifizierten Innovationswerkzeuge zu schaffen, werden diese nachfolgend einzeln vorgestellt.

Value Proposition Canvas

Der „Value Proposition Canvas" ist ein Innovationswerkzeug zur Erarbeitung eines neuen oder Verbesserung eines bestehenden Leistungsversprechens. Er bietet die Möglichkeit zur strukturierten und differenzierten Aufnahme von Kundenbedürfnissen sowie des durch ein Produkt geschaffenen Wertes. Zur Strukturierung der Kundenbedürfnisse dient das „Customer Profile". Es unterscheidet zwischen Kundenbedürfnissen in Form von „Customer Jobs" (Aufgaben, die ein Kunde lösen muss), „Pains"

(Schwierigkeiten, welche bei der Erledigung diese Aufgaben auftreten) und „Gains" (das Ergebnis oder der Nutzen, den sich ein Kunde erhofft). Auf diese Weise bietet das Customer Profile die Möglichkeit einer differenzierten Aufnahme und einer ersten Bewertung der Wichtigkeit vorhandener Kundenbedürfnisse. Der durch ein Produkt generierte Wert lässt sich anhand der „Value Map" darstellen. Sie differenziert Nutzenaspekte nach „Products and Services" (Beschreibung der angebotenen Produkte und Services), „Pain Relievers" (Beschreibung des Mittels zur Linderung der Customer Pains) und „Gain Creators" (Beschreibung des Mittels zur Generierung von „Customer Gains" durch die angebotenen Produkte und Services). Die Überprüfung der Erfüllung existierender Kundenbedürfnisse durch das eigene Produkt ist durch die Zusammenführung von Customer Profile und Value Map möglich.[367]

Persona Template

Voraussetzung für das Hervorbringen einer Innovation ist die Erfüllung von Kundenbedürfnissen. Dies setzt die Kenntnis dieser Kundenbedürfnisse und damit das Verständnis des Kundenprofils voraus. Ziel des „Persona Templates" ist die Vermittlung dieses Verständnisses durch die Erstellung hypothetischer Kundenprofile. Zu diesem Zweck gibt das Persona Template verschiedene Persönlichkeitsattribute vor, welche vom Anwender zur Erstellung eines Kundenprofils zu spezifizieren sind. Zu diesen Attributen gehören beispielsweise Alter oder Geschlecht, aber auch Hobbies und Vorlieben. Als Informationsgrundlage fungieren gesammelte Daten aus Interviews, Umfragen, Beobachtungen und internen Diskussionen. Um eine möglichst starke Identifikation mit dem potenziellen Kunden zu erlauben, werden die Personas zusätzlich mit Namen und Fotos versehen.[368] In der Literatur existieren verschiedene Ansätze zur Erstellung einer Persona. NIELSEN schlägt einen 10-Schritte-Prozess zur Erstellung von Personas vor. Der erste Schritt umfasst die Sammlung und Auswertung von Kundendaten. Basierend auf diesen Daten erfolgt das Ableiten einer Hypothese bezüglich der verschiedenen Kundentypen im Projektumfeld sowie die Festlegung der Anzahl zu erstellender Personas. Es folgt die Beschreibung der Personas unter der Prämisse des Erzeugens von Verständnis und Empathie für potenzielle Nutzer. Zuletzt wird die mögliche Nutzung des Produktes durch die Personas in der Zukunft in Form von Szenarien beschrieben.[369]

---

[367] Vgl. Osterwalder et al. (2014), Value proposition design, S. 6ff.
[368] Vgl. Kumar (2013), 101 design methods, S. 211
[369] Vgl. Nielsen (2013), Personas - user focused design, S. 11f.

Kano-Modell

Das „Kano-Modell“ hat die Darstellung des Zusammenhangs von Produktmerkmalen und Kundenzufriedenheit zum Ziel. Zu diesem Zweck werden die Merkmale eines Produktes nach Basis-, Leistungs- und Begeisterungsmerkmalen geordnet. Basismerkmale repräsentieren in diesem Zusammenhang Merkmale des Produktes, welche der Kunde als selbstverständlich wahrnimmt. Sie rufen keine Zufriedenheit beim Kunden hervor, sorgen allerdings für starke Unzufriedenheit, falls sie nicht vorhanden sind. Leistungsmerkmale werden hingegen vom Kunden bewusst wahrgenommen. In Abhängigkeit von ihrer Leistungsfähigkeit steigern oder senken sie die Kundenzufriedenheit. Begeisterungsmerkmale sind nicht vom Kunden gefordert. Sie grenzen das Produkt von Konkurrenzlösungen ab und rufen Begeisterung beim Kunden hervor. Eine geringe Steigerung der Leistungsfähigkeit dieser Merkmale hat dabei eine überproportionale Steigerung der Kundenzufriedenheit zur Folge. Die Einteilung der Merkmale eines bestimmten Produktes in die o. g. Kategorien erfolgt anhand eines definierten Prozesses. Dazu wird die Erwartungshaltung des Kunden hinsichtlich eines Produktes in Form von strukturierten Interviews oder Fragebögen ermittelt. Die Ergebnisse werden in eine Auswertungsmatrix eingetragen und anschließend den oben genannten Kategorien zugeordnet.[370]

Nutzwertanalyse

Die Ziele und Vorgehensweise der Nutzwertanalyse wurden bereits ausführlich in Teilkapitel 2.2.3 dargestellt. Auf eine weiterführende Darstellung wird an dieser Stelle daher verzichtet.

Quality Function Deployment

Die Methode des „Quality Function Deployment“ (QFD) hat die Überführung von Kundenwünschen und Kundenanforderungen in konkrete Funktionen eines Produktes zum Ziel[371]. Zu diesem Zweck werden zunächst die Bedürfnisse des Kunden und deren Wichtigkeit identifiziert. Weiterhin wird die Befriedigung der ermittelten Kundenbedürfnisse durch den Wettbewerb bewertet. Es werden außerdem die Funktionen des Produktes erfasst, welche zur Befriedigung der Kundenbedürfnisse dienen sollen. Kundenbedürfnisse und Funktionen werden einander gegenübergestellt und ihr gegenseitiger Einfluss ermittelt. Auch die Umsetzung der Funktionen durch den Wettbewerb wird bewertet. Die Bewertung der Wichtigkeit der Kundenbedürfnisse, des

---

[370] Vgl. Sauerwein (2000), Das Kano-Modell der Kundenzufriedenheit, S. 27ff.

[371] Vgl. Zairi et al. (1995), Quality function deployment, S. 9f.

wechselseitigen Einflusses von Kundenbedürfnissen und Funktionen sowie des Wettbewerbs erfolgt durch die Vergabe von Punkten. Auf Basis der Ergebnisse lässt sich die Relevanz der einzelnen Produktfunktionen und deren Umsetzung ermitteln. Bei der strukturierten Aufnahme der beschriebenen Informationen kann ein als „House of Quality“ bezeichnetes Framework unterstützen.[372]

Nine Windows

Ziel der „Nine Windows“ ist die Veränderung der Perspektive auf eine Innovationsidee. Die Innovationsidee wird in ihrem vollständigen Umfeld erfasst, um auf diese Weise eine ganzheitliche Problemanalyse oder Lösungssuche ermöglichen zu können. Zu diesem Zweck wird die Innovationsidee als in der Gegenwart existierendes System betrachtet. Dieses wird zum einen um die Perspektiven des Supersystems (übergeordnetes System) als auch des Subsystems (untergeordnetes System) ergänzt. Neben der Gegenwart werden darüber hinaus die Perspektiven der Vergangenheit sowie der Zukunft zur Betrachtung des Systems ergänzt. Die Perspektiven aus Zukunft, Gegenwart und Vergangenheit sowie Supersystem, System und Subsystem werden einander gegenübergestellt. An den Schnittpunkten der Perspektiven erfolgt eine Ausgestaltung der Innovationsidee. Die Innovationsidee kann auf diese Weise strukturiert um relevante Problem- wie auch Lösungsaspekte ergänzt werden. Darüber hinaus wird das Aufzeigen von Wechselwirkungen zwischen den relevanten Perspektiven einer Innovationsidee möglich.[373]

ERAF Systems Diagram

Ziel des „ERAF Systems Diagram“ ist die einfache Analyse von komplexen Systemen. Zu diesem Zweck wird ein System anhand der vier Elemente „Entitäten“, „Attribute“, „Beziehungen“ und „Flows“ dargestellt. Entitäten repräsentieren die Betrachtungsgegenstände eines Systems wie z. B. Reifen, Motor oder Fahrgestell eines PKW. Attribute beschreiben die Eigenschaften dieser Entitäten wie z. B. „Name“ oder „Farbe“. Beziehungen beschreiben das Verhältnis, in welchem die Entitäten zueinanderstehen. Zuletzt geben die „Flows“ die Wirkrichtung an, welche zwischen den Entitäten besteht. Das ERAF Systems Diagram ermöglicht auf diese Weise eine strukturierte und vollständige Beschreibung von Systemen und damit auch von Innovationsideen. Diese vollständige Beschreibung ermöglicht gleichzeitig die Analyse der Innovationsidee

---

[372] Vgl. Zairi et al. (1995), Quality function deployment, S. 14f.

[373] Vgl. Silverstein et al. (2012), The innovator's toolkit, S. 57ff.

hinsichtlich fehlender Elemente, Widersprüchen zwischen den Elementen oder sonstigen Missständen.[374]

Empathy Map

Ziel der „Empathy Map" ist die Charakterisierung von Kunden oder Kundengruppen auf einer emotionalen Ebene. Diese Charakterisierung erfolgt durch die Beantwortung der vier Leitfragen: „Was sieht der Nutzer?", „Was hört der Nutzer?", „Was denkt der Nutzer?" und „Was fühlt der Nutzer?". Die zur Beantwortung dieser Fragen notwendigen Informationen werden durch Gespräche mit potenziellen Kunden, durch Kundenbeobachtungen oder persönliche Erfahrungen erhoben. Basierend auf den resultierenden Antworten wird ein Profil des Kunden bzw. der Kundengruppe erstellt. Sowohl die gesammelten Informationen als auch das Kundenprofil können kontinuierlich durch neue Informationen ergänzt oder ersetzt werden. Im Ergebnis rückt die Empathy Map den Kunden während des gesamten Innovationsprozesses in den Fokus der Innovationsaktivitäten.[375]

Function Structure

Das Innovationswerkzeug „Function Structure" dient dazu, technische Anforderungen an ein Produkt mit einem passenden Produktdesign zusammenzuführen[376]. Zu diesem Zweck wird zunächst die übergeordnete Aufgabe oder Grundfunktion beschrieben, welche das Produkt erfüllen muss. Darüber hinaus werden sowohl die Eingangsgrößen als auch Ausgangsgrößen der Grundfunktion beschrieben. In einem weiteren Schritt wird die Grundfunktion in Teilfunktionen heruntergebrochen, welche wiederum Unterfunktionen beinhalten können. Dieser Prozess kann bis zu einem beliebigen Detaillierungslevel wiederholt werden. Ist der gewünschte Detaillierungslevel erreicht, werden geeignete Lösungen in Form von Designoptionen zur Umsetzung der Unterfunktionen generiert. Diese werden auf der Ebene der Teilfunktionen sowie der Grundfunktion zu einer zusammenhängenden Lösung verbunden.[377] Das im Ergebnis entstehende Produktdesign kann hinsichtlich seiner Fähigkeit zur Umsetzung der technischen Anforderungen analysiert und diskutiert werden[378].

---

[374] Vgl. Kumar (2013), 101 design methods, S. 147f.

[375] Vgl. Uebernickel et al. (2020), Design thinking, S. 122

[376] Vgl. Silverstein et al. (2012), The innovator's toolkit, S. 108ff.

[377] Vgl. Pahl et al. (2007), Konstruktionslehre, S. 44ff.

[378] Vgl. Silverstein et al. (2012), The innovator's toolkit, S. 108ff.

Komponentenanalyse

Die „Komponentenanalyse" hat die strukturierte und ganzheitliche Darstellung eines Produktes zum Ziel. Zu diesem Zweck wird das Produkt mittels verschiedener Hierarchieebenen in einzelne Produktbestandteile zerlegt. So kann das Produkt in einzelne Baugruppen oder Komponenten unterteilt werden, welche sich wiederum in Unterbaugruppen zerlegen lassen. Dieser Prozess kann bis zur Dekomposition des Produktes in seine Einzelteile fortgeführt werden. Die Anzahl der Hierarchieebenen ist dabei abhängig vom gewünschten Abstraktionsgrad des Anwenders. Die Komponentenanalyse bezieht sich ausschließlich auf technische Systeme. Die im Ergebnis entstehende Produktstruktur ermöglicht die strukturierte und ganzheitliche Darstellung aller wesentlichen Elemente eines Produktes. Sie dient damit zugleich als Grundlage der Analyse einzelner Elemente sowie der Verknüpfung der Produktbestandteile mit der zugehörigen Funktionsstruktur.[379]

Kreativitätsschieber

Der „Kreativitätsschieber" dient der effizienten Darstellung und Evaluierung möglicher Ausprägungen von Produktfunktionen. Zu diesem Zweck werden zunächst die im Fokus der Betrachtung stehenden Funktionen wie z. B. Farbe und Größe festgelegt. Daraufhin werden für jede Funktion mögliche Ausprägungen definiert wie z. B. blau, grün oder rot. Anschließend werden mögliche Kombinationen der Funktionsausprägungen gesammelt. Die gesammelten Kombinationen lassen einen Rückschluss darauf zu, wie gut bestimmte Funktionsausprägungen zueinander passen.[380] Sie schaffen damit gleichzeitig einen Anhaltspunkt hinsichtlich der zur Umsetzung der Funktionen benötigten Baugruppen.

Structured Abstraction

Ziel dieses Innovationswerkzeuges ist die Generierung neuer Lösungsansätze zu bekannten Problemstellungen durch Abstraktion. Zu diesem Zweck wird die zu Grunde liegende Problemstellung auf sich widersprechende Produktmerkmale abstrahiert. Dies können z. B. die Leistung eines PKW und dessen Gewicht sein. Unterstützend bei der Suche nach den im Widerspruch stehenden Faktoren kann die Liste der 39 Produktparameter aus der TRIZ Methodik[381] wirken. In einem weiteren Schritt werden unter Zuhilfenahme der TRIZ Widerspruchsmatrix diejenigen Erfindungsprinzipien

[379] Vgl. Rustler (2019), Denkwerkzeuge der Kreativität und Innovation, S. 158ff.

[380] Vgl. Eppler et al. (2014), Creability, S. 138ff.

[381] TRIZ bezeichnet die „Theorie des erfinderischen Problemlösens" nach ALTSCHULLER. Vgl. dazu auch Silverstein et al. (2012), The innovator's toolkit, S. 164ff.

identifiziert, welche zur Auflösung des Widerspruchs der beiden Faktoren geeignet sind. Auf der Grundlage der identifizierten Erfindungsprinzipien werden anschließend Ideen zur Auflösung des identifizierten Widerspruchs generiert. Im Ergebnis können auf diese Weise völlig neue Lösungsansätze für bekannte Problemstellungen entstehen.[382]

Separation Principles

Ziel des Innovationswerkzeuges „Separation Principles" ist das Auflösen physikalischer Widersprüche. Unter einem physikalischen Widerspruch werden dabei physikalische Eigenschaften eines Objektes bezeichnet, welche zueinander im Widerspruch stehen. So soll der Reibungskoeffizient von Autoreifen beispielsweise hoch sein, um die Traktion zu maximieren und gleichzeitig gering sein, um den Treibstoffverbrauch zu minimieren. Um physikalische Widersprüche aufzulösen gilt es zunächst, die physikalischen Eigenschaften zu identifizieren, die zu sich selbst im Konflikt stehen. Ist dies geschehen, werden die Prinzipien der Separierung von Zeit, Raum, Größe und Bedingungen zur Auflösung des Widerspruchs genutzt. Dazu muss zunächst das zur Auflösung des Widerspruchs geeignete Separationsprinzip identifiziert werden. Nach der Anwendung des passenden Separationsprinzips können, mit Unterstützung notwendiger Ressourcen, neue Lösungsideen zur Auflösung des identifizierten Widerspruchs generiert werden.[383]

Prinzipkatalog von KOLLER

Ziel des Prinzipienkatalogs von KOLLER ist die Ermittlung des physikalischen Zusammenhangs einer bekannten physikalischen Ursache und der draus resultierenden physikalischen Wirkung. Zu diesem Zweck stellt KOLLER eine umfangreiche Liste möglicher Kombinationen aus physikalischer Ursache und physikalischer Wirkung sowie des physikalischen Zusammenhanges zwischen beiden Größen zur Verfügung.[384] Auf diese Weise wird dem Anwender eine einfache und zeiteffiziente Ermittlung des physikalischen Zusammenhanges von Ursache und Wirkung ermöglicht. Ein Ausschnitt dieser Liste inklusive einer Erläuterung der zuvor erläuterten Größen ist in Abbildung 4-4 dargestellt.

---

[382] Vgl. Silverstein et al. (2012), The innovator's toolkit, S. 164ff.

[383] Vgl. Silverstein et al. (2012), The innovator's toolkit, S. 173ff.

[384] Vgl. Koller (1998), Konstruktionslehre für den Maschinenbau: Grundlagen zur Neu- und Weiterentwicklung technischer Produkte mit Beispielen, S. 471ff.

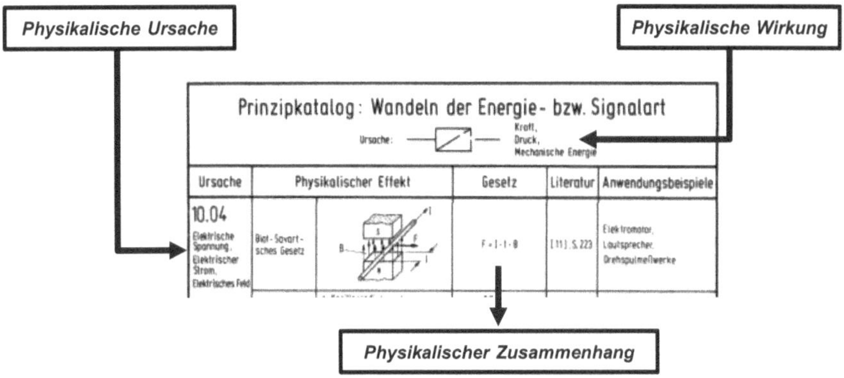

Abbildung 4-4 Aufbau des Prinzipkatalogs von KOLLER[385]

Die vorgestellte Vorauswahl von Innovationswerkzeugen wird im folgenden Teilkapitel hinsichtlich ihrer Eignung zur Erhebung derjenigen Informationen bewertet, welche für die Bestimmung der Logik von Innovationsideen für technische Systeme erforderlich sind (s. Unterkapitel 4.1).

4.2.3 Auswahl geeigneter Innovationswerkzeuge

Die in Teilkapitel 4.2.1 erstellte Sammlung von Innovationswerkzeugen wurde im vorangegangenen Teilkapitel hinsichtlich ihrer grundsätzlichen Eignung zur Erzeugung der für die Logikbestimmung benötigten Informationen überprüft. Um dem Anwender der Methodik geeignete Innovationswerkzeuge zur Erhebung spezifischer Informationen zur Verfügung zu stellen, ist die differenzierte Bewertung der Vorauswahl von Innovationswerkzeugen (s. Teilkapitel 4.2.2) Ziel des folgenden Teilkapitels. Dazu werden zunächst geeignete Bewertungskriterien hergeleitet (s. Abschnitt 4.2.3.1). Anhand dieser Kriterien werden die 14 Innovationswerkzeuge der Vorauswahl anschließend bewertet und die Bewertungsergebnisse diskutiert (s. Abschnitt 4.2.3.2).

4.2.3.1 Definition geeigneter Bewertungskriterien

In der wissenschaftlichen Literatur existieren keine Kriterien, welche die ausschließliche Bewertung von Innovationswerkzeugen zum Zweck haben (s. Teilkapitel 2.5.3). Da nicht der Prozess der Bewertung selbst sondern vielmehr die Bewertungsergebnisse im Fokus dieses Unterkapitels stehen, wird auf die Herleitung von spezifischen Krite-

[385] Vgl. Koller (1998), Konstruktionslehre für den Maschinenbau: Grundlagen zur Neu- und Weiterentwicklung technischer Produkte mit Beispielen, S. 471ff.

rien zur Bewertung der Innovationswerkzeuge verzichtet. Stattdessen wird auf existierende Kriterien zur Bewertung von Objekten zurückgegriffen, welche Ähnlichkeiten zum Bewertungsobjekt des Innovationswerkzeugs aufweisen. Ein dem Innovationswerkzeug ähnliches Bewertungsobjekt stellt dabei Software dar, da diese im weiteren Sinne als Dienstleistungskomponente zur Problemlösung verstanden wird[386]. Diese Definition trifft auch auf den in Teilkapitel 2.2.1 beschriebenen Begriff des Innovationswerkzeuges zu. Vor diesem Hintergrund erfolgt die Bewertung der Vorauswahl von Innovationswerkzeugen anhand der Kriterien, welche zur Bewertung von Software genutzt werden.

Zur Bewertung der Qualität von Software sind von der INTERNATIONAL ORGANIZATION OF STANDARDIZATION (ISO) sechs Qualitätsmerkmale inklusive jeweiliger Untermerkmale definiert worden[387]. Eine Übersicht dieser Merkmale ist in Abbildung 4-5 dargestellt. Bezugnehmend auf die vorangegangenen Ausführungen dienen sie als Ausgangspunkt für die Herleitung geeigneter Kriterien zur Bewertung der Innovationswerkzeuge. Sie werden daher nachfolgend kurz erläutert, bevor sie hinsichtlich ihrer Anwendbarkeit zur Bewertung der Innovationswerkzeuge geprüft und vor dem Hintergrund der Zielsetzung dieser Dissertation bei Bedarf modifiziert werden.

Das Qualitätsmerkmal Wartbarkeit beschreibt den Aufwand, welcher zur Umsetzung von Änderungen in der Software notwendig ist[388], während unter der Benutzbarkeit der Aufwand zusammengefasst wird, welcher dem Nutzer durch die Anwendung der Software entsteht[389]. Alle Aspekte hinsichtlich des Verhältnisses aus Leistungsfähigkeit und dafür notwendigem Aufwand werden unter dem Qualitätsmerkmal der Effizienz vereint[390], während die Funktionalität sich auf die Erfüllung der geforderten Funktionen bezieht[391]. Das Qualitätsmerkmal der Übertragbarkeit repräsentiert die Fähigkeit der Software in andere Umgebungen integriert werden zu können[392]. Zuletzt wird anhand der Zuverlässigkeit das Beibehalten der Leistungsfähigkeit über einen bestimmten Zeitraum bewertet[393].

Wie bereits im vorangegangenen Abschnitt angeführt, eignen sich nicht alle der genannten Qualitätsmerkmale als Kriterien zur Bewertung der Innovationswerkzeuge.

---

386 Vgl. Gabler Wirtschaftslexikon (2018), Software

387 Vgl. International Organization for Standardization (2001), ISO/IEC 9126-1:2001-06, S. 7ff.

388 Vgl. International Organization for Standardization (2001), ISO/IEC 9126-1:2001-06, S. 10

389 Vgl. International Organization for Standardization (2001), ISO/IEC 9126-1:2001-06, S. 9

390 Vgl. International Organization for Standardization (2001), ISO/IEC 9126-1:2001-06, S. 10

391 Vgl. International Organization for Standardization (2001), ISO/IEC 9126-1:2001-06, S. 7

392 Vgl. International Organization for Standardization (2001), ISO/IEC 9126-1:2001-06, S. 11

393 Vgl. International Organization for Standardization (2001), ISO/IEC 9126-1:2001-06, S. 8

So ist in der Regel keine Wartung der Innovationswerkzeuge notwendig. Vor diesem Hintergrund wird das Qualitätsmerkmals der Wartbarkeit nicht zur Bewertung der Innovationswerkzeuge herangezogen. Des Weiteren ist im vorangegangenen Teilkapitel die anwenderunabhängige Nutzbarkeit der Innovationswerkzeuge überprüft worden. Jedes grundsätzlich zur Unterstützung der Logikbestimmung geeignete Innovationswerkzeug lässt sich daher von einem beliebigen Anwender in einer beliebigen Umgebung nutzen. Auch das Qualitätsmerkmal der Übertragbarkeit wird daher nicht als Kriterium zur Bewertung der Innovationswerkzeuge genutzt. Da die große Mehrheit der Innovationswerkzeuge lediglich aus einer Anwendungsbeschreibung besteht, ist eine verlässliche Nutzung stets gewährleistet. Der Überprüfung der Innovationswerkzeuge anhand des Qualitätsmerkmals „Verlässlichkeit" steht folglich kein maßgeblicher Erkenntnisgewinn gegenüber. Funktionalität und Benutzbarkeit können als Qualitätsmerkmale zur Messung der erzielten Ergebnisse sowie des notwendigen Aufwandes verstanden werden (s. o.). Sie eignen sich damit grundsätzlich als übergeordnete Kriterien zur Bewertung der Innovationswerkzeuge. Das Qualitätsmerkmal der Effizienz ergibt sich implizit als Verhältnis von Ergebnis und Aufwand und wird daher ebenfalls nicht als eigenes Kriterium zur Bewertung der Innovationswerkzeuge übernommen.

Um eine differenzierte Bewertung sicherstellen zu können, werden die übergeordneten Qualitätsmerkmale der Benutzbarkeit und Funktionalität nachfolgend anhand ihrer Untermerkmale operationalisiert. Eine Übersicht aller Qualitätsmerkmale und ihrer Untermerkmale ist in Abbildung 4-5 dargestellt. Farblich hervorgehoben sind diejenigen Merkmale, welche als Kriterien zur Bewertung der Innovationswerkzeuge übernommen werden.

Abbildung 4-5 Qualitätsmerkmale von Software i. A. a. ISO/IEC 9126-1:2001-06[394]

Das Qualitätsmerkmal „Benutzbarkeit" beinhaltet die Untermerkmale Attraktivität (aus Sicht des Anwenders), Bedienbarkeit (bei der Nutzung entstehender zeitlicher Aufwand für den Anwender), Erlernbarkeit (für den Anwender entstehender Aufwand zur Erlernung der Bedienung), Verständlichkeit (zum Verstehen der Software notwendiger Aufwand) und Konformität (Erfüllung hinsichtlich der Benutzbarkeit existierender Normen oder sonstiger Vorschriften)[395]. Da die Attraktivität eines Innovationswerkzeuges stark vom subjektiven Empfinden des jeweiligen Anwenders abhängig ist, wird sie als Bewertungskriterium ausgeschlossen. Darüber hinaus muss ein Innovationswerkzeug weder Normen noch bestimmte Vorschriften hinsichtlich seiner Benutzbarkeit entsprechen und wird folglich auch nicht anhand des Kriteriums der Konformität bewertet. Der Komplexitätsgrad von Innovationswerkzeugen ist vor dem Hintergrund praktischer Anwendbarkeit zumeist limitiert. Hat der Anwender das Innovationswerkzeug verstanden, so ist davon auszugehen, dass er auch zu dessen Bedienung in der Lage ist. Vor diesem Hintergrund werden die beiden Untermerkmale „Erlernbarkeit" und „Verständlichkeit" zusammengefasst und als Kriterium der "Benutzerfreundlichkeit" zur Bewertung der Innovationswerkzeuge übernommen. Zur Bewertung des Anwendungsaufwandes eines Innovationswerkzeuges eignet sich das Untermerkmal „Bedienbarkeit". Es wird vor dem Hintergrund der Eindeutigkeit unter der Bezeichnung „Zeitaufwand" als Bewertungskriterium herangezogen.

[394] Vgl. International Organization for Standardization (2001), ISO/IEC 9126-1:2001-06, S. 7ff.
[395] Vgl. International Organization for Standardization (2001), ISO/IEC 9126-1:2001-06, S. 9

Das Qualitätsmerkmal „Funktionalität“ setzt sich neben der Konformität aus den Untermerkmalen Sicherheit (Verhinderung des Zugriffes Unberechtigter), Angemessenheit (Eignung zur Erfüllung definierter Aufgaben), Interoperabilität (Fähigkeit der Interaktion mit weiteren Systemen) sowie Richtigkeit (Erzeugung der benötigten Ergebnisqualität) zusammen[396]. Da im vorangegangenen Teilkapitel bereits die freie Verfügbarkeit der Innovationswerkzeuge sichergestellt wurde, wird die Überprüfung hinsichtlich unberechtigter Zugriffe obsolet. Das Untermerkmal „Sicherheit“ wird folglich nicht als Kriterium zur Bewertung der Innovationswerkzeuge übernommen. Auch eine Bewertung der Interoperabilität führt zu keinem wesentlichen Erkenntniszuwachs, da Innovationswerkzeuge in der Praxis regelmäßig und komplikationslos komplementär zueinander eingesetzt werden. Von Relevanz ist hinsichtlich der Innovationswerkzeuge hingegen der Grad, zu welchem definierte Aufgaben erfüllt werden sowie die Qualität der generierten Ergebnisse. Vor diesem Hintergrund werden die Untermerkmale Angemessenheit und Richtigkeit als Kriterien zur Bewertung der Innovationswerkzeuge verwendet. Da die Aufgabe, hinsichtlich derer die Innovationswerkzeuge bewertet werden sollen, in der Erzeugung von Informationen einer bestimmten Qualität besteht, werden beide Qualitätsmerkmale zum Bewertungskriterium „Zielerreichung“ zusammengefasst.

Anhand der hergeleiteten Kriterien gilt es nun, die Vorauswahl von Innovationswerkzeugen zu bewerten. Zur Sicherstellung eines ausgewogenen Verhältnisses aus praktischer Anwendbarkeit und hoher Aussagekraft werden zur Erfassung des Erfüllungsgrads der hergeleiteten Kriterien sogenannte „Harvey Balls“ genutzt. Diese weisen insgesamt fünf unterschiedliche, ordinalskalierte Ausprägungsmöglichkeiten auf (leerer Ball, zu einem Viertel gefüllter Ball, zur Hälfte gefüllter Ball, zu drei Vierteln gefüllter Ball, vollständig gefüllter Ball).[397] Die Bedeutungen der Ausprägung der Harvey Balls unterscheidet sich für alle drei Kriterien. Lassen sich anhand eines Innovationswerkzeuges alle zur Merkmalsspezifizierung notwendigen Informationen erzeugen, so bedeutet dies einen vollständigen Grad der Zielerreichung und wird durch einen vollen Harvey Ball gekennzeichnet. Im Falle eines leeren Harvey Balls erzeugt das Innovationswerkzeug hingegen keine der benötigten Informationen. Hinsichtlich des Zeitaufwandes repräsentiert ein vollständig gefüllter Harvey Ball einen geringen zeitlichen Aufwand bei der Anwendung, ein leerer Harvey Ball hingegen einen hohen zeitlichen Aufwand. Wird ein Innovationswerkzeug hinsichtlich seiner Benutzerfreundlichkeit mit einem vollständig gefüllten Harvey Ball bewertet, bedeutet dies eine unkompli-

396 Vgl. International Organization for Standardization (2001), ISO/IEC 9126-1:2001-06, S. 7
397 Vgl. Kosfeld et al. (2016), Deskriptive Statistik, S. 7

zierte Versteh- und Bedienbarkeit. Ein leerer Harvey Ball indiziert hingegen eine komplizierte Versteh- und Bedienbarkeit. Die Bewertungskriterien sind inklusive der Operationalisierung ihrer Ausprägungsmöglichkeiten in Abbildung 4-6 grafisch dargestellt.

	○	●
Zielerreichung	Keine der zur Merkmalsspezifizierung notwendigen Informationen werden erzeugt	Alle zur Merkmalsspezifizierung benötigten Informationen werden erzeugt
Zeitaufwand	Hoher zeitlicher Anwendungsaufwand	Geringer zeitlicher Anwendungsaufwand
Benutzerfreundlichkeit	Schwere Versteh- und Bedienbarkeit	Leichte Versteh- und Bedienbarkeit

Abbildung 4-6 Kriterien zur Bewertung der Innovationswerkzeuge

4.2.3.2 Bewertung der Vorauswahl von Innovationswerkzeugen

Jedes Innovationswerkzeug der Vorauswahl wird nachfolgend anhand der in Abbildung 4-6 dargestellten drei Kriterien bewertet. Während die Innovationswerkzeuge für jede repräsentative Phase des Ideenprozesses hinsichtlich des Kriteriums der Zielerreichung untersucht werden müssen, ist die Bewertung von Zeitaufwand und Benutzerfreundlichkeit unabhängig vom Entwicklungsstand der Innovationsidee.

Bewertung der Zielerreichung

Den vorangegangenen Erläuterungen nach wird anhand der Zielerreichung die Fähigkeit eines Innovationswerkzeuges überprüft, die zur Merkmalsspezifizierung notwendigen Informationen erzeugen zu können. Da eine Vielzahl relevanter Merkmale inklusive zugehöriger Ausprägungen definiert wurden (s. Abschnitt 4.1.1.2 sowie Abschnitt 4.1.2.3), muss die Zielerreichung folglich hinsichtlich jedes einzelnen Merkmals überprüft werden. Da sich Merkmale und Merkmalsausprägungen innerhalb der drei repräsentativen Phasen des Ideenentwicklungsprozesses unterscheiden (s. Abschnitt 4.1.2.1), erfolgt die Bewertung der Zielerreichung für jede der drei Phasen.

Im Ergebnis ist zur Spezifizierung aller Merkmale innerhalb der kreativ-divergenten Phase mindestens ein Innovationswerkzeug geeignet. Insbesondere zur Unterstützung des Anwenders hinsichtlich der Spezifizierung der Bezeichnungen von Kundenbedürfnissen, Funktionen und Baugruppen kann eine Vielzahl verschiedener Innovationswerkzeuge verwendet werden. Im Gegensatz dazu vermag fast keines der analysierten Innovationswerkzeuge qualitative Informationen hinsichtlich des Einflusses der Baugruppen auf die Funktionen zu erzeugen. Durch die qualitative Abbildung von Entitäten sowie zugehörigen Attributen und der Beziehung zwischen diesen Entitäten eignet sich hierzu lediglich das ERAF Systems Diagram[398]. Durch die genannten Eigenschaften kann dieses Innovationswerkzeug den Anwender darüber hinaus bei der Spezifizierung aller weiteren Merkmale unterstützen. Es stellt daher ein essenzielles Innovationswerkzeug in der kreativ-divergenten Phase dar. Die Gegenüberstellung aller Innovationswerkzeuge und Merkmale sowie eine Übersicht der beschriebenen Bewertungsergebnisse für die kreativ-divergente Phase ist in Abbildung 4-7 abgebildet.

Kreativ-divergente Phase	Value Proposition Canvas	Persona Template	Kano-Modell	Conjoint Analyse	Quality Function Deployment	Nine Windows	ERAF Systems Diagram	Empathy Map	Function Structure	Komponentenanalyse	Creativity Slider	Structured Abstraction	Separation Principles	Prinzipkatalog nach KOLLER
Bezeichnung des Kundenbedürfnisses i	●	●	○	○	●	●	●	●	○	○	○	○	○	○
Bezeichnung der Funktion k	●	○	●	●	●	●	●	○	●	○	●	○	○	○
Einfluss der Funktion k auf das Kundenbedürfnis i	○	○	○	○	●	○	●	○	○	○	○	○	○	○
Bezeichnung der Baugruppe j	○	○	○	○	○	●	●	○	○	●	○	○	○	○
Einfluss der Baugruppe j auf die Funktion k	○	○	○	○	○	○	●	○	○	○	○	○	○	○

○ Innovationswerkzeug erzeugt keine der zur Merkmalsspezifizierung benötigten Informationen → ● Innovationswerkzeug erzeugt alle zur Merkmalsspezifizierung benötigten Informationen

Abbildung 4-7 Bewertung der Zielerreichung für die kreativ-divergente Phase

Auch zur Spezifizierung der Merkmale einer Innovationsidee der kreativ-konvergenten Phase steht jeweils mindestens ein Innovationswerkzeug zur Verfügung. So eignen

[398] Vgl. Kumar (2013), 101 design methods, S. 147f.

sich zur Spezifizierung der Bezeichnungen von Kundenbedürfnissen, Funktionen und Funktionsleistungsparametern sowie Baugruppen und technologischen Leistungsparametern jeweils mehrere Innovationswerkzeuge. Im Gegensatz dazu steht dem Anwender zur Spezifizierung des Einflusses der Funktionen auf die Kundenbedürfnisse sowie des Einflusses der Baugruppen auf die Funktionen jeweils nur ein einzelnes Innovationswerkzeug zur Verfügung. So unterstützt lediglich das Quality Function Deployment durch die Vergabe von Punkten eine semi-quantitative Ermittlung des Einflusses der Funktionen auf die Kundenbedürfnisse[399]. Das ERAF Systems Diagram ist das einzige Innovationswerkzeug, welches den Anwender bei der Ermittlung des Einflusses der Baugruppen auf die Funktionen unterstützt. Der Einfluss lässt sich durch das ERAF Systems Diagram lediglich qualitativ ermitteln[400]. Eine qualitative Spezifizierung des Merkmals ist jedoch in allen drei repräsentativen Phasen des Ideenentwicklungsprozesses ausreichend (s. Abschnitt 4.1.2.3). Alle Merkmale der Determinanten des Kundennutzens lassen sich in der kreativ-konvergenten Phase aus einer Kombination von Quality Function Deployment sowie des ERAF Systems Diagram spezifizieren. Diesen beiden Innovationswerkzeugen kommt folglich hinsichtlich der Logikbewertung einer Innovationsidee der kreativ-konvergenten Phase eine besondere Bedeutung zu. Die Bewertungsergebnisse der Zielerreichung für die kreativ-konvergente Phase sind in Abbildung 4-8 visualisiert.

[399] Vgl. Zairi et al. (1995), Quality function deployment, S. 14f.
[400] Vgl. Kumar (2013), 101 design methods, S. 147f.

Kreativ-konvergente Phase	Value Proposition Canvas	Persona Template	Kano-Modell	Conjoint Analyse	Quality Function Deployment	Nine Windows	ERAF Systems Diagram	Empathy Map	Function Structure	Komponentenanalyse	Creativity Slider	Structured Abstraction	Separation Principles	Prinzipkatalog nach KOLLER
Bezeichnung des Kundenbedürfnisses i	●	●	○	○	●	●	●	●	○	○	○	○	○	○
Wichtigkeit des Kundenbedürfnisses i	◕	○	○	○	●	○	○	○	○	○	○	○	○	○
Bezeichnung der Funktion k	●	○	●	●	●	●	●	○	●	○	●	○	○	○
Einfluss der Funktion k auf das Kundenbedürfnis i	○	○	○	○	●	○	○	○	○	○	○	○	○	○
Bezeichnung des Funktionsleistungsparameters der Funktion k	○	○	●	●	●	○	●	○	○	○	●	●	●	○
Höhe des Funktionsleistungsparameters der Funktion k der Idee	○	○	●	◑	●	○	○	○	○	○	○	○	○	○
Bezeichnung der Baugruppe j	○	○	○	○	○	●	●	○	○	●	○	○	○	○
Einfluss der Baugruppe j auf die Funktion k	○	○	○	○	○	○	●	○	○	○	○	○	○	○
Bezeichnung des technologischen Leistungsparameters i der Baugruppe j	○	○	○	○	○	○	●	○	○	○	○	●	●	○

○ Innovationswerkzeug erzeugt keine der zur Merkmalsspezifizierung benötigten Informationen → ● Innovationswerkzeug erzeugt alle zur Merkmalsspezifizierung benötigten Informationen

Abbildung 4-8 Bewertung der Zielerreichung für die kreativ-konvergente Phase

Auch in der Konzeptphase eignen sich zur Spezifizierung der Bezeichnungen von Kundenbedürfnissen, Funktionen und Funktionsleistungsparametern sowie Baugruppen und technologischen Leistungsparametern mehrere Innovationswerkzeuge. Der Einfluss zwischen Funktionen und Kundenbedürfnissen lässt sich durch das Quality Function Deployment sowohl semi-quantitativ als auch quantitativ ermitteln[401]. Daher eignet es sich auch zur Spezifizierung des Einflusses der Funktionen auf die Kundenbedürfnisse in der Konzeptphase. Das ERAF Systems Diagram unterstützt den Anwender bei der Ermittlung des Einflusses der Baugruppen auf die Funktionen (s. o.). Keines der untersuchten Innovationswerkzeuge ist zur Erhebung derjenigen Informationen geeignet, welche zur Spezifizierung der Höhe der Funktionsleistungsparameter des Referenzszenarios sowie der Höhe der technologischen Leistungsparameter benötigt werden. Dies ist auf die Beschaffenheit der benötigten Informationen zurückzuführen: Während die Informationen hinsichtlich der übrigen Merkmale lediglich hypothetischer Natur sind, basiert die Spezifizierung der Höhe der Funktionsleistungsparameter des Referenzszenarios sowie der Höhe der technologischen Leistungsparameter auf bereits in der Realität existierenden Lösungen. Vor diesem Hintergrund ist zur Spezifizierung dieser beiden Merkmale eine gezielte Informationsrecherche notwendig. Innovationswerkzeuge haben eine solche Informationsrecherche nicht zum Fokus (s. Teilkapitel 4.2.2). Eine Übersicht der Bewertung der Innovationswerkzeuge für die Konzeptphase ist in Abbildung 4-9 dargestellt.

[401] Vgl. Govers (1996), What and how about quality function deployment (QFD), S. 579

Konzeptphase	Value Proposition Canvas	Persona Template	Kano-Modell	Conjoint Analyse	Quality Function Deployment	Nine Windows	ERAF Systems Diagram	Empathy Map	Function Structure	Komponentenanalyse	Creativity Slider	Structured Abstraction	Separation Principles	Prinzipkatalog nach KOLLER
Bezeichnung des Kundenbedürfnisses i	●	●	○	○	●	●	●	●	○	○	○	○	○	○
Wichtigkeit des Kundenbedürfnisses i	◐	○	○	○	●	○	○	○	○	○	○	○	○	○
Bezeichnung der Funktion k	●	○	●	●	●	●	●	○	●	○	●	○	○	○
Einfluss der Funktion k auf das Kundenbedürfnis i	○	○	○	○	●	○	○	○	○	○	○	○	○	○
Bezeichnung des Funktionsleistungsparameters der Funktion k	○	○	●	●	●	○	●	○	○	○	●	●	●	○
Höhe des Funktionsleistungsparameters der Funktion k der Idee	○	○	○	●	○	○	○	○	○	○	●	○	○	●
Höhe des Funktionsleistungsparameters der Funktion k des Referenzszenarios	○	○	○	○	○	○	○	○	○	○	○	○	○	○
Bezeichnung der Baugruppe j	○	○	○	○	○	●	●	○	○	●	○	○	○	○
Einfluss der Baugruppe j auf die Funktion k	○	○	○	○	○	○	●	○	○	○	○	○	○	○
Bezeichnung des technologischen Leistungsparameters i der Baugruppe j	○	○	○	○	○	○	●	○	○	○	○	●	●	○
Höhe des technologischen Leistungsparameters i der Baugruppe j	○	○	○	○	○	○	○	○	○	○	○	○	○	○

○ Innovationswerkzeug erzeugt keine der zur Merkmalsspezifizierung benötigten Informationen ⟶ ● Innovationswerkzeug erzeugt alle zur Merkmalsspezifizierung benötigten Informationen

Abbildung 4-9 Bewertung der Zielerreichung für die Konzeptphase

Bewertung des Zeitaufwandes und der Benutzerfreundlichkeit

Die Bewertung des Zeitaufwandes sowie der Benutzerfreundlichkeit der Innovationswerkzeuge erfolgt unabhängig von den zu spezifizierenden Merkmalsausprägungen. Sie erfolgt damit nicht in Abhängigkeit des Entwicklungsstandes der zugrunde liegenden Innovationsidee.

Das Persona Template ist ein weit verbreitetes Innovationswerkzeug[402]. Der Anwender kann daher auf eine Vielzahl bereits existierender Vorlagen zurückgreifen[403]. Dies ermöglicht sowohl eine zeiteffiziente als auch benutzerfreundliche Erhebung benötigter Informationen. Im Falle der Empathy Map wird die unkomplizierte Bereitstellung benötigter Informationen durch vordefinierte Leitfragen für die verschiedenen Themenfelder ermöglicht[404]. Persona Template und Empathy Map weisen daher die höchste Benutzerfreundlichkeit und den geringsten zeitlichen Anwendungsaufwand auf. Die beiden Innovationswerkzeuge Structured Abstraction und Separation Principles sind hingegen auf der Grundlage physikalischer Prinzipien aufgebaut[405]. Ihre Anwendung erfordert daher die Auseinandersetzung mit und das Verständnis von diesen physikalischen Prinzipien. In der Konsequenz weisen diese beiden Innovationswerkzeuge den höchsten Anwendungsaufwand sowie die geringste Benutzerfreundlichkeit auf. Eine Übersicht der Bewertungsergebnisse aller Innovationswerkzeuge hinsichtlich des Zeitaufwandes sowie der Benutzerfreundlichkeit ist in Abbildung 4-10 dargestellt.

[402] Vgl. Nielsen et al. (2015), A Template for Design Personas, S. 45

[403] Vgl. Nielsen et al. (2015), A Template for Design Personas, S. 47

[404] Vgl. Uebernickel et al. (2020), Design thinking, S. 122

[405] Vgl. Silverstein et al. (2012), The innovator's toolkit, S. 174f.; Silverstein et al. (2012), The innovator's toolkit, S. 168f.

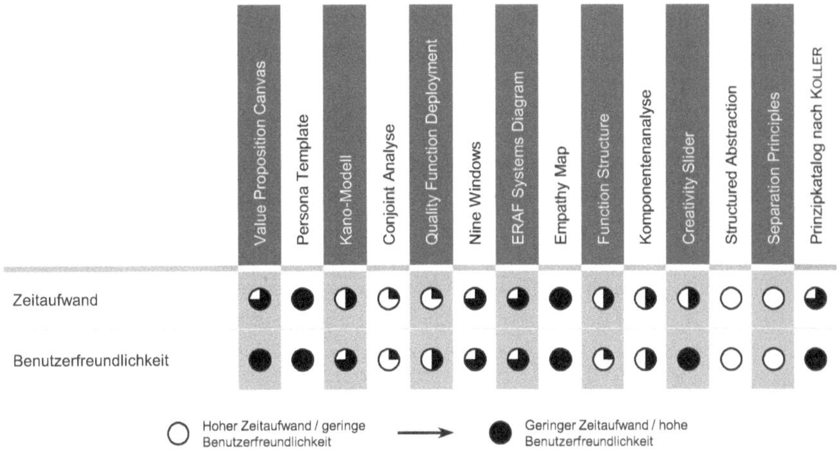

Abbildung 4-10 Bewertung von Zeitaufwand und Benutzerfreundlichkeit

Gesamtbewertung der Innovationswerkzeuge

Nachdem die Innovationswerkzeuge einzeln anhand jedes der drei zuvor definierten Kriterien (s. Abschnitt 4.2.3.1) bewertet wurden, gilt es die einzelnen Bewertungsergebnisse zu einem Gesamtergebnis zusammenzuführen. Da die Zielerreichung hinsichtlich jedes zu spezifizierenden Merkmals überprüft wurde, muss auch die Gesamtbewertung in Abhängigkeit der einzelnen Merkmale erfolgen. Zu diesem Zweck werden die Ergebnisse der Bewertung von Zielerreichung, Zeitaufwand und Benutzerfreundlichkeit zu einem Mittelwert zusammengefasst. Wurde die Zielerreichung eines Innovationswerkzeuges mit einem leeren Harvey Ball bewertet, erzeugt das Innovationswerkzeug keine der zur Merkmalsspezifizierung benötigten Informationen (s. Abbildung 4-6). In diesem Fall ist das Innovationswerkzeug zur Spezifizierung des betreffenden Merkmals nicht nutzbar und die Bewertungsergebnisse hinsichtlich des Zeitaufwandes und der Benutzerfreundlichkeit obsolet. In diesem Fall wird das Innovationswerkzeug auch insgesamt als nicht priorisiert zu verwenden bewertet. Darüber hinaus wird allen drei Bewertungskriterien in Abwesenheit alternativer Indikatoren die gleiche Gewichtung zugesprochen. Die Gesamtbewertung der Innovationswerkzeuge ist in Abhängigkeit der drei Phasen des Ideenentwicklungsprozesses in Abbildung 4-11, Abbildung 4-12 und Abbildung 4-13 dargestellt. Die Bewertungsergebnisse verdeutlichen, welche Innovationswerkzeuge zur Erhebung benötigter Informationen priorisiert genutzt werden sollten. Darüber hinaus ist eine Erweiterung der Informationsgrundlage durch die komplementäre Anwendung weniger stark priorisierter Innovationswerkzeuge jederzeit möglich.

Dem Ergebnis der Gesamtbewertung nach, sind zur Spezifizierung der Bezeichnung der Kundenbedürfnisse einer Innovationsidee innerhalb der kreativ-divergenten Phase das Value Proposition Template, das Persona Template sowie die Empathy Map priorisiert zu nutzen. Die größte Unterstützung des Anwenders bei der Ermittlung der Bezeichnung der Funktionen bietet das Value Proposition Template. Das ERAF Systems Diagram eignet sich unter allen Innovationswerkzeugen am besten zur Spezifizierung des Einflusses der Funktionen auf die Kundenbedürfnisse, der Bezeichnung der Baugruppen sowie des Einflusses der Baugruppen auf die Funktionen. Eine Alternative zum ERAF Systems Diagram hinsichtlich der Spezifizierung der Bezeichnung der Baugruppen bietet das Nine Windows Innovationswerkzeug. Die Gesamtbewertung der Innovationswerkzeuge für die kreativ-divergente Phase ist in Abbildung 4-11 dargestellt.

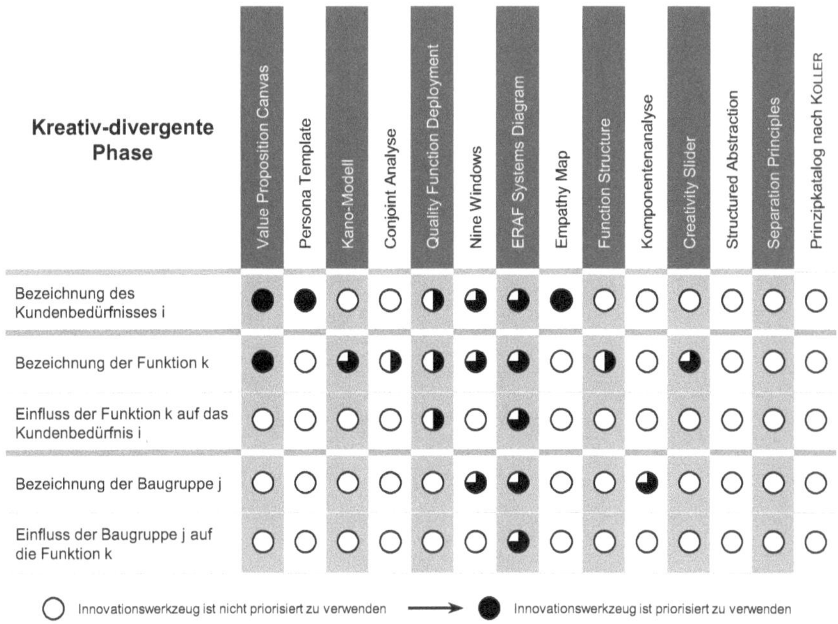

Abbildung 4-11 Gesamtbewertung der Innovationswerkzeuge in der kreativ-divergenten Phase

Aufgrund des hohen Erfüllungsgrads aller drei Bewertungskriterien sind in der kreativ-konvergenten Phase zur Spezifizierung der Bezeichnung der Kundenbedürfnisse das Value Proposition Canvas, das Persona Templates sowie die Empathy Map priorisiert zu nutzen. Das Value Proposition Template eignet sich darüber hinaus vor allen anderen Innovationswerkzeugen auch zur Ermittlung derjenigen Informationen, welche bezüglich der Spezifizierung der Wichtigkeit der Kundenbedürfnisse sowie der Bezeichnung der Funktionen benötigt werden. Hinsichtlich der Bezeichnung der Funktionsleistungsparameter resultiert aus der Zusammenführung der Bewertungsergebnisse die Empfehlung für eine priorisierte Nutzung des Kano-Modells, des ERAF Systems Diagrams sowie des Creativity Sliders. Die höchste Gesamtbewertung bezüglich der Spezifizierung der Höhe der Funktionsleistungsparameter weist das Kano-Modell auf. Gleichermaßen geeignet zur Spezifizierung der Bezeichnung der Baugruppen sind die Nine Windows, das ERAF Systems Diagram sowie die Komponentenanalyse. Das ERAF Systems Diagram erzielt darüber hinaus die höchsten Bewertungen hinsichtlich der Unterstützung des Anwenders bei der Spezifizierung des Einflusseses der

Baugruppen auf die Funktionen sowie der Bezeichnung der technologischen Leistungsparameter. Eine Übersicht der Gesamtbewertung für die kreativ-konvergente Phase ist in Abbildung 4-12 dargestellt.

Kreativ-konvergente Phase	Value Proposition Canvas	Persona Template	Kano-Modell	Conjoint Analyse	Quality Function Deployment	Nine Windows	ERAF Systems Diagram	Empathy Map	Function Structure	Komponentenanalyse	Creativity Slider	Structured Abstraction	Separation Principles	Prinzipkatalog nach KOLLER
Bezeichnung des Kundenbedürfnisses i	●	●	○	○	◑	◕	◕	●	○	○	○	○	○	○
Wichtigkeit des Kundenbedürfnisses i	●	○	○	○	◑	○	○	○	○	○	○	○	○	○
Bezeichnung der Funktion k	●	○	◕	◑	◑	◕	◕	○	◑	○	◕	○	○	○
Einfluss der Funktion k auf das Kundenbedürfnis i	○	○	○	○	◑	○	○	○	○	○	○	○	○	○
Bezeichnung des Funktionsleistungsparameters der Funktion k	○	○	◕	◑	◑	○	◕	○	○	○	◕	◔	◔	○
Höhe des Funktionsleistungsparameters der Funktion k der Idee	○	○	◕	◔	◑	○	○	○	○	○	○	○	○	○
Bezeichnung der Baugruppe j	○	○	○	○	○	◕	◕	○	○	◕	○	○	○	○
Einfluss der Baugruppe j auf die Funktion k	○	○	○	○	○	○	◕	○	○	○	○	○	○	○
Bezeichnung des technologischen Leistungsparameters i der Baugruppe j	○	○	○	○	○	○	◕	○	○	○	○	◔	◔	○

○ Innovationswerkzeug ist nicht priorisiert zu verwenden ⟶ ● Innovationswerkzeug ist priorisiert zu verwenden

Abbildung 4-12 Gesamtbewertung der Innovationswerkzeuge in der kreativ-konvergenten Phase

In der Konzeptphase ist zur Spezifizierung der Höhe der Funktionsleistungsparameter aufgrund der hohen Erfüllungsgrade aller drei Bewertungskriterien priorisiert der Creativity Slider zu nutzen. Die Höhe der Funktionsleistungsparameter der Innovationsidee $FLP_{k,Idee}$ ist abhängig von den Ausprägungen der technologischen Leistungsparameter der Baugruppen $TLP_{i,j}$ (s. Abschnitt 4.1.1.2). Im Gegensatz zur kreativ-konvergenten Phase ist die Höhe der technologischen Leistungsparameter in der Konzeptphase bekannt (s. Abschnitt 4.1.2.2). Um $FLP_{k,Idee}$ berechnen zu können, ist die Identifikation des physikalischen Zusammenhanges zwischen $FLP_{k,Idee}$ und $TLP_{i,j}$ notwendig. Dieser Zusammenhang lässt sich, wie in Abschnitt 4.2.2.2 beschrieben, durch den Prinzipkatalog nach KOLLER ermitteln. Darüber hinaus ergibt sich auf der Grundlage der Zusammenführung aller Bewertungsergebnisse die gleiche Priorisierung der Innovationswerkzeuge wie bereits in der kreativ-konvergenten Phase. Eine Übersicht der Gesamtbewertung für die Konzeptphase ist in Abbildung 4-13 dargestellt.

Konzeptphase	Value Proposition Canvas	Persona Template	Kano-Modell	Conjoint Analyse	Quality Function Deployment	Nine Windows	ERAF Systems Diagram	Empathy Map	Function Structure	Komponentenanalyse	Creativity Slider	Structured Abstraction	Separation Principles	Prinzipkatalog nach KOLLER
Bezeichnung des Kundenbedürfnisses i	●	●	○	○	◑	◕	◕	●	○	○	○	○	○	○
Wichtigkeit des Kundenbedürfnisses i	◕	○	○	○	◑	○	○	○	○	○	○	○	○	○
Bezeichnung der Funktion k	●	○	◕	◑	◑	◕	◕	○	◑	○	◕	○	○	○
Einfluss der Funktion k auf das Kundenbedürfnis i	○	○	○	○	◑	○	○	○	○	○	○	○	○	○
Bezeichnung des Funktionsleistungsparameters der Funktion k	○	○	◕	◑	◑	○	◕	○	○	○	◕	◔	◔	○
Höhe des Funktionsleistungsparameters der Funktion k der Idee	○	○	○	◑	○	○	○	○	○	○	◕	○	○	●
Höhe des Funktionsleistungsparameters der Funktion k des Referenzszenarios	○	○	○	○	○	○	○	○	○	○	○	○	○	○
Bezeichnung der Baugruppe j	○	○	○	○	○	◕	◕	○	○	◕	○	○	○	○
Einfluss der Baugruppe j auf die Funktion k	○	○	○	○	○	○	◕	○	○	○	○	○	○	○
Bezeichnung des technologischen Leistungsparameters i der Baugruppe j	○	○	○	○	○	○	◕	○	○	○	○	◔	◔	○
Höhe des technologischen Leistungsparameters i der Baugruppe j	○	○	○	○	○	○	○	○	○	○	○	○	○	○

○ Innovationswerkzeug ist nicht priorisiert zu verwenden ⟶ ● Innovationswerkzeug ist priorisiert zu verwenden

Abbildung 4-13 Gesamtbewertung der Innovationswerkzeuge in der Konzeptphase

4.2.4 Zwischenfazit: Generierung benötigter Informationen

Innerhalb dieses Unterkapitels wurden geeignete Innovationswerkzeuge zur Generierung der Informationen hergeleitet, welche für die Logikbestimmung von Nutzenkonzepten notwendig sind. Zu diesem Zweck wurde zunächst eine Sammlung von 557 heute in der Praxis genutzten Innovationswerkzeugen erstellt (s. Teilkapitel 4.2.1). Diese Sammlung wurde anschließend anhand der Einschlusskriterien „Zielgerichtetheit“, „Unabhängigkeit vom Anwender“ und „Öffentliche Zugänglichkeit“ hinsichtlich ihrer grundsätzlichen Eignung zur Unterstützung der Logikbestimmung überprüft (s. Teilkapitel 4.2.2). Im Ergebnis erfüllten insgesamt 14 Innovationswerkzeuge alle drei Einschlusskriterien und wurden anschließend anhand der Kriterien „Zielerreichung“, „Zeitaufwand“ und „Benutzerfreundlichkeit“ einer differenzierten Bewertung unterzogen. Das Ergebnis dieser differenzierten Bewertung gibt Aufschluss darüber, welche Innovationswerkzeuge zur Spezifizierung der für die Logikbestimmung benötigten Merkmalsausprägungen priorisiert zu nutzen sind (s. Teilkapitel 4.2.3).

Die Innovationshöhe des vorangegangenen Unterkapitels besteht in der systematischen Analyse der Gesamtheit heute existierender Innovationswerkzeuge hinsichtlich der Zielsetzung der vorliegenden Arbeit. Im Ergebnis konnte zur Unterstützung des Anwenders bei der Spezifizierung fast aller Merkmalsausprägungen ein Innovationswerkzeug identifiziert werden. Dies ermöglicht dem Anwender eine effiziente Erhebung derjenigen Informationen, welche zur Logikbestimmung notwendig sind. Die methodische Einbindung der Auswahl von Innovationswerkzeugen in den Ideenentwicklungsprozess stand nicht im Fokus dieses Unterkapitels. Es erfolgte daher keine Untersuchung einer optimalen Einbindung der priorisiert zu nutzenden Innovationswerkzeuge in den Ideenentwicklungsprozess sowie der komplementären Nutzung verschiedener Innovationswerkzeuge. Insbesondere weitere Potenziale hinsichtlich der praktischen Anwendbarkeit der Methodik konnten auf diese Weise nicht gehoben werden. Sie stellen damit allerdings gleichzeitig Anknüpfungspunkte für weitere Forschungsarbeiten dar.

4.3 Herleitung geeigneter Mechanismen zur Logikbestimmung

Ziel der vorliegenden Dissertation ist die Bestimmung der Logik von Innovationsideen für technische Systeme (s. Unterkapitel 1.2). Den Ausführungen des Teilkapitels 2.3.1 nach zeichnet sich ein logisches System durch das harmonische Zusammenspiel seiner Elemente aus. Im Fokus der Logikbestimmung steht in der vorliegenden Arbeit der aus einer Innovationsidee resultierende Kundennutzen (s. Unterkapitel 2.4). Ziel des folgenden Unterkapitels ist daher die Beurteilung des Zusammenspiels der Elemente des

Nutzenkonzeptes vor dem Hintergrund des daraus resultierenden Kundennutzens. Eine Beurteilung aller möglichen Kombinationen von Elementausprägungen im Hinblick auf den daraus resultierenden Kundennutzen ist im Rahmen der vorliegenden Arbeit nicht leistbar. Daher werden in Teilkapitel 4.3.1 zunächst relevante Kennzahlen hergeleitet, anhand derer sich das Ergebnis des Zusammenspiels bestimmter Elemente des Nutzenkonzeptes zusammenfassend darstellen lässt. In Abhängigkeit der Höhe der relevanten Kennzahlen sowie des daraus zu erwartenden Kundennutzens werden anschließend verschiedene Logikgrade zur Beurteilung einer Innovationsidee hergeleitet (s. Teilkapitel 4.3.2). Das Unterkapitel schließt mit einem Zwischenfazit (s. Teilkapitel 4.3.3).

4.3.1 Kennzahlen zur Logikbestimmung

Ziel des folgenden Teilkapitels ist die Herleitung von Kennzahlen, anhand derer sich die Logik von Innovationsideen für technische Systeme bestimmen lässt. Dazu erfolgt zunächst eine Definition derjenigen Kennzahlen, welche vor dem Hintergrund des Kundennutzens für die Logikbestimmung von Relevanz sind (s. Abschnitt 4.3.1.1). Ein Kunde entscheidet sich nur dann für den Kauf eines neuen Produktes, wenn dieses einen größeren Kundennutzen mit sich bringt als am Markt bereits etablierte Lösungen[406]. Die Berechnung der relevanten Kennzahlen erfordert daher den Vergleich des Nutzenkonzeptes einer Innovationsidee mit dem Nutzenkonzept einer bereits am Markt etablierten Lösung. Die Definition der Voraussetzungen, welche das Nutzenkonzept einer am Markt etablierten Lösung zur Eignung als Vergleichsmaßstab erfüllen muss, erfolgt in Abschnitt 4.3.1.2. Die Herleitung allgemeingültiger Mechanismen zur Berechnung der relevanten Kennzahlen erfolgt in den Abschnitten 4.3.1.3 und 4.3.1.4.

4.3.1.1 Herleitung relevanter Kennzahlen zur Logikbestimmung

Wie bereits in Unterkapitel 4.3 erläutert, erfolgt die Herleitung relevanter Kennzahlen zum Zweck einer handhabbaren Darstellung und Beurteilung des Zusammenspiels der Elemente des Nutzenkonzeptes. Da die Logik eines Nutzenkonzeptes vor dem Hintergrund des resultierenden Kundennutzens beurteilt wird, erfolgt die Herleitung dieser Kennzahlen ebenfalls ausgehend vom Kundennutzen.

Innerhalb der kreativ-divergenten Phase liegt entweder eine Problem- oder eine Lösungsidee vor (s. Abschnitt 2.1.4.2). Im Gegensatz zur kreativ-konvergenten Phase und der Konzeptphase ist damit noch keine vollständige Innovationsidee vorhanden. Vor

[406] Vgl. Woodside et al. (2009), Customer Value: Theory, Research and Practice, S. 10f.

diesem Hintergrund unterscheiden sich ebenfalls die Kennzahlen, welche zur Beurteilung des entstehenden Kundennutzens und damit für die Logikbestimmung relevant sind.

Herleitung relevanter Kennzahlen für die kreativ-divergente Phase

Da in der kreativ-divergenten Phase noch keine vollständige Innovationsidee vorliegt, ist ein vollständiges Nutzenkonzept ebenfalls noch nicht vorhanden. Die Ermittlung von Kennzahlen zu Beurteilung eines vollständigen Nutzenkonzeptes ist folglich nicht zielführend. Stattdessen gilt es vielmehr, die vorliegende Problem- oder Lösungsidee hinsichtlich des Vorliegens derjenigen Informationen zu beurteilen, welche für die Entstehung eines vollständigen Nutzenkonzeptes notwendig sind.

Bestandteil eines Nutzenkonzeptes sind Kundenbedürfnisse, welche durch Funktionen erfüllt werden. Diese Funktionen werden wiederum durch Baugruppen realisiert (s. Abschnitt 4.1.1.1). Eine Lösungsidee hat die Beschreibung der Realisierung von Funktionen durch geeignete Baugruppen zum Ziel (s. Abschnitt 4.1.1.1). Liegt in der kreativ-divergenten Phase also eine Problemidee vor, gilt es diese Realisierung der Funktionen zu beurteilen. Der *„Realisierbarkeitsindikator der Funktion k"* (RI_k) wird vor diesem Hintergrund als relevante Kennzahl der Logikbestimmung in der kreativ-divergenten Phase definiert.

Inhalt einer Problemidee ist hingegen die Beschreibung der Erfüllung von Kundenbedürfnissen durch dafür geeignete Funktionen. Zur Beurteilung der Erfüllung der Kundenbedürfnisse wird daher der *„Erfüllbarkeitsindikator des Kundenbedürfnisses i"* (EI_i) eingeführt.

Herleitung relevanter Kennzahlen für die kreativ-konvergente und Konzeptphase

In der kreativ-konvergenten sowie der Konzeptphase liegt eine vollständige Innovationsidee inklusive eines zugehörigen Nutzenkonzeptes vor (s. Abschnitt 4.1.2.2). Der durch das Nutzenkonzept einer solchen Innovationsidee für den Kunden entstehende *„Gesamtnutzen"* (KN_{gesamt}) setzt sich additiv aus *„Teilnutzen"* ($TN_{KB,i}$) zusammen (s. Teilkapitel 2.2.2). Die Höhe des gesamten Kundennutzens ist damit abhängig von der Höhe der einzelnen Teilnutzen. Die Höhe der Teilnutzen ist zum einen abhängig von der Erfüllung der Kundenbedürfnisse im Vergleich zum Wettbewerb (s. Teilkapitel 2.2.2). Dieses Maß der Bedürfniserfüllung wird im Folgenden als *„Erfüllungsgrad"* ($EG_{KB,i}$) bezeichnet. Zum anderen ist die Höhe des aus der Bedürfniserfüllung resultierenden Kundennutzens abhängig von der *„Wichtigkeit des jeweiligen Kundenbe-*

dürfnisses" (W_i) (s. Abschnitt 4.1.1.2). Ausschlaggebend für die Höhe des Erfüllungsgrads ist neben der Höhe des Einflusses die Leistungsfähigkeit der Funktionen, welche das Kundenbedürfnis adressieren (s. Abschnitt 4.1.1.2). Sind die das Kundenbedürfnis adressierenden Funktionen leistungsfähiger als die Funktionen der am Markt bereits existierender Produkte, entsteht ein hoher Erfüllungsgrad. Sind sie hingegen weniger leistungsfähig, entsteht ein geringer Erfüllungsgrad. Die Leistungsfähigkeit der Funktionen der Innovationsidee relativ zur Leistungsfähigkeit der Funktionen bereits am Markt etablierter Lösungen wird nachfolgend als *„relative Leistungsfähigkeit"* ($P_{k,Idee}$) bezeichnet. Zuletzt ist die relative Leistungsfähigkeit der verschiedenen Funktionen abhängig von den dem Nutzenkonzept zu Grunde liegenden Baugruppen (s. Abschnitt 4.1.1.2).

Während die Wichtigkeit der Kundenbedürfnisse, der Einfluss der Funktionen auf die Kundenbedürfnisse sowie die Merkmale der Baugruppen vom Anwender der Methodik spezifiziert werden, müssen Gesamtnutzen, Teilnutzen, Erfüllungsgrad der Kundenbedürfnisse und relative Leistungsfähigkeit der Funktionen berechnet werden. Vor dem Hintergrund der Nachvollziehbarkeit erfolgten die Herleitung der zu berechnenden Kennzahlen ausgehend vom Kundennutzen eines Nutzenkonzeptes. Soll die Höhe des aus einem Nutzenkonzept resultierenden Kundennutzens ermittelt werden, müssen die vier genannten Kennzahlen in umgekehrter Reihenfolge ermittelt werden. Eine Übersicht der relevanten Kennzahlen in der zu ermittelnden Reihenfolge ist in Abbildung 4-14 dargestellt. Um der Veränderung der Informationsverfügbarkeit während des Ideenentwicklungsprozesses gerecht zu werden, erfolgt die detaillierte Herleitung der Mechanismen zur Ermittlung der relevanten Kennzahlen für die kreativ-divergente Phase in Abschnitt 4.3.1.3 und die Herleitung der relevanten Kennzahlen für die kreativ-konvergente sowie die Konzeptphase in Abschnitt 4.3.1.4.

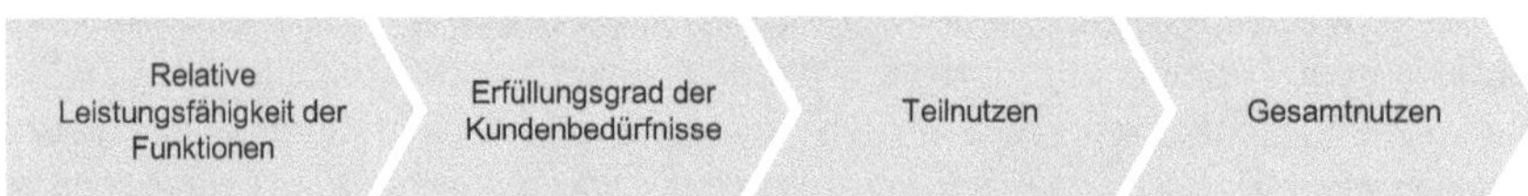

Abbildung 4-14 Relevante Kennzahlen zur Logikbestimmung

4.3.1.2 Bestimmung geeigneter Vergleichsmaßstäbe

Zur Ermittlung des aus einem Nutzenkonzept resultierenden Kundennutzens muss dieses mit einer am Markt etablierten Lösung verglichen werden (s. Teilkapitel 4.3.1). Sollen im Rahmen eines Benchmarkings verschiedene Unternehmen verglichen werden, muss zunächst festgelegt werden, welche Elemente der Unternehmen miteinander verglichen werden sollen. Gleichzeitig gilt es zu definieren, welche Ähnlichkeiten zwischen den Unternehmen zur Gewährleistung der Vergleichbarkeit gegeben sein müssen.[407] Dieser Argumentation folgend, gilt es zunächst festzulegen, anhand welcher Elemente das Nutzenkonzept einer Innovationsidee mit dem einer bereits am Markt etablierten Lösung verglichen werden muss. Die konstituierenden Elemente eines Nutzenkonzeptes werden durch die in Abschnitt 4.1.1.1 hergeleiteten Determinanten repräsentiert. Das Nutzenkonzept einer Innovationsidee kann folglich hinsichtlich der Baugruppen, der Funktionen oder der Kundenbedürfnisse mit dem Nutzenkonzept einer bereits am Markt etablierten Lösung verglichen werden.

Erfolgt der Vergleich des Nutzenkonzeptes der Innovationsidee mit dem Nutzenkonzept einer existierenden Lösung im Hinblick auf ihre Baugruppen, resultieren daraus Informationen hinsichtlich der Leistungsfähigkeit des im Zentrum der Innovationsidee stehenden Produktes. Anhaltspunkte hinsichtlich der angesprochenen Kundenbedürfnisse gehen indes aus diesem Vergleich nicht hervor. Analog dazu entstehen durch den Vergleich der angesprochenen Kundenbedürfnisse zweier Nutzenkonzepte keinerlei Informationen hinsichtlich der relativen Leistungsfähigkeit der Produkte. Die Funktionen bilden die Schnittstelle zwischen einem Produkt und dem Kunden (s. Abschnitt 4.1.1.1). Um einen Ausgangspunkt für die Kundennutzenermittlung zu schaffen, werden daher die Funktionen der Innovationsidee mit den Funktionen einer bereits am Markt etablierten Lösung verglichen.

Damit die Nutzenkonzepte einer Innovationsidee und einer am Markt etablierten Lösung anhand ihrer Funktionen verglichen werden können, müssen diese bestimmte Ähnlichkeiten aufweisen (s. o.). Zwei Funktionen werden für die weiteren Ausführungen als ähnlich erachtet, wenn das Merkmal „Bezeichnung der Funktion k" beider Funktionen die gleiche Ausprägung aufweist. Das Nutzenkonzept einer am Markt etablierten Lösung ist folglich dann als Vergleichsmaßstab geeignet, wenn die Bezeichnungen der Funktionen mit den Bezeichnungen der Funktionen der Innovationsidee übereinstimmen.

4.3.1.3 Berechnung der relevanten Kennzahlen in der kreativ-divergenten Phase

Liegt in der kreativ-divergenten Phase eine Lösungsidee vor, gilt es die Realisierbarkeit der Funktionen durch die Baugruppen zu beurteilen (s. Abschnitt 4.3.1.1). Eine Funktion ist nur dann realisierbar, wenn sie durch geeignete Baugruppen umgesetzt wird[408].

[407] Vgl. Gabler Wirtschaftslexikon (2018), Benchmarking
[408] Vgl. Feldhusen et al. (2013), Pahl/Beitz Konstruktionslehre, S. 255

Der Zusammenhang zwischen Baugruppen und Funktionen wird durch das Merkmal „*Einfluss der Baugruppe j auf die Funktion k*“ dargestellt (s. Abschnitt 4.1.1.2). Nur falls eine Baugruppe einen Einfluss auf die betreffende Funktion hat, trägt sie auch zu ihrer Umsetzung bei. Um beurteilen zu können, ob zur Realisierung einer Funktion die benötigten Baugruppen zur Verfügung stehen, müssen folglich die Einflüsse aller Baugruppen auf die Funktion summiert werden. Der Realisierbarkeitsindikator einer Funktion RI_k ergibt sich demnach zu:

$$\boldsymbol{RI_k = \sum_{j=1}^{o} e_{BG\,j \rightarrow F\,k}} \qquad \textbf{(4.1)}$$

Liegt in der kreativ-divergenten Phase hingegen eine Problemidee vor, gilt es die Erfüllbarkeit der Kundenbedürfnisse zu beurteilen (s. Abschnitt 4.3.1.1). Ein Kundenbedürfnis ist nur durch geeignete Funktionen erfüllbar (s. Abschnitt 4.1.1.1). Der Zusammenhang zwischen Kundenbedürfnissen und Funktionen wird durch das Merkmal „Einfluss der Funktion k auf das Kundenbedürfnis i“ dargestellt (s. Abschnitt 4.1.1.2). Nur falls eine Funktion einen Einfluss auf das betreffende Kundenbedürfnis hat, trägt sie auch zu dessen Erfüllung bei. Um beurteilen zu können, ob zur Erfüllung eines Kundenbedürfnisses die benötigten Funktionen zur Verfügung stehen, müssen folglich die Einflüsse aller Funktionen auf das Kundenbedürfnis summiert werden. Der Erfüllbarkeitsindikator einer Funktion EI_k ergibt sich demnach zu:

$$\boldsymbol{EI_i = \sum_{k=1}^{p} e_{F\,k \rightarrow KB\,i}} \qquad \textbf{(4.2)}$$

4.3.1.4 Berechnung der relevanten Kennzahlen in der kreativ-konvergenten und der Konzeptphase

In der kreativ-konvergenten sowie der Konzeptphase liegt eine vollständige Innovationsidee mit zugehörigem Nutzenkonzept vor. Die relevanten Kennzahlen zur Ermittlung der Höhe des aus dem Nutzenkonzept resultierenden Kundennutzens wurden in Teilkapitel 4.3.1 hergeleitet. Zur Berechnung dieser Kennzahlen werden nachfolgend geeignete Mechanismen erarbeitet.

Berechnung der relativen Leistungsfähigkeit der Funktionen

Als erste relevante Kennzahl für die Logikbestimmung wurden in Abschnitt 4.3.1.1 die relative Leistungsfähigkeit der Funktionen hergeleitet. Die Bestimmung der relativen Leistungsfähigkeit einer Funktion $P_{k,Idee}$ erfolgt durch den Vergleich der Höhe des

Funktionsleistungsparameters der Innovationsidee $FLP_{k,Idee}$ mit der Höhe des Funktionsleistungsparameters des Referenzszenarios $FLP_{k,RS}$ (s. Abschnitt 4.1.1.2). Je nach Funktion besteht entweder eine positive Korrelation zwischen der Höhe der Funktionsleistungsparameter und der Leistungsfähigkeit der Funktion (je höher z. B. die Ausprägung des Funktionsleistungsparameters „Entfernung" desto leistungsfähiger ist die Funktion „Reichweite" eines Elektrofahrzeuges) oder eine negative Korrelation (je geringer z. B. die Ausprägung des Funktionsleistungsparameters „Zeit" desto leistungsfähiger ist die Funktion „Ladegeschwindigkeit"). Bei der Berechnung der relativen Leistungsfähigkeit der Funktionen muss daher zwischen diesen beiden Szenarien unterschieden werden.

Zum Vergleich zweier Größen lassen sich diese ins Verhältnis setzen[409]. Vor dem Hintergrund einer einfachen Interpretierbarkeit wird die relative Leistungsfähigkeit einer Funktion als relativer Anteil verstanden, um welchen die Funktion einer Innovationsidee leistungsfähiger (oder weniger leistungsfähig) ist als die Funktion des Referenzszenarios. Dieser Anteil berechnet sich im Fall einer positiven Korrelation zwischen Höhe der Funktionsleistungsparameter und Höhe der relativen Leistungsfähigkeit als Quotient der Differenz von Höhe der Funktionsleistungsparameter der Innovationsidee und Höhe der Funktionsleistungsparameter des Referenzszenarios sowie der Höhe der Funktionsleistungsparameter des Referenzszenarios:

$$\boldsymbol{P_{k,Idee,pos} = \frac{FLP_{k,Idee} - FLP_{k,RS}}{FLP_{k,RS}}} \tag{4.3}$$

Im Fall einer negativen Korrelation zwischen Höhe der Funktionsleistungsparameter und Höhe der relativen Leistungsfähigkeit berechnet sich die relative Leistungsfähigkeit als Quotient der Differenz von Höhe der Funktionsleistungsparameter des Referenzszenarios und Höhe der Funktionsleistungsparameter der Innovationsidee sowie Höhe der Funktionsleistungsparameter des Referenzszenarios:

$$\boldsymbol{P_{k,Idee,neg} = \frac{FLP_{k,RS} - FLP_{k,Idee}}{FLP_{k,RS}}} \tag{4.4}$$

Ist eine Funktion der Innovationsidee leistungsfähiger als die des Referenzszenarios ergibt sich demnach ein Wert größer als null für die relative Leistungsfähigkeit der Funktion. Ist die Funktion der Innovation weniger leistungsfähig hat dies einen negativen Wert zur Folge. Weisen die Funktionen die gleiche Leistungsstärke auf, so ist die

[409] Vgl. Walz (2017), Lexikon der Mathematik: Band 4, S. 269f.

relative Leistungsfähigkeit gleich null. Eine Übersicht des Zusammenhangs der beschriebenen Eingangsgrößen und Mechanismen zur Berechnung der relativen Leistungsfähigkeit ist in Abbildung 4-15 visualisiert.

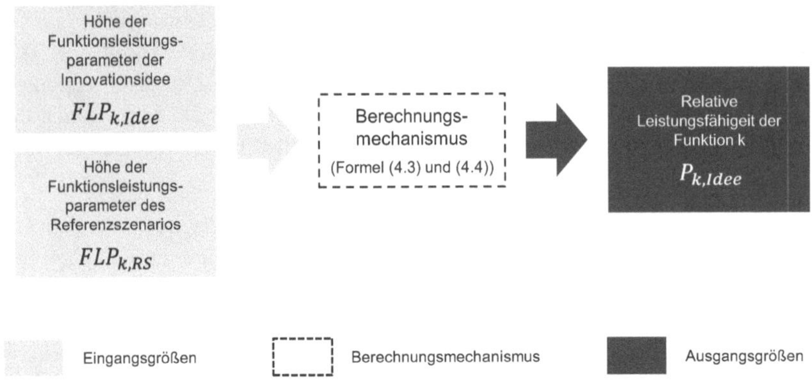

Abbildung 4-15 Ermittlung der relativen Leistungsfähigkeit der Funktionen

Ermittlung des Erfüllungsgrads der Kundenbedürfnisse

Der in Abschnitt 4.3.1.1 als relevante Kennzahl zur Logikbestimmung definierte Erfüllungsgrad der Kundenbedürfnisse $EG_{KB,i}$ lässt sich auf der Grundlage der zuvor ermittelten relativen Leistungsfähigkeit der Funktionen herleiten. Ein Kundenbedürfnis wird durch ein oder mehrere Funktionen erfüllt (s. Abschnitt 4.1.1.2). Der Erfüllungsgrad eines Kundenbedürfnisses ist damit neben der relativen Leistungsfähigkeit abhängig vom Einfluss der einzelnen Funktionen auf das Kundenbedürfnis (s. Abschnitt 4.1.1.2). Um den Einfluss verschiedener Funktionen auf ein Kundenbedürfnis vergleichen zu können, werden diese auf den Definitionsbereich von null bis eins normiert. Der normierte Einfluss einer Funktion auf ein Kundenbedürfnis $e_{F\,k \to KB\,i,normiert}$ ergibt sich als Division des Einflusses der Funktion durch die Summe der Einflüsse aller Funktionen:

$$e_{F\,k \to KB\,i,normiert} = \frac{e_{F\,k \to KB\,i}}{\sum_{k=1}^{p} e_{F\,k \to KB\,i}} \tag{4.5}$$

Die Summe der normierten Einflüsse aller Funktionen auf ein Kundenbedürfnis ergibt demnach stets den Wert eins:

$$\sum_{k=1}^{p} e_{F\,k\rightarrow KB\,i,normiert} = 1 \qquad (4.6)$$

Ziel dieses Teilkapitels ist die Herleitung aller relevanten Kennzahlen zur Ermittlung der Logik des Nutzenkonzeptes einer Innovationsidee. Die detaillierte Beschreibung des Zusammenhangs einzelner Größen steht dabei zur Begrenzung des Umfangs nicht im Fokus der vorliegenden Arbeit. Vor diesem Hintergrund wird in einer ersten Näherung ein konstantes Verhältnis zwischen Erhöhung der relativen Leistungsfähigkeit oder der Einflussstärke der Funktionen und der daraus resultierenden Erhöhung des Erfüllungsgrads unterstellt. Der Erfüllungsgrad steht folglich mit der relativen Leistungsfähigkeit sowie der Einflussstärke der Funktionen in einem proportionalen Zusammenhang und ergibt sich als Summe der Produkte aus relativer Leistungsfähigkeit und Einflussstärke aller Funktionen:

$$EG_{KB,i} = \sum_{k=1}^{p} e_{F\,k\rightarrow KB\,i,normiert} * P_{k,Idee} \qquad (4.7)$$

In Abhängigkeit der Ausprägung der relativen Leistungsfähigkeit der Funktionen kann der Erfüllungsgrad sowohl positive als auch negative Werte annehmen. Sind die Werte positiv, wird das betreffende Kundenbedürfnis von der Innovationsidee zu einem höheren Grad erfüllt als durch bestehende Lösungen. Ist der Erfüllungsgrad hingegen negativ, werden die Bedürfnisse des Kunden zu einem geringeren Grad erfüllt. Eine vereinfachte Darstellung des Zusammenhangs benötigter Eingangsgrößen und Berechnungsmechanismen zur Ermittlung des Erfüllungsgrads der Kundenbedürfnisse ist in Abbildung 4-16 visualisiert.

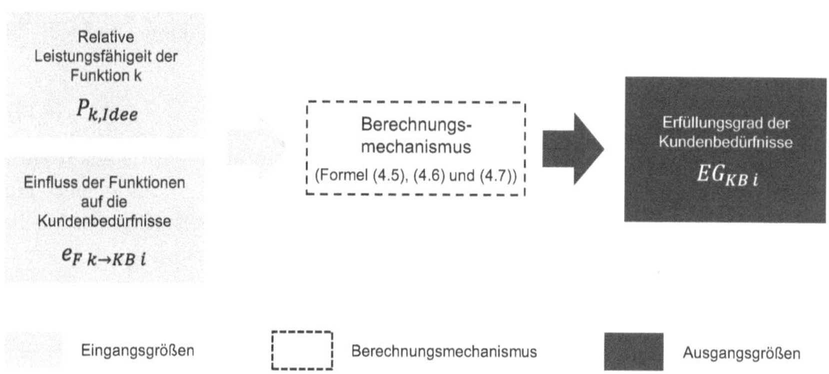

Abbildung 4-16 Ermittlung des Erfüllungsgrads der Kundenbedürfnisse

Ermittlung der Teilnutzen

Der Erfüllungsgrad gibt Aufschluss darüber, wie die Bedürfnisse des Kunden durch die Innovationsidee im Vergleich zum Referenzszenario erfüllt werden (s. Abschnitt 4.3.1.1). Zur Ermittlung der Höhe des aus dieser Bedürfniserfüllung resultierenden Teilnutzens ist über den Erfüllungsgrad hinaus die Wichtigkeit des Kundenbedürfnisses ausschlaggebend (s Abschnitt 4.1.1.2). Um die Wichtigkeit von Kundenbedürfnissen über verschiedene Innovationsideen hinweg vergleichen zu können, werden diese auf den Definitionsbereich zwischen null und eins normiert. Die normierte Wichtigkeit der Kundenbedürfnisse $W_{KB\ i,normiert}$ ergibt sich zu:

$$\boldsymbol{W_{i,normiert}} = \frac{\boldsymbol{W_i}}{\sum_{i=1}^{n} \boldsymbol{W_i}} \qquad \textbf{(4.8)}$$

In Summe ergeben die normierten Wichtigkeiten der Kundenbedürfnisse jeder Innovationsidee somit den Wert eins:

$$\sum_{i=1}^{n} \boldsymbol{W_{i,normiert}} = \boldsymbol{1} \qquad \textbf{(4.9)}$$

Aus den Erläuterungen des Abschnitts 4.3.1.1 geht hervor, dass ein hoher Erfüllungsgrad cet. par. einen höheren Teilnutzen bedingt als ein geringer Erfüllungsgrad. Dieser Zusammenhang besteht ebenso zwischen der Wichtigkeit der Kundenbedürfnisse und Teilnutzen. Vor dem Hintergrund des zuvor beschriebenen Fokus' dieses Teilkapitels wird vereinfacht von einem konstanten Verhältnis zwischen Erfüllungsgrad oder Wichtigkeit der Kundenbedürfnisse und der Höhe der Teilnutzen und somit von einem proportionalen Zusammenhang zwischen den genannten Größen ausgegangen. Den vorangegangenen Ausführungen nach ergibt sich damit der aus der Befriedigung eines Kundenbedürfnisses entstehende Teilnutzen:

$$\boldsymbol{TN_{KB,i}} = \boldsymbol{W_{i,normiert}} * \boldsymbol{EG_{KB,i}} \qquad \textbf{(4.10)}$$

Ebenso wie der Erfüllungsgrad eines Kundenbedürfnisses kann der daraus resultierende Teilnutzen sowohl positive als auch negative Ausprägungen annehmen. Eine vereinfachte Darstellung des Zusammenhangs benötigter Eingangsgrößen und Mechanismen zur Ermittlung der Teilnutzen ist in Abbildung 4-17 visualisiert.

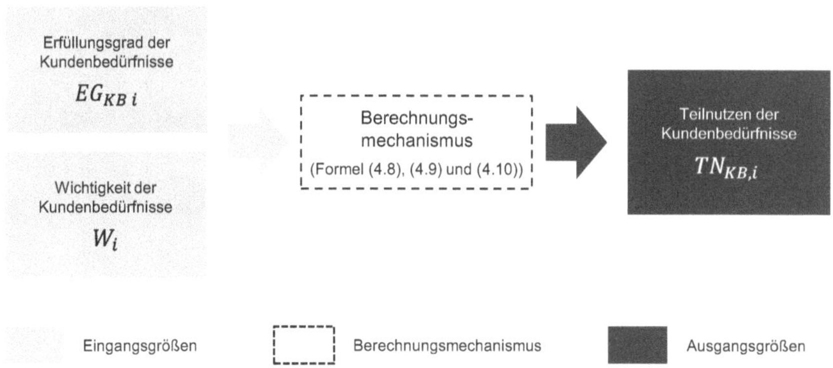

Abbildung 4-17 Ermittlung der Teilnutzen

Ermittlung des Gesamtnutzens

Der Kundennutzen setzt sich additiv aus Teilnutzen zusammen[410]. Dieser Argumentation folgend berechnet sich die Höhe des aus dem Nutzenkonzept einer Innovationsidee resultierenden Kundennutzens als Summe der Teilnutzen:

$$KN_{gesamt} = \sum_{i=1}^{n} TN_{KB,i} \tag{4.11}$$

Der Gesamtnutzen drückt den durch die Innovationsidee generierten Nutzen relativ zu einer am Markt bereits etablierten Lösung aus. Ist der durch die Innovationsidee entstehende Nutzen höher als jener der etablierten Lösung, weist KN_{gesamt} einen positiven Wert auf. Ist der Nutzen der Innovationsidee hingegen geringer als der der Konkurrenzlösung, nimmt KN_{gesamt} einen negativen Wert an. Eine Übersicht des Zusammenhangs benötigter Eingangsgrößen und Mechanismen zur Ermittlung des Gesamtnutzens ist in Abbildung 4-18 dargestellt.

---

[410] Vgl. Meffert et al. (2019), Marketing, S. 396

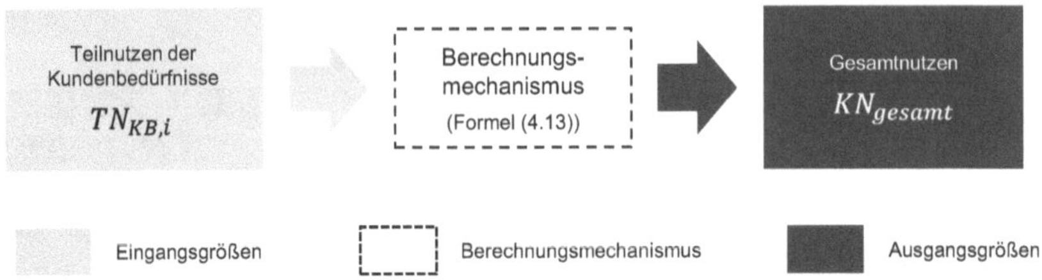

Abbildung 4-18 Ermittlung des Gesamtnutzens

4.3.2 Herleitung möglicher Logikgrade

Im vorangegangenen Teilkapitel wurden relevante Kennzahlen und zugehörige Berechnungsmechanismen hergeleitet, um einen Zusammenhang zwischen den Elementen des Nutzenkonzeptes sowie dem resultierenden Kundennutzen herstellen zu können. Das folgende Teilkapitel hat die Herleitung möglicher Logikgrade in Abhängigkeit der Ausprägung der relevanten Kennzahlen zum Ziel. Ein Nutzenkonzept stellt lediglich einen Entwurf zur Erzeugung von Kundennutzen dar (s. Teilkapitel 2.2.2). Die Herleitung der Logikgrade erfolgt daher bezogen auf den entstehenden Kundennutzen, welcher im Fall der Umsetzung des Nutzenkonzeptes in Form von einem marktfähigen Produkt zu erwarten ist.

Herleitung möglicher Logikgrade in der kreativ-divergenten Phase

Wie bereits in Teilkapitel 4.3.1 erläutert, erfolgt die Beurteilung der Höhe der relevanten Kennzahlen vor dem Hintergrund des resultierenden Kundennutzens. In der kreativ-divergenten Phase bringen der Realisierbarkeitsindikator bzw. Erfüllbarkeitsindikator die Erfüllung der Voraussetzung zur Generierung eines Kundennutzens zum Ausdruck (s. Abschnitt 4.3.1.1). Damit aus der Zusammenführung einer Lösungs- und einer Problemidee eine Innovationsidee mit einem logischen Nutzenkonzept entsteht, müssen die Funktionen einer Lösungsidee durch geeignete Baugruppen realisiert werden. Zur Realisierung einer Funktion muss folglich mindestens eine Baugruppe zur Verfügung stehen. In diesem Fall weist der Realisierbarkeitsindikator einen Wert größer als null auf. Steht hingegen keine Baugruppe zur Realisierung der Funktion zur Verfügung, ergibt sich für RI_k der Wert null.

Weisen also insgesamt die Realisierbarkeitsindikatoren aller Funktionen einen Wert größer als null auf, kann jede Funktion realisiert werden. In diesem Fall erfüllt die Lösungsidee die Voraussetzungen, welche zur Erzeugung eines Kundennutzens nötig sind und wird als logisch beurteilt. Weist hingegen keiner der Realisierbarkeitsindikatoren einen Wert größer als null auf, so wird keine der Funktionen der Lösungsidee realisiert. In diesem Fall wird die Lösungsidee als unlogisch beurteilt. Weisen einzelne Realisierbarkeitsindikatoren einen Wert von null auf, werden einzelne Funktionen nicht durch entsprechende Baugruppen umgesetzt. Vor dem Hintergrund des frühen Zeitpunktes im Ideenentwicklungsprozess können geeignete Baugruppen zur Umsetzung dieser Funktionen noch immer zu einem späteren Zeitpunkt identifiziert werden. Die Wahrscheinlichkeit der Weiterentwicklung der Idee zu einer Innovation, welche einen Nutzen für den Kunden erzeugt, ist jedoch eingeschränkt. Die Lösungsidee wird in diesem Fall lediglich als eingeschränkt logisch bewertet.

Voraussetzung der Weiterentwicklung zu einer nutzenstiftenden Innovation ist im Fall des Vorliegens einer Problemidee die Erfüllbarkeit der Kundenbedürfnisse durch geeignete Funktionen (s. Abschnitt 4.3.1.1). Zur Erfüllung eines Kundenbedürfnisses muss mindestens eine Funktion zur Verfügung stehen. In diesem Fall weist der Erfüllbarkeitsindikator einen Wert größer als null auf. Steht hingegen keine Funktion zur Erfüllung des Kundenbedürfnisses zur Verfügung, ergibt sich für EI_i der Wert null.

Die möglichen Ergebnisszenarien sowie die daraus resultierenden Logikbeurteilungen lassen sich analog zu denen der Lösungsidee herleiten. Weisen also die Erfüllbarkeitsindikatoren aller Kundenbedürfnisse einen Wert größer als null auf, wird die Problemidee als logisch beurteilt. Weisen ein oder mehrere Realisierbarkeitsindikatoren einen Wert kleiner als null auf, so wird die Innovationsidee als eingeschränkt logisch beurteilt. Ergibt sich der Wert aller Erfüllbarkeitsindikatoren zu null, liegt eine unlogische Problemidee vor. Eine grafische Darstellung der drei erläuterten Ergebnisszenarien sowie der resultierenden Logikgrade ist sowohl für Problem- als auch für Lösungsidee Abbildung 4-19 zu entnehmen. Eine Lösungsidee besteht aus mehreren Baugruppen und Funktionen, eine Problemidee aus mehreren Funktionen und Kundenbedürfnissen. Vor diesem Hintergrund sind jeweils mehrere exemplarische Ausprägungen des Realisierbarkeitsindikators (im Fall einer Lösungsidee) sowie des Erfüllbarkeitsindikators (im Fall einer Problemidee) angedeutet.

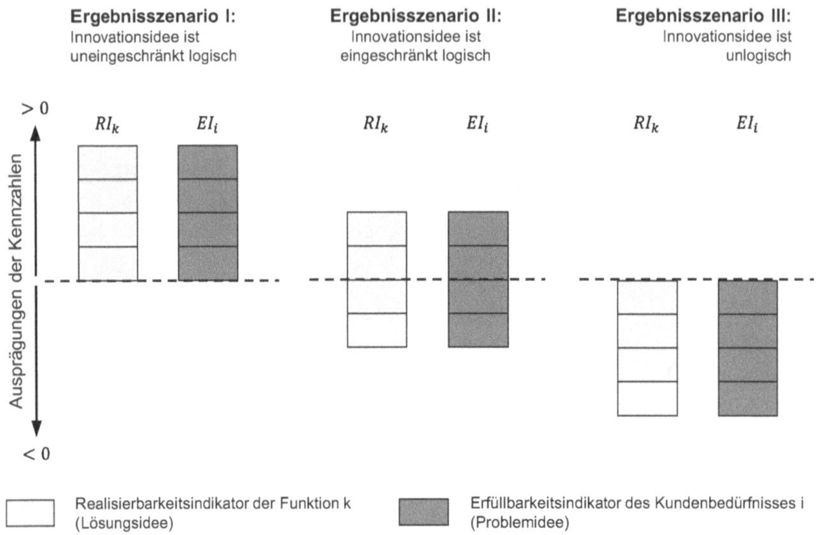

Abbildung 4-19 Mögliche Ergebnisszenarien und resultierende Logikgrade in der kreativ-divergenten Phase

Herleitung möglicher Logikgrade in der kreativ-konvergenten und der Konzeptphase

Wie in Abschnitt 4.3.1.1 hergeleitet, lässt sich der aus einem Nutzenkonzept resultierende Kundennutzen in der kreativ-konvergenten und der Konzeptphase anhand der Kennzahlen „Relative Leistungsfähigkeit“, „Erfüllungsgrad“, „Teilnutzen“ und „Gesamtnutzen“ beurteilen. Sind alle Funktionen der Innovationsidee leistungsfähiger als die Funktionen des Referenzszenarios, resultieren daraus ausschließlich positive Erfüllungsgrade, positive Teilnutzen und folglich ein positiver Gesamtnutzen. Die Veränderung der Ausprägungen einzelner Elemente des Nutzenkonzeptes hat in diesem Fall eine geringe Auswirkung auf den resultierenden Gesamtnutzen. Resultiert beispielsweise aus der erhöhten Leistungsfähigkeit einer Funktion des Referenzszenarios (bspw. durch den Einsatz einer neuen Technologie induziert) ein negativer Erfüllungsgrad eines Kundenbedürfnisses, so wird dieser durch die positiven Erfüllungsgrade der übrigen Kundenbedürfnisse ausgeglichen. Weist also das Nutzenkonzept ausschließlich positive relevante Kennzahlen auf, so ist im Fall der Umsetzung dieses Nutzenkonzeptes in Form eines marktfähigen Produktes ein positiver Kundennutzen zu erwarten. Die Innovationsidee wird daher in diesem Fall als uneingeschränkt logisch beurteilt.

Weisen alle Kundenbedürfnisse einen Erfüllungsgrad größer als null auf, so resultieren daraus ausschließlich positive Teilnutzen und in der Folge ein positiver Gesamtnutzen. Trotz ausschließlich positiver Erfüllungsgrade kann die relative Leistungsfähigkeit einzelner Funktionen geringer als null sein. In diesem Fall führt eine mögliche Veränderung der Elementausprägungen des Nutzenkonzeptes zu einem größeren Einfluss auf den resultierenden Gesamtnutzen als im zuvor beschriebenen Ergebnisszenario. Dementsprechend fällt der Erwartungswert des Kundennutzens für den Fall der Umsetzung des Nutzenkonzeptes geringer aus. Die Innovationsidee wird daher in diesem Fall als eingeschränkt logisch (Logikeinschränkung 2. Grades) beurteilt.

Weist neben der relativen Leistungsfähigkeit bestimmter Funktionen auch der Erfüllungsgrad bestimmter Kundenbedürfnisse einen Wert kleiner als null auf, so kann das Nutzenkonzept noch immer einen positiven Gesamtnutzen aufweisen. In diesem Fall kann beispielsweise die Untererfüllung unwichtiger Kundenbedürfnisse bewusst durch die Übererfüllung wichtiger Kundenbedürfnisse kompensiert werden. Intern oder extern induzierte Veränderungen der Elementausprägungen des Nutzenkonzeptes haben allerdings in diesem Fall einen hohen Einfluss auf den resultierenden Kundennutzen. Der Erwartungswert des entstehenden Kundennutzens für den Fall der Weiterentwicklung des Nutzenkonzeptes zu einer marktfähigen Lösung ist folglich im Vergleich zum vorangegangenen Ergebnisszenario weiter eingeschränkt. Es liegt daher in diesem Fall eine Logikeinschränkung 1. Grades vor.

Führen die Elementausprägungen des Nutzenkonzeptes zu einem Gesamtnutzen kleiner als null, so entsteht im Fall der Umsetzung der Innovationsidee ein Produkt, welches einen geringeren Kundennutzen erzeugt als eine bereits am Markt existierende Lösung (s. Abschnitt 4.3.1.4). Dieses Produkt würde folglich am Markt nicht nachgefragt werden (s. Teilkapitel 2.2.2). Die Ausprägungen der Elemente des Nutzenkonzeptes spielen in diesem Fall nicht harmonisch zusammen und die Innovationsidee wird daher als unlogisch beurteilt.

Eine Übersicht der vier beschriebenen Ergebnisszenarien der Logikbestimmung ist in Abhängigkeit der relevanten Kennzahlen in Abbildung 4-20 dargestellt. Hinsichtlich der Ausprägung der Kennzahlen wird lediglich zwischen positiven und negativen Werten unterschieden. Ein Nutzenkonzept besteht u. a. aus mehreren Funktionen und Kundenbedürfnissen. Dementsprechend sind jeweils mehrere exemplarische Ausprägungen der relativen Leistungsfähigkeit sowie des Erfüllungsgrads angedeutet. Hinsichtlich des resultierenden Gesamtnutzens existiert in jedem Nutzenkonzept hingegen lediglich eine einzige Ausprägung. Weisen alle relevanten Kennzahlen Werte größer als null auf, so ist den vorangegangenen Ausführungen nach die Innovationsidee als uneingeschränkt logisch zu beurteilen (Ergebnisszenario I). Ist die relative Leistungsfähigkeit mindestens einer Funktion geringer als null, die Ausprägungen aller weiteren Kennzahlen hingegen größer als null, liegt eine Logikeinschränkung 2. Grades vor (Ergebnisszenario II). Ist die relative Leistungsfähigkeit mindestens einer Funktion und der Erfüllungsgrad mindestens eines Kundenbedürfnisses geringer als null, der Gesamtnutzen jedoch größer als null, liegt eine Logikeinschränkung 1. Grades vor (Ergebnisszenario III). Im Fall eines negativen Gesamtnutzens wird die Innovationsidee als unlogisch bewertet (Ergebnisszenario IV).

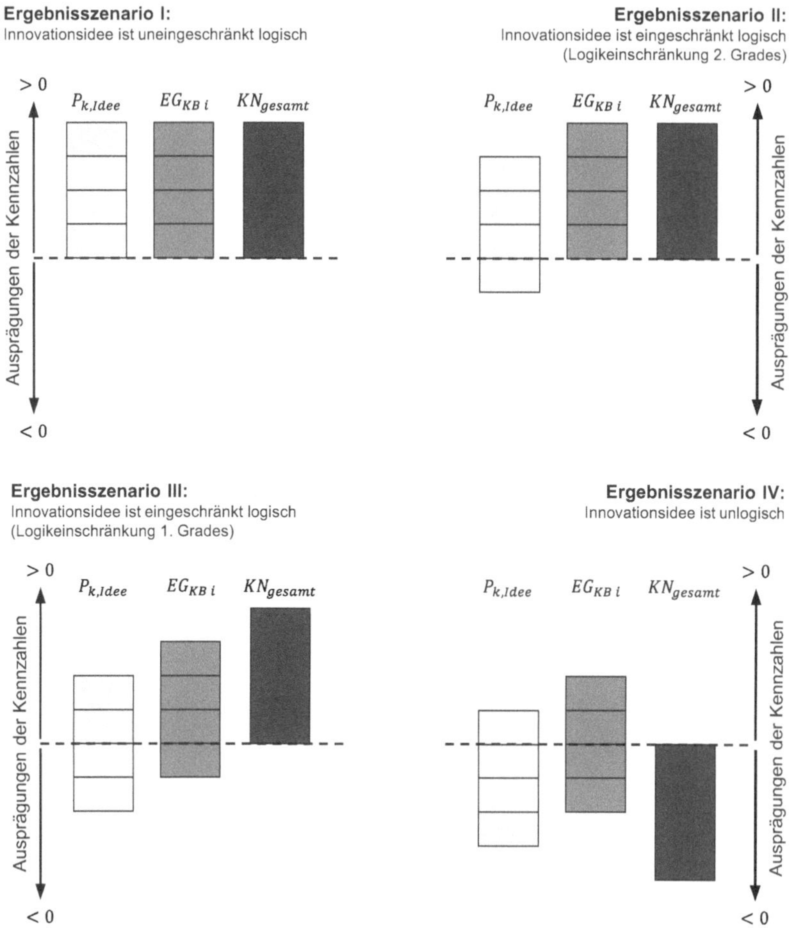

Abbildung 4-20 Mögliche Ergebnisszenarien und resultierende Logikgrade in der kreativ-konvergenten und der Konzeptphase

4.3.3 Zwischenfazit: Mechanismen zur Logikbestimmung

Das Ziel dieses Unterkapitels bestand in der Ermittlung geeigneter Mechanismen zur Bestimmung der Logik von Innovationsideen für technische Systeme. Zur Erreichung dieses Ziels erfolgte zunächst die Herleitung des aus einem Nutzenkonzept entstehenden Kundennutzens. Diese umfasste sowohl die Identifikation relevanter Kennzahlen zur Ermittlung des Kundennutzens als auch die Herleitung geeigneter Mechanismen zur Berechnung dieser Kennzahlen (s. Teilkapitel 4.3.1). In Abhängigkeit möglicher Ausprägungen der relevanten Kennzahlen erfolgte anschließend die Beurteilung der Logik von Innovationsideen für technische Systeme (s. Teilkapitel 4.3.2).

Unter Berücksichtigung des Fokus‘ der vorliegenden Arbeit sowie des entstehenden Anwendungsaufwands wurden bei der Herleitung der Mechanismen zur Berechnung der relevanten Kennzahlen vereinfachte Annahmen hinsichtlich des Zusammenhangs der unterschiedlichen Elemente des Nutzenkonzeptes getroffen. Diese vereinfachten Annahmen können insbesondere im Fall besonders geringer oder hoher Ausprägungen der Elemente zu verzerrten Ergebnissen führen und bieten damit Potenzial für weitergehende Forschungsarbeiten. Gleichzeitig ermöglichten diese vereinfachten Annahmen und die damit einhergehende Komplexitätsreduktion eine ganzheitliche, quantitative Ermittlung der Höhe des Kundennutzens, welcher aus dem Nutzenkonzept von Innovationsideen für technische Systeme entsteht. Sowohl die Herleitung der relevanten Kennzahlen als auch der zugehörigen Berechnungsmechanismen erfolgte unter Berücksichtigung des Wettbewerbs sowie des Reifegrades der Innovationsidee. Damit tragen die Ergebnisse dieses Unterkapitels maßgeblich zur Erfüllung der in Teilkapitel 3.1.2 definierten inhaltlichen Anforderungen bei. Vor diesem Hintergrund hat dieses Unterkapitel einen erheblichen Anteil an der Innovationshöhe der vorliegenden Arbeit und stellt damit ihren Kern dar.

4.4 Vorgehensweise zur Logikbestimmung

Ziel des folgenden Unterkapitels ist die Erarbeitung einer Vorgehensweise zur Bestimmung der Logik von Innovationsideen für technische Systeme. Vor dem Hintergrund der Anforderung praktischer Anwendbarkeit (s. Teilkapitel 3.1.2) werden die zuvor erarbeiteten Modelle dafür zu einer durch den Nutzer anwendbaren Methodik verknüpft.

Zur Ermittlung der Logik einer Innovationsidee werden Informationen einer bestimmten Art und Qualität benötigt (s. Unterkapitel 4.3). In Teilkapitel 4.4.1 wird daher zunächst ein Vorgehen zur Erarbeitung aller benötigten Informationen durch den Anwender hergeleitet. Die Logikbestimmung erfolgt anhand der in Teilkapitel 4.3.1 hergeleiteten Kennzahlen. Das zweite Teilkapitel hat daher die Erarbeitung der notwendigen Anwendungsschritte zur Ermittlung der Höhe dieser Kennzahlen zum Ziel (s. Teilkapitel 4.4.2). Schließlich werden die aus Sicht des Anwenders notwendigen Maßnahmen zur Bestimmung der Logik von Innovationsideen für technische Systeme erarbeitet (s. Teilkapitel 4.4.3). Das Unterkapitel schließt mit einem Zwischenfazit (s. Teilkapitel 4.4.4).

4.4.1 Erarbeitung benötigter Informationen

Ziel des folgenden Teilkapitels ist die Entwicklung eines Vorgehens zur Erarbeitung der notwendigen Informationen für die Logikbestimmung. Dazu werden zunächst geeignete Maßnahmen und Werkzeuge zur Aufnahme derjenigen Informationen erarbeitet, welche zum Zeitpunkt der Logikbestimmung hinsichtlich der Innovationsidee vorhanden sind (s. Abschnitt 4.4.1.1). Die Logikbestimmung erfolgt in Abhängigkeit des Reifegrades der Innovationsidee (s. Abschnitt 4.1.2.2). Im zweiten Abschnitt wird daher ein Vorgehen zur Einordnung der Innovationsidee in die richtige repräsentative Entwicklungshase hergeleitet (s. Abschnitt 4.4.1.2). Anschließend werden die notwendigen Maßnahmen zur Ermittlung der Informationen zusammengestellt, welche innerhalb der jeweiligen Entwicklungsphasen zur Logikbestimmung benötigt werden (s. Abschnitt 4.4.1.3). Auf der Grundlage des Abgleichs verfügbarer und benötigter Informationen werden schließlich die notwendigen Schritte zur Ermittlung und Erarbeitung fehlender Informationen für den Anwender der Methodik erarbeitet (s. Abschnitt 4.4.1.4 und 4.4.1.5).

4.4.1.1 Aufnahme verfügbarer Informationen

Den Ausgangspunkt der Logikbestimmung bildet die Bereitstellung aller verfügbaren Informationen durch den Anwender der Methodik (s. Unterkapitel 3.3). Dies umfasst sowohl Informationen hinsichtlich der Innovationsidee als auch hinsichtlich des zugehörigen Referenzszenarios (s. Teilkapitel 4.1.1). Geeignete Merkmalsausprägungen wurden für alle repräsentativen Entwicklungsphasen bereits in Abschnitt 4.1.2.3 definiert.

Um die Methodik möglichst anwenderfreundlich zu gestalten, wird dem Nutzer zur Aufnahme hinsichtlich der Innovationsidee sowie des Referenzszenarios verfügbarer Informationen eine standardisierte Eingabemaske zur Verfügung gestellt. Diese enthält alle identifizierten Merkmale (s. Abschnitt 4.1.1.2) sowie möglichen Ausprägungen der Merkmale (s. Abschnitt 4.1.2.3) des Nutzenkonzeptes. Ein Auszug der Eingabemaske ist in Abbildung 4-21 zu finden. Die möglichen Merkmalsausprägungen sind jeweils unterhalb der Merkmale dargestellt. Da der Anwender für jedes Merkmal lediglich eine Ausprägung angeben kann, sind die möglichen Merkmalsausprägungen jeweils durch ein „oder“ getrennt. Die vollständige Eingabemaske ist im Anhang C.1 einsehbar.

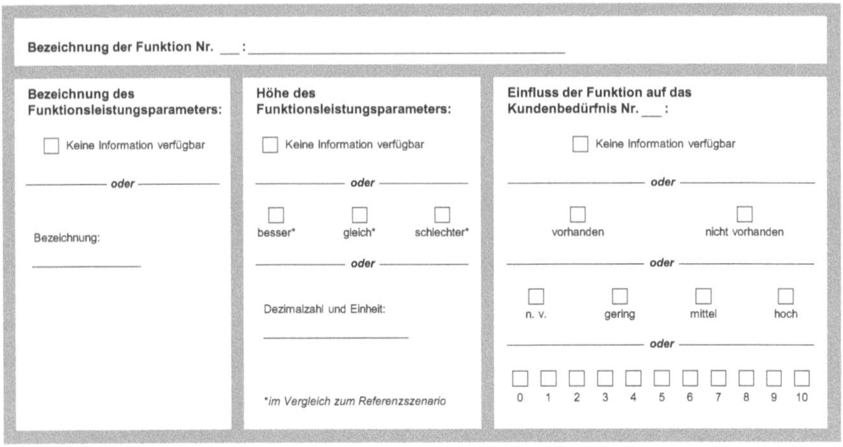

Abbildung 4-21 Auszug der Eingabemaske zur Informationserfassung

4.4.1.2 Bestimmung der repräsentativen Entwicklungsphase

Anhand der vom Anwender spezifizierten Merkmalsausprägungen lässt sich auf die repräsentative Phase schließen, in welcher sich die Innovationsidee zum Betrachtungszeitpunkt befindet. So ist z. B. die Ausprägung „hoch" des Merkmals „Einfluss der Funktion k auf Kundenbedürfnis i" der kreativ-konvergenten Phase zuzuordnen (s. Tabelle 4-9). Die Ausprägung „7" ist hingegen Teil der möglichen Merkmalsausprägungen der Konzeptphase (s. Tabelle 4-10). In der Realität kann sich die Qualität verfügbarer Informationen von Merkmal zu Merkmal unterscheiden. Das Auftreten von Merkmalsausprägungen unterschiedlicher repräsentativer Phasen ist die Folge. So können beispielsweise gleichzeitig Merkmalsausprägungen der kreativ-konvergenten Phase als auch der Konzeptphase vorliegen. Die Qualität der Merkmalsausprägungen nimmt dabei von der kreativ-divergenten zur Konzeptphase hin zu (s. Abschnitt 4.1.2.2). Einige Merkmalsausprägungen sind einer bestimmten repräsentativen Phase nicht eindeutig zuordenbar. So wird das Merkmal „Bezeichnung des Funktionsleistungsparameters i der Funktion k" sowohl in der kreativ-konvergenten als auch der Konzeptphase in Form von Wörtern spezifiziert (s. Abschnitt 4.1.2.3). Um einen Informationsverlust zu vermeiden, wird die Merkmalsausprägung in diesem Fall der fortgeschrittensten Entwicklungsphase zugerechnet, zu welcher Ausprägungen anderer Merkmale vorliegen. In Abbildung 4-22 ist die Zuordnung der vom Anwender spezifizierten Merkmalsausprägungen zu den repräsentativen Entwicklungsphasen beispielhaft am Auszug der Eingabemaske aus Abbildung 4-21 dargestellt. Eine Übersicht der Zuordnung aller möglichen Merkmalsausprägungen zu den repräsentativen Phasen des Ideenentwicklungsprozesses findet sich im Anhang D.

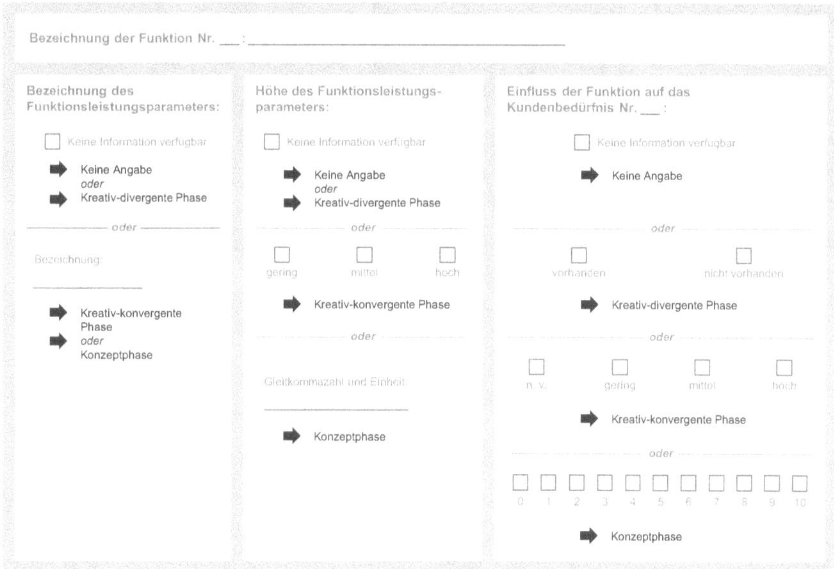

Abbildung 4-22 Auszug der Zuordnung der Merkmalsausprägungen zu den repräsentativen Entwicklungsphasen

Da sich die Mechanismen zur Logikbestimmung für die verschiedenen repräsentativen Entwicklungsphasen unterscheiden, muss die Innovationsidee einer bestimmten repräsentativen Entwicklungsphase zugeordnet werden. Insbesondere für den Fall gleichzeitig auftretender Merkmalsausprägungen unterschiedlicher repräsentativer Entwicklungsphasen ist eine passende Zuordnung zu ermitteln. Zu diesem Zweck sind in Abbildung 4-23 alle theoretischen Kombinationen von Merkmalsausprägungen unterschiedlicher repräsentativer Entwicklungsphasen dargestellt. Für jede dieser Kombinationen wird nachfolgend die resultierende repräsentative Entwicklungsphase der Innovationsidee bestimmt.

Nummerierung	Merkmalsausprägungen: Keine Angabe	Merkmalsausprägungen der kreativ-divergenten Phase	Merkmalsausprägungen der kreativ-konvergenten Phase	Merkmalsausprägungen der Konzeptphase	Resultierende Entwicklungsphase
1	x				Kreativ-divergente Phase
2	x	x			Kreativ-divergente Phase
3	x	x	x		Kreativ-divergente Phase
4	x	x	x	x	Kreativ-divergente Phase
5	x		x		Kreativ-divergente Phase
6	x		x	x	Kreativ-divergente Phase
7	x	x		x	Kreativ-divergente Phase
8	x			x	Kreativ-divergente Phase
9		x			Kreativ-divergente Phase
10		x	x		Kreativ-konvergente Phase
11		x		x	Kreativ-konvergente Phase
12		x	x	x	Kreativ-konvergente Phase
13			x		Kreativ-konvergente Phase
14			x	x	Konzeptphase
15				x	Konzeptphase

Abbildung 4-23 Zuordnung der Innovationsideen zu repräsentativen Entwicklungsphasen auf Basis verfügbarer Informationen

- Kombination 1: Es liegen Informationen zu keinem Merkmal vor. Folglich befindet sich die Innovationsidee in ihrem frühesten Stadium und wird der kreativ-divergenten Phase zugeordnet.[411]

- Kombinationen 2 bis 8: Sind zu mindestens einem Merkmal keinerlei Informationen verfügbar, spricht dies für eine Innovationsidee in einem sehr frühen Stadium des Ideenprozesses. Liegen Kombinationen der Merkmalsausprägungen 2 bis 8 vor, wird die Innovationsidee daher der kreativ-divergenten Phase zugeordnet.

- Kombination 9: Es liegen ausschließlich Merkmalsausprägungen der kreativ-divergenten Phase vor. Die Innovationsidee wird folglich auch der kreativ-divergenten Phase zugeordnet.

- Kombination 10: Es liegen sowohl Merkmalsausprägungen der kreativ-divergenten als auch der kreativ-konvergenten Phase vor. Eine Zuordnung der Innovationsidee zur kreativ-divergenten Phase würde die Vernachlässigung vorhandener Informationen bei der späteren Logikbestimmung bedeuten. Vor diesem Hintergrund wird die Innovationsidee im Falle des gleichzeitigen Vorliegens von Merkmalsausprägungen der kreativ-divergenten und kreativ-konvergenten Phase der kreativ-konvergenten Phase zugeordnet.

- Kombination 11: Es liegen sowohl Merkmalsausprägungen der kreativ-divergenten als auch der Konzeptphase vor. Die Innovationsidee ist folglich zwischen beiden Phasen und somit in die kreativ-konvergente Phase einzuordnen.

- Kombination 12: Liegen sowohl Merkmalsausprägungen der kreativ-divergenten, der kreativ-konvergenten sowie der Konzeptphase vor, wird die Innovationsidee der kreativ-konvergenten Phase zugeordnet (s. Kombination 11).

- Kombination 13: Liegen ausschließlich Merkmalsausprägungen der kreativ-konvergenten Phase vor, wird die Innovationsidee auch der kreativ-konvergenten Phase zugeordnet.

[411] Liegt eine Innovationsidee vor, sind zwangsläufig auch Informationen einer bestimmten Art und Qualität verfügbar. Der Fall keinerlei verfügbarer Informationen ist daher konstruiert und lediglich der Vollständigkeit halber an dieser Stelle aufgeführt.

- Kombination 14: Im Falle des gleichzeitigen Vorliegens von Merkmalsausprägungen der kreativ-konvergenten sowie der Konzeptphase, wird die Innovationsidee der Konzeptphase zugeordnet (s. Kombination 10).
- Kombination 15: Ausschließliche Merkmalsausprägungen der Konzeptphase führen zu einer Zuordnung der Innovationsidee zur Konzeptphase.

Im Sinne der Verständlichkeit ist die Einordnung der Innovationsidee in die passende repräsentative Entwicklungsphase nachfolgend anhand eines Beispiels dargestellt. Abbildung 4-24 zeigt den exemplarischen Auszug einer Eingabemaske. Die vom Anwender spezifizierten Merkmalsausprägungen lassen sich anhand von Abbildung 4-22 des Anhanges D den entsprechenden repräsentativen Entwicklungsphasen zuordnen. Daraus geht hervor, dass sowohl Ausprägungen der kreativ-konvergenten Phase als auch der Konzeptphase in dem dargestellten Beispiel vorliegen. Diese Kombination von Merkmalsausprägungen entspricht der in Abbildung 4-23 dargestellten Kombination 14. Die Innovationsidee wäre folglich in diesem Fall der Konzeptphase zuzuordnen[412].

[412] An dieser Stelle wird unterstellt, dass auch der nicht dargestellte Teil der Eingabemaske lediglich Ausprägungen der kreativ-konvergenten oder der Konzeptphase enthält.

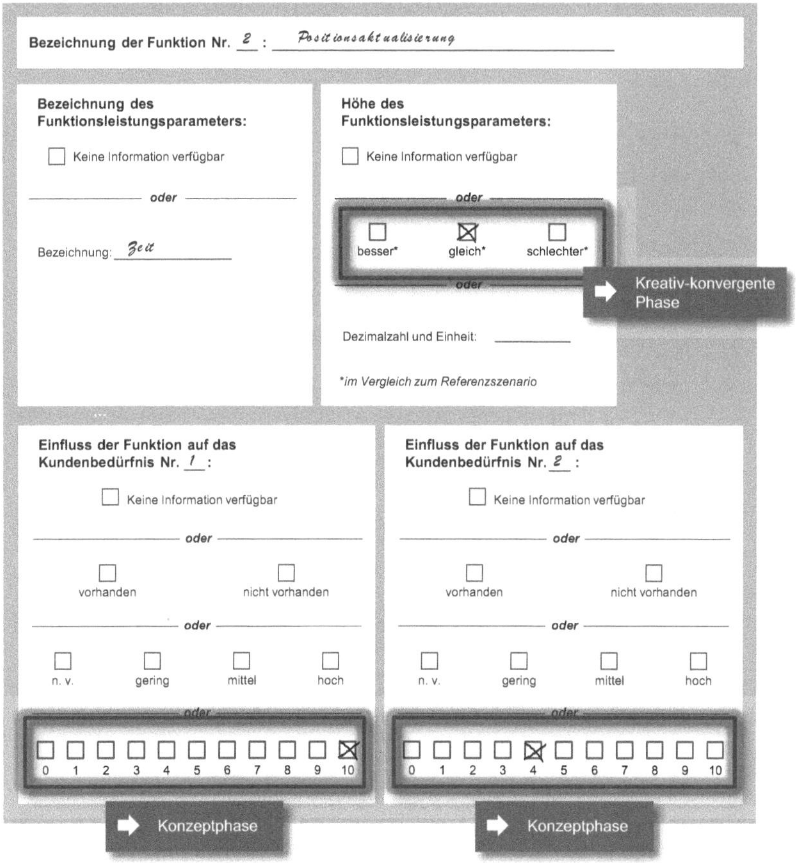

Abbildung 4-24 Exemplarische Zuordnung spezifizierter Merkmalsausprägungen zu den repräsentativen Entwicklungsphasen

4.4.1.3 Ermittlung benötigter Informationen

Zur Logikbestimmung innerhalb der ermittelten Entwicklungsphase müssen alle Merkmalsausprägungen in der benötigten Qualität vorliegen. Die innerhalb der Entwicklungsphasen benötigten Merkmalsausprägungen wurden in Abschnitt 4.1.2.3 hergeleitet. Zur Erfüllung der Anforderung praktischer Anwendbarkeit wurden diese Merkmalsausprägungen in einer Übersicht für den Anwender zusammengefasst. Beispielhaft sind die benötigten Merkmalsausprägungen zur Logikbestimmung in der

Konzeptphase in Abbildung 4-25 dargestellt. Eine Übersicht der benötigten Merkmalsausprägungen aller repräsentativen Entwicklungsphasen ist dem Anhang zu entnehmen (s. Anhang E).

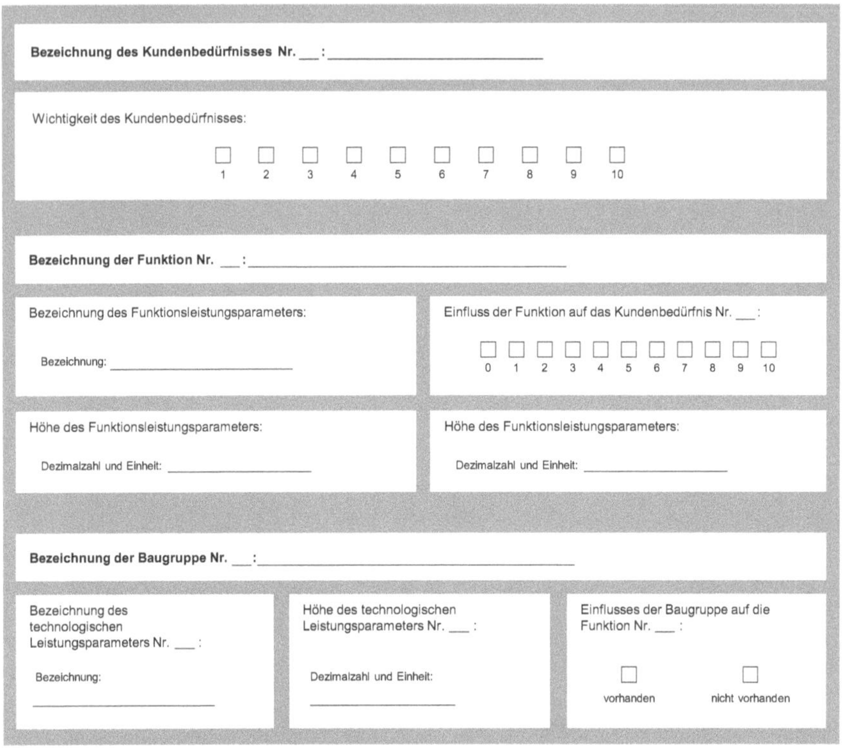

Abbildung 4-25 Benötigte Merkmalsausprägungen in der Konzeptphase

4.4.1.4 Ermittlung fehlender Informationen

Durch einen Vergleich der durch den Anwender spezifizierten Merkmalsausprägungen mit den innerhalb der repräsentativen Entwicklungsphasen benötigten Merkmalsausprägungen lässt sich auf Informationen schließen, welche zur Logikbestimmung noch fehlen. Liegen die Merkmalsausprägungen in einer höheren Qualität als gefordert vor (z. B. Merkmalsausprägungen der Konzeptphase, obwohl lediglich Merkmalsausprägungen der kreativ-konvergenten Phase zur Logikbestimmung benötigt werden), so kann von den Merkmalsausprägungen höherer Qualität auf die geforderten Merkmalsausprägungen geschlossen werden. Liegen die Merkmalsausprägungen hingegen in einer niedrigeren Qualität als gefordert vor, sind die Merkmale also unterspezifiziert, müssen zusätzliche Informationen generiert werden, um eine Spezifizierung der Merkmale in den für die Logikbestimmung notwendigen Merkmalsausprägungen sicherstellen zu können. So ist beispielsweise die in Abbildung 4-24 auszugsweise dargestellte Innovationsidee der Konzeptphase zuzuordnen (s. o.). Die Merkmalsausprägungen, welche zur Ermittlung der Logik einer Innovationsidee innerhalb der Konzeptphase benötigt werden, sind in Abbildung 4-25 dargestellt. Vergleicht man die vorhandenen Merkmalsausprägungen der in Abbildung 4-24 dargestellten Eingabemaske mit den benötigten Merkmalsausprägungen (s. Abbildung 4-25) wird deutlich, dass die Höhe des Funktionsleistungsparameters nicht in der geforderten Qualität vorliegt. Zur Spezifizierung der Höhe des Funktionsleistungsparameters in der geforderten Qualität werden folglich zusätzliche Informationen benötigt.

4.4.1.5 Erarbeitung fehlender Informationen

Im vorangegangenen Abschnitt wurde das Vorgehen zur Identifikation derjenigen Merkmale hergeleitet, deren Ausprägungen nicht in der gewünschten Qualität vorliegen. Um die Merkmale in der benötigten Qualität spezifizieren zu können, müssen zusätzliche Informationen hinsichtlich der Merkmale generiert werden. Die geeigneten Innovationswerkzeuge zur Generierung benötigter Informationen wurden bereits in Teilkapitel 4.2.3 hergeleitet. Auf der Grundlage dieser Ergebnisse werden dem Anwender nachfolgend geeignete Innovationswerkzeuge zur Unterstützung der Merkmalsspezifizierung zur Verfügung gestellt. Zur Visualisierung dieses Vorgehens wird das in Abbildung 4-24 eingeführte Beispiel aufgegriffen. Die Höhe des Funktionsleistungsparameters der Innovationsidee ist in einer Ausprägungsmöglichkeit der kreativ-konvergenten Phase angegeben. Die Innovationsidee ist allerdings in die Konzeptphase eingeordnet worden (s. Abschnitt 4.4.1.2). Die Höhe des Funktionsleistungsparameters muss daher in den Ausprägungsmöglichkeiten der Konzeptphase spezifiziert werden. Zur Erzeugung dieser fehlenden Informationen ist priorisiert das Innovationswerkzeug „Prinzipkatalog nach KOLLER“ zu verwenden (s. Abschnitt 4.2.3.2). Der erläuterte Zusammenhang ist anhand von Auszügen der exemplarischen Eingabemaske aus Abbildung 4-24 sowie den Bewertungsergebnissen der Innovationswerkzeuge in der Konzeptphase (s. Abbildung 4-13) in Abbildung 4-26 dargestellt.

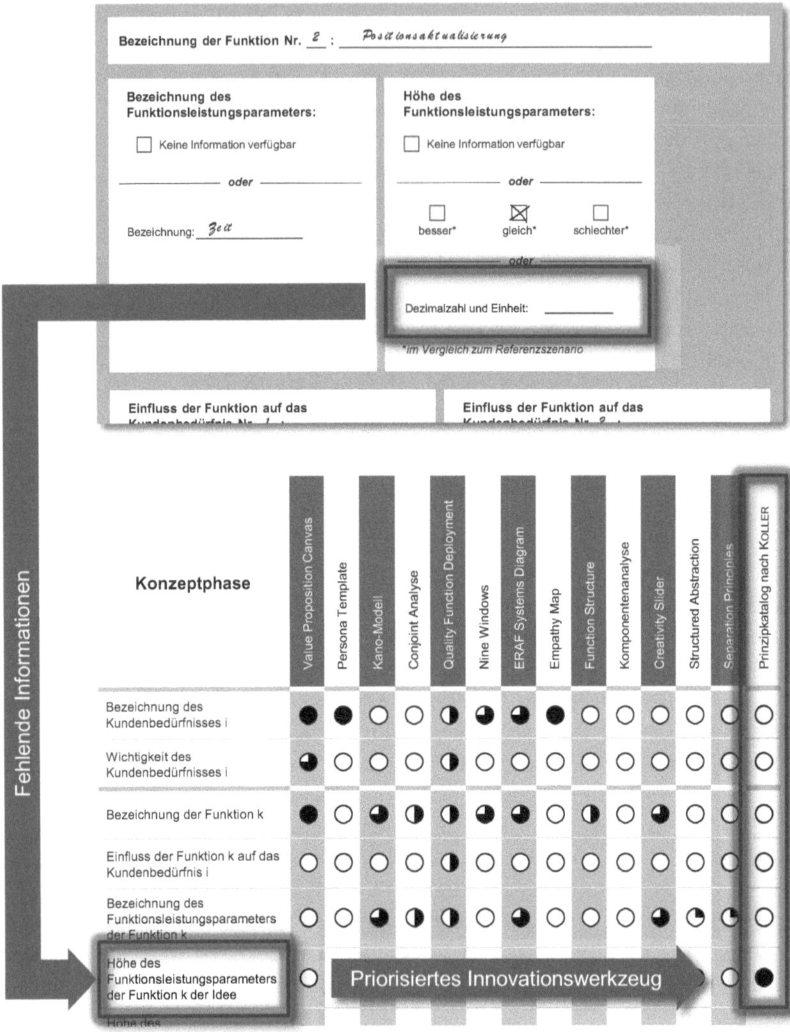

Abbildung 4-26 **Auswahl geeigneter Innovationswerkzeuge zur Unterstützung der Merkmalsspezifizierung**

4.4.2 Ermittlung der relevanten Kennzahlen

Ergebnis des vorangegangenen Teilkapitels ist ein Vorgehen zur Bereitstellung aller für die Logikbestimmung benötigten Informationen durch den Anwender. Ziel des folgenden Teilkapitels ist die Herleitung eines Vorgehens zur Ermittlung der Höhe aller relevanten Kennzahlen der Logikbestimmung auf Basis der erarbeiteten Informationsgrundlage. Vor dem Hintergrund der quantitativen Ermittlung der relevanten Kennzahlen gilt es insbesondere, dem Anwender ein Verfahren zur Überführung der vorliegenden Merkmalsausprägungen in geeignete numerische Werte zur Verfügung zu stellen. Da sich sowohl die relevanten Kennzahlen als auch die Qualität der Eingangsinformationen innerhalb der verschiedenen repräsentativen Entwicklungsphasen unterscheiden, wird für jede repräsentative Entwicklungsphase ein separates Vorgehen zur Ermittlung der relevanten Kennzahlen erarbeitet (s. Abschnitt 4.4.2.1, Abschnitt 4.4.2.2 und Abschnitt 4.4.2.3).

4.4.2.1 Ermittlung der relevanten Kennzahlen in der kreativ-divergenten Phase

Wie bereits in Abschnitt 2.1.4.2 erläutert, liegt in der kreativ-divergenten Phase entweder eine Problem- oder eine Lösungsidee vor. Im Fall einer Lösungsidee gilt es den Realisierbarkeitsindikator der Funktionen RI_k zu ermitteln (s. Abschnitt 4.3.1.3). Als Eingangsinformation zur Beurteilung der Realisierbarkeit einer Funktion werden die Ausprägungen des Merkmals „Einfluss der Baugruppe j auf Funktion k" benötigt. Als mögliche Merkmalsausprägungen stehen in der kreativ-divergenten Phase „vorhanden" und „nicht vorhanden" zur Verfügung (s. Tabelle 4-8). Zur quantitativen Einschätzung der Realisierbarkeit einer Funktion werden diesen Ausprägungsmöglichkeiten numerische Werte zugewiesen. Der Ausprägung „vorhanden" wird der Wert „eins", und der Ausprägung „nicht vorhanden" der Wert „null" zugeordnet. Der Realisierbarkeitsindikator lässt sich unter Berücksichtigung der quantifizierten Merkmalsausprägungen mit Hilfe der in Abschnitt 4.3.1.3 hergeleiteten Formel (4.1) berechnen.

Liegt in der kreativ-divergenten Phase ein Problemidee vor, werden zur Berechnung des Erfüllbarkeitsindikators der Kundenbedürfnisse EI_i die Ausprägungen des Merkmals „Einfluss der Funktion k auf Kundenbedürfnis i" benötigt (s. Abschnitt 4.3.1.3). Analog zur Lösungsidee wird der Ausprägung „vorhanden" der Wert „eins" und der Ausprägung „nicht vorhanden" der Wert „null" zugeordnet. Mit diesen Eingangsinformationen lässt sich der Erfüllbarkeitsindikator anhand von Formel (4.2) berechnen. Eine Übersicht der benötigten Eingangsinformationen sowie der Formeln zur Berechnung von Realisierbarkeits- und Erfüllbarkeitsindikator ist in Abbildung 4-27 dargestellt. Die benötigten Eingangsinformationen sind sowohl in Form von dem Anwender zur Verfügung stehenden Merkmalsausprägungen als auch den zum Zweck der Kennzahlermittlung quantifizierten Merkmalsausprägungen dargestellt.

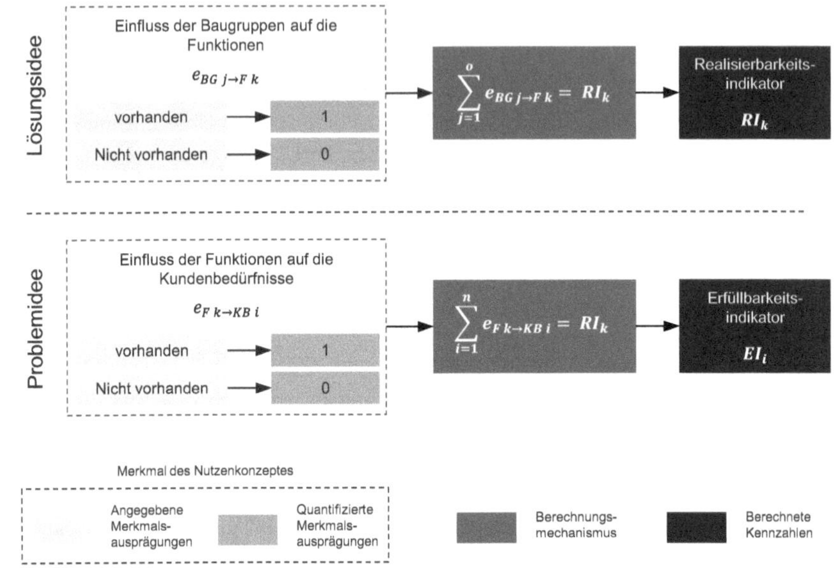

Abbildung 4-27 Ermittlung der relevanten Kennzahlen in der kreativ-divergenten Phase

4.4.2.2 Ermittlung der relevanten Kennzahlen in der kreativ-konvergenten Phase

Im Vergleich zur kreativ-divergenten Phase liegt in der kreativ-konvergenten Phase eine vollständige Innovationsidee mit einem vollständigen Nutzenkonzept vor. Damit einher geht eine erhöhte Informationsverfügbarkeit. Die relevanten Kennzahlen sowie die zugehörigen Berechnungsmechanismen wurden in den Abschnitten 4.3.1.1 sowie 4.3.1.3 und 4.3.1.4 hergeleitet. In Abschnitt 4.1.2.3 wurden die für die Ermittlung der relevanten Kennzahlen zur Verfügung stehenden Informationen erarbeitet.

Ermittlung der Höhe der relativen Leistungsfähigkeit

Die Höhe der Funktionsleistungsparameter der Innovationsidee ist abhängig von der Höhe der technologischen Leistungsparameter der Baugruppen (s. Abschnitt 4.1.1.2). Hinsichtlich der technologischen Leistungsparameter der Baugruppen sind jedoch in der kreativ-konvergenten Phase keine Informationen vorhanden (s. Tabelle 4-9). Vor diesem Hintergrund müssen die Funktionsleistungsparameter der Innovationsidee basierend auf den Einschätzungen des Ideenentwicklers spezifiziert werden. Die Spezifizierung der Höhe der Funktionsleistungsparameter der Innovationsidee $FLP_{k,Idee}$ erfolgt in der kreativ-konvergenten Phase relativ zur Höhe der Funktionsleistungsparameter des Referenzszenarios (s. Tabelle 4-9). Dazu stehen die qualitativen Merkmalsausprägungen „besser“, „gleich“ oder „schlechter“ zur Verfügung (s. Tabelle 4-9). Eine quantitative Ermittlung der relativen Leistungsfähigkeit erfordert die Überführung dieser qualitativen Merkmalsausprägungen in numerische Werte. Die Höhe des Funktionsleistungsparameters des Referenzszenarios $FLP_{k,RS}$ stellt den Referenzwert für die Ermittlung der relativen Leistungsfähigkeit dar. $FLP_{k,RS}$ wird daher der Wert „eins“ zugewiesen. Generell werden der qualitativen Ausprägung „besser“ höhere numerische Werte als der qualitativen Ausprägung „schlechter“ zugeordnet[413]. Im Fall der Ausprägung „besser“ wird dem Funktionsleistungsparameter der Innovationsidee $FLP_{k,Idee}$ daher der Wert „zwei“, im Fall der Ausprägung „schlechter“ der Wert „null“ zugeordnet. Weist der Funktionsleistungsparameter der Innovationsidee die qualitative Merkmalsausprägung „gleich“ auf, wird ihm (wie auch dem Funktionsleistungsparameter des Referenzszenarios) der Wert „eins“ zugeordnet. An dieser Stelle sei darauf hingewiesen, dass die Quantifizierung der qualitativen Merkmalsausprägungen eine höhere Qualität der verfügbaren Informationen suggeriert, als in der kreativ-konvergenten Phase tatsächlich vorhanden ist. Dieses verzerrte Abbild der Realität wird jedoch vor dem Hintergrund der Anforderung praktischer Anwendbarkeit (s. Teilkapitel 3.1.2) als hinnehmbar eingestuft.

Unter Berücksichtigung der quantifizierten Merkmalsausprägungen der Funktionsleistungsparameter von Innovationsidee und Referenzszenario lässt sich die relative Leistungsfähigkeit der Funktionen mit Hilfe der in Abschnitt 4.3.1.4 ermittelten Formeln (4.3) bzw. (4.4) herleiten.

Eine Übersicht der Formeln zur Berechnung der relativen Leistungsfähigkeit sowie der benötigten Eingangsinformationen ist in Abbildung 4-28 dargestellt. Die Eingangsinformationen sind dabei unterteilt in die vom Anwender spezifizierten Merkmalsausprägungen sowie in die beschriebenen quantifizierten Merkmalsausprägungen zur Berechnung der relativen Leistungsfähigkeit.

---

413 Vgl. Dammann et al. (2000), Mehrschicht-Spiral-CT der Nasennebenhöhlen: Erste Erfahrungen unter besonderer Berücksichtigung der Strahlenexposition, S. 702

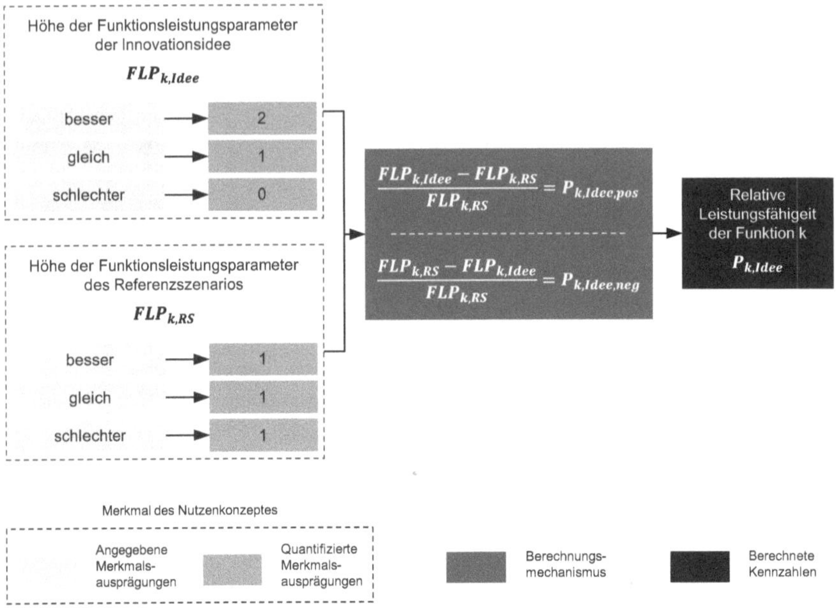

Abbildung 4-28 Ermittlung der relativen Leistungsfähigkeit der Funktionen in der kreativ-konvergenten Phase

Ermittlung der Höhe des Erfüllungsgrads

Auf der Grundlage der relativen Leistungsfähigkeit der Funktionen sowie der Einflussstärke der Funktionen auf die Kundenbedürfnisse lässt sich die Höhe des Erfüllungsgrads der Kundenbedürfnisse $EG_{KB,i}$ ermitteln (s. Abschnitt 4.3.1.4).

Die Einflussstärke einer Funktion auf ein Kundenbedürfnis $e_{F\ k \rightarrow KB\ i}$ weist in der kreativ-konvergenten Phase die qualitativen Merkmalsausprägungen „hoch", „mittel", „gering" und „nicht vorhanden" auf (s. Tabelle 4-9). Auch diese ordinalskalierten Merkmalsausprägungen werden zur quantitativen Verwendbarkeit in numerische Werte transferiert. So wird der Ausprägung „hoch" der Wert „drei", der Ausprägung „mittel" der Wert „zwei", der Ausprägung „gering" der Wert „eins" sowie der Ausprägung „nicht vorhanden" der Wert „null" zugeordnet. Die damit einhergehende Informationsunschärfe wird wie im Falle der Funktionsleistungsparameter zu Gunsten der praktischen Anwendbarkeit akzeptiert.

Unter Berücksichtigung der quantifizierten Merkmalsausprägungen der Einflussstärke der Funktionen auf die Kundenbedürfnisse lässt sich der Erfüllungsgrad der Kundenbedürfnisse mit Hilfe der in Abschnitt 4.3.1.4 ermittelten Formel (4.7) herleiten.

Eine Übersicht der Formeln zur Berechnung des Erfüllungsgrads sowie der benötigten Eingangsinformationen ist in Abbildung 4-29 dargestellt. Hinsichtlich der Eingangsinformationen lässt sich unterscheiden zwischen vom Anwender spezifizierten Merkmalsausprägungen sowie berechneten Kennzahlen. Die relative Leistungsfähigkeit sowie der Einfluss der Funktionen auf die Kundenbedürfnisse sind daher in unterschiedlichen Farben dargestellt. Den vom Anwender spezifizierbaren Ausprägungen des Einflusses der Funktionen auf die Kundenbedürfnisse sind dabei die zur Berechnung des Erfüllungsgrads benötigten, quantifizierten Merkmalsausprägungen gegenübergestellt.

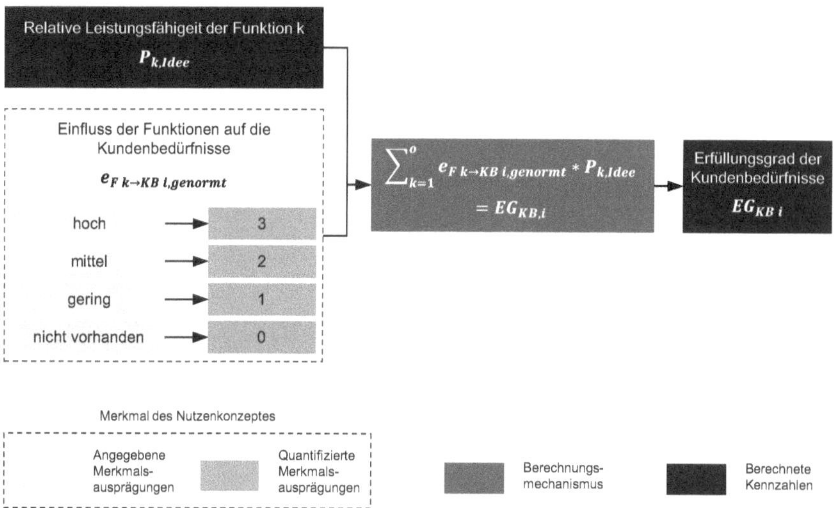

Abbildung 4-29 Ermittlung des Erfüllungsgrads der Kundenbedürfnisse in der kreativ-konvergenten Phase

Der zuvor beschriebene Aufbau der Abbildung 4-29 wird ebenfalls zur Visualisierung der Ermittlung aller weiteren relevanten Kennzahlen genutzt.

Ermittlung der Höhe des Teilnutzens

Der Erfüllungsgrad gibt Aufschluss darüber, wie die Bedürfnisse des Kunden durch die Innovationsidee im Vergleich zum Referenzszenario erfüllt werden (s. Abschnitt

4.3.1.1). Zur Ermittlung der Höhe des aus dieser Bedürfniserfüllung resultierenden Teilnutzens ist über den Erfüllungsgrad hinaus die Wichtigkeit des Kundenbedürfnisses erforderlich (s Abschnitt 4.1.1.2). Die Wichtigkeit eines Kundenbedürfnisses $W_{KB,i}$ wird innerhalb der kreativ-konvergenten Phase anhand der möglichen Ausprägungen „gering“, „mittel“ oder „hoch“ spezifiziert. Der vorangegangenen Argumentation folgend werden auch diese Merkmalsausprägungen in numerische Werte überführt. Dazu wird der Ausprägung „hoch“ der numerische Wert „drei“, der Ausprägung „mittel“ der Wert „zwei“ und der Ausprägung „gering“ der Wert „eins“ zugeordnet.

Unter Berücksichtigung der Wichtigkeit der Kundenbedürfnisse lässt sich die Höhe des resultierenden Teilnutzens mit Hilfe der in Abschnitt 4.3.1.4 hergeleiteten Formel (4.10) ermitteln.

Der Zusammenhang zwischen benötigten Eingangsinformationen und Formel zur Berechnung der Teilnutzen ist in Abbildung 4-30 abgebildet. Die Eingangsinformationen sind sowohl in Form von den dem Anwender zur Verfügung stehenden Merkmalsausprägungen als auch den zur Kennzahlermittlung geeigneten, quantifizierten Merkmalsausprägungen dargestellt.

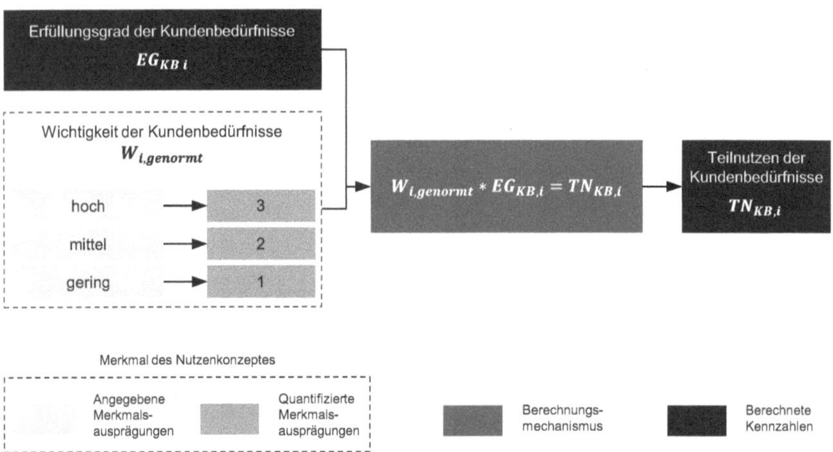

Abbildung 4-30 Ermittlung der Teilnutzen in der kreativ-konvergenten Phase

Ermittlung der Höhe des Gesamtnutzens

Wie in Teilkapitel 2.2.2 beschrieben, setzt sich der Gesamtnutzen additiv aus den ermittelten Teilnutzen zusammen. Der aus einem Nutzenkonzept resultierende Gesamtnutzen lässt sich nach der in Abschnitt 4.3.1.4 hergeleiteten Formel (4.11) ermitteln. Diese Formel sowie die zur Berechnung benötigten Eingangsinformationen sind in Abbildung 4-31 visualisiert.

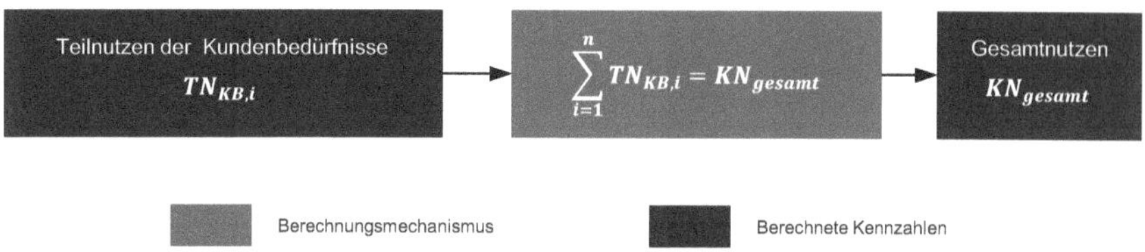

Abbildung 4-31 Ermittlung des Gesamtnutzens in der kreativ-konvergenten Phase

4.4.2.3 Ermittlung der relevanten Kennzahlen in der Konzeptphase

Innovationsideen innerhalb der Konzeptphase zeichnen sich im Vergleich zu Innovationsideen innerhalb der kreativ-konvergenten Phase durch einen höheren Reifegrad aus. Die Merkmalsausprägungen der Konzeptphase weisen daher im Vergleich zur kreativ-konvergenten Phase eine höhere Qualität auf. Die relevanten Kennzahlen sowie die zugehörigen Berechnungsmechanismen sind hingegen unabhängig von der verfügbaren Qualität der Eingangsinformationen und bleiben daher im Vergleich zur kreativ-konvergenten Phase unverändert.

Ermittlung der Höhe der relativen Leistungsfähigkeit

Die zur Ermittlung der relativen Leistungsfähigkeit benötigte Höhe der Funktionsleistungsparameter von Innovationsidee und Referenzszenario stehen in der Konzeptphase in quantitativer Form zur Verfügung (s. Tabelle 4-10). Eine Quantifizierung der Merkmalsausprägungen ist folglich zur Ermittlung der Höhe der relativen Leistungsfähigkeit in der Konzeptphase nicht notwendig. Wie im vorangegangenen Abschnitt erläutert, sind die in Abschnitt 4.3.1.4 hergeleiteten Mechanismen zur Ermittlung der relativen Leistungsfähigkeit der Funktionen weiterhin unabhängig von der höheren Qualität der verfügbaren Eingangsinformationen gültig. Die Höhe der relativen Leistungsfähigkeit lässt sich demnach weiterhin anhand der Formeln (4.3) bzw. (4.4) ermitteln. Diese Formeln sowie die benötigten Eingangsinformationen in ihren möglichen Ausprägungen sind in Abbildung 4-32 dargestellt.

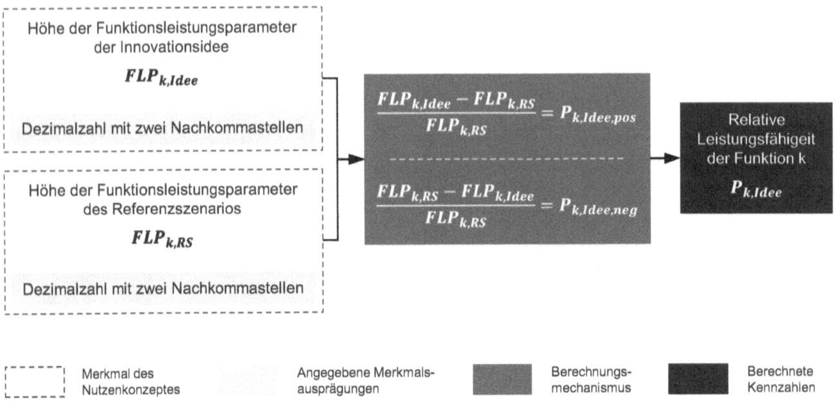

Abbildung 4-32 Ermittlung der relativen Leistungsfähigkeit der Funktionen in der Konzeptphase

Ermittlung der Höhe des Erfüllungsgrads

Auch die Ausprägungen der Einflussstärke der Funktionen auf die Kundenbedürfnisse weisen im Vergleich zur kreativ-konvergenten Phase eine höhere Qualität auf. So erfolgt die Spezifizierung der Einflussstärke in der Konzeptphase in Form von einer ganzen Zahl von eins bis zehn (s. Tabelle 4-10). Unter Berücksichtigung dieser Merkmalsausprägungen lässt sich die Höhe des Erfüllungsgrads der Kundenbedürfnisse weiterhin anhand von Formel (4.7) ermitteln. Die benötigten Eingangsinformationen in ihren möglichen Ausprägungen sowie die Formel zur Ermittlung des Erfüllungsgrads sind in Abbildung 4-33 dargestellt.

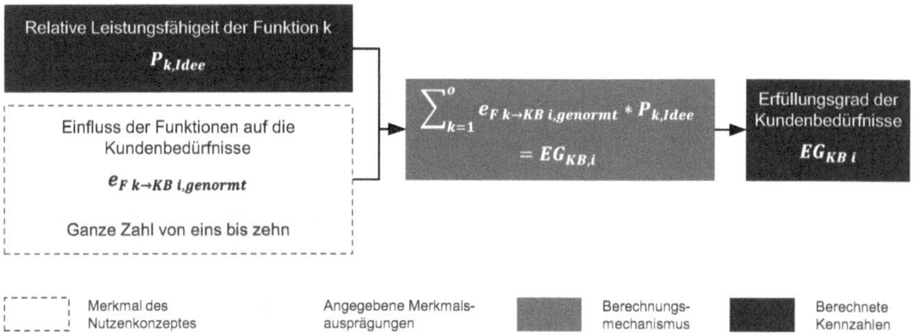

Abbildung 4-33 Ermittlung des Erfüllungsgrads der Kundenbedürfnisse in der Konzeptphase

Ermittlung der Höhe des Teilnutzens

Auch in der Konzeptphase ist die Höhe der Teilnutzen neben dem Erfüllungsgrad der Kundenbedürfnisse von der Wichtigkeit der Kundenbedürfnisse abhängig (s. Abbildung 4-17). Diese werden in der Konzeptphase in Form von einer ganzen Zahl von eins bis zehn spezifiziert (s. Tabelle 4-10). Die in Abschnitt 4.3.1.4 hergeleitete Formel (4.10) zur Ermittlung der Höhe der Teilnutzen sowie die möglichen Ausprägungen der benötigten Eingangsinformationen in der Konzeptphase sind in Abbildung 4-34 visualisiert.

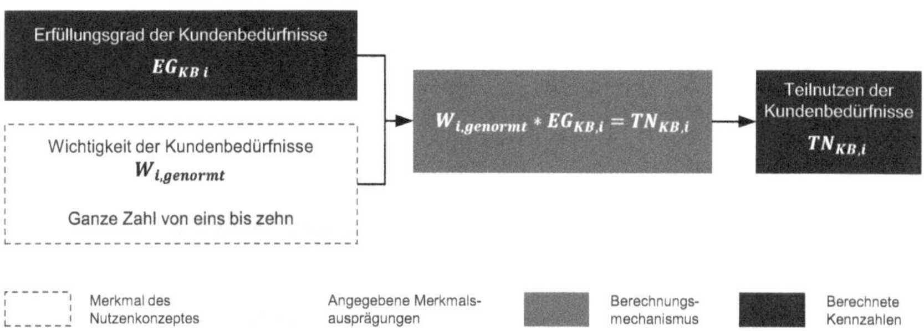

Abbildung 4-34 Ermittlung der Teilnutzen in der Konzeptphase

Ermittlung der Höhe des Gesamtnutzens

Die Ermittlung der Höhe des Gesamtnutzens erfolgt in der Konzeptphase unverändert zur kreativ-konvergenten Phase. Der Zusammenhang zwischen Eingangsgrößen, Berechnungsmechanismus und Ausgangsgröße ist schematisch in Abbildung 4-31 dargestellt.

4.4.3 Bestimmung der Logik

Im vorangegangenen Teilkapitel wurde ein Vorgehen für die Bestimmung zur Logikermittlung relevanter Kennzahlen hergeleitet. Ziel des folgenden Teilkapitels ist es dem Anwender zu ermöglichen, von der Höhe der relevanten Kennzahlen auf den Logikgrad der Innovationsidee sowie die aus diesem Logikgrad resultierenden Implikationen zu schließen. Aufgrund der unterschiedlichen relevanten Kennzahlen erfolgt die Herleitung des Vorgehens zur Logikbestimmung separat für die kreativ-divergente sowie die kreativ-konvergente und die Konzeptphase.

4.4.3.1 Logikbestimmung in der kreativ-divergenten Phase

Mögliche Ergebnisszenarien für die Ermittlung der relevanten Kennzahlen wurden bereits in Teilkapitel 4.3.2 hergeleitet. Anhand von Abbildung 4-19 kann der Anwender folglich von der von ihm ermittelten Höhe der relevanten Kennzahlen auf das Ergebnisszenario schließen, welchem das Nutzenkonzept der Innovationsidee zuzuordnen ist. Weist beispielsweise im Fall einer vorliegenden Lösungsidee der Realisierbarkeitsindikator aller Funktionen einen Wert von eins oder größer auf, so ist das Nutzenkonzept der Innovationsidee dem Ergebnisszenario I zuzuordnen. Jedem der in Abbildung 4-19 dargestellten Ergebnisszenarien wurde ein Logikgrad zugeordnet. Die Ermittlung des Logikgrades stellt allerdings keinen Selbstzweck dar. Sie erfolgt, wie in Unterkapitel 1.2 dargelegt, unter der übergeordneten Zielstellung der Erhöhung des Innovationserfolges sowie der Reduzierung von Ressourcenverschwendung. Zur Erfüllung der Anforderung praktischer Anwendbarkeit werden daher nachfolgend die sich aus den verschiedenen Logikgraden ergebenden Implikationen für den Anwender der Methodik dargestellt.

Ergebnisszenario I: Innovationsidee ist uneingeschränkt logisch

In diesem Fall erfüllt die vorliegende Lösungs- bzw. Problemidee alle Voraussetzungen, welche zur Erzeugung eines Kundennutzens notwendig sind (s. Teilkapitel 4.3.2). Eine Modifikation der vorliegenden Lösungs- bzw. Problemidee ist nicht notwendig und die Zusammenführung mit dem jeweiligen Gegenstück zu einer vollständigen Innovationsidee ist zu empfehlen.

Ergebnisszenario II: Innovationsidee ist eingeschränkt logisch

Weisen im Fall einer Lösungsidee einzelne Realisierbarkeitsindikatoren einen Wert von null auf, werden die zugehörigen Funktionen nicht durch entsprechende Baugruppen umgesetzt (s. Teilkapitel 4.3.2). Im Fall der Zusammenführung mit einer geeigneten Problemidee entsteht folglich nur ein unvollständiges Nutzenkonzept. Vor der Zusammenführung der Lösungsidee mit einer geeigneten Problemidee ist daher die Erarbeitung passender Baugruppen zur Umsetzung der betroffenen Funktionen zu empfehlen.

Die vorangegangenen Ausführungen lassen sich auf den Fall des Vorliegens einer Problemidee übertragen. Weisen die Erfüllbarkeitsindikatoren bestimmter Kundenbedürfnisse einen Wert von null auf, so sind vor der Zusammenführung der Problemidee mit einer passenden Lösungsidee geeignete Funktionen zur Erfüllung dieser Kundenbedürfnisse zu erarbeiten.

Ergebnisszenario III: Innovationsidee ist unlogisch

Weisen alle Realisierbarkeits- bzw. Erfüllbarkeitsindikatoren einen Wert von null auf, so stehen keinerlei Informationen hinsichtlich der Realisierung der Funktionen bzw. der Erfüllung der Kundenbedürfnisse zur Verfügung (s. Teilkapitel 4.3.2). Aus diesem Ergebnisszenario resultieren zwei mögliche Handlungsalternativen. So besteht zum einen die Möglichkeit, notwendige Baugruppen und Funktionen zur Realisierung aller Funktionen bzw. Erfüllung aller Kundenbedürfnisse zu erarbeiten. Eine Alternative dazu besteht im Abbruch der vorliegenden und Generierung einer neuen Lösungs- bzw. Problemidee. Da das Ergebnis in beiden Fällen aus einer vollständigen Lösungs- bzw. Problemidee besteht, muss die Wahl zwischen diesen beiden Alternativen insbesondere vor dem Hintergrund des resultierenden Aufwandes getroffen werden. So gilt es abzuwägen zwischen dem zeitlichen Aufwand der Erarbeitung fehlender Baugruppen oder Funktionen und dem zeitlichen Aufwand für die Erarbeitung einer vollständig neuen Problem- oder Lösungsidee. Die drei möglichen Logikgrade in der kreativ-divergenten Phase sowie die jeweils daraus resultierenden Implikationen sind in Abbildung 4-35 dargestellt.

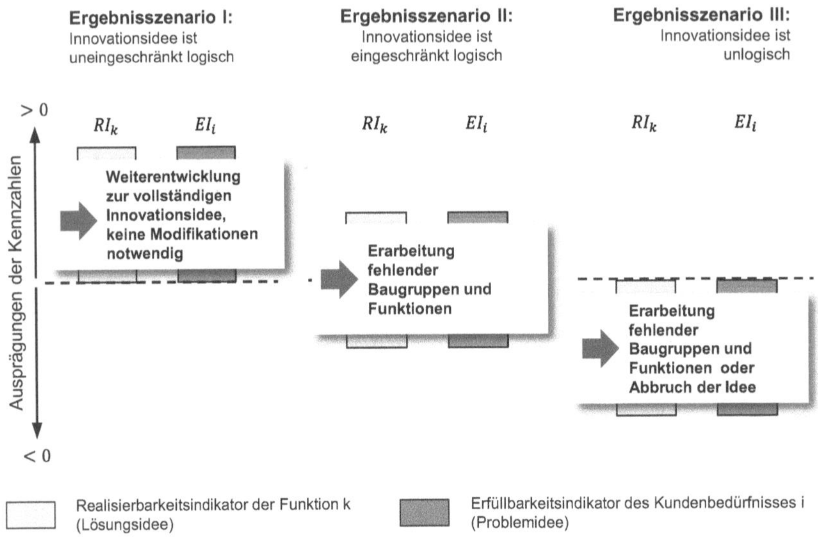

Abbildung 4-35 Implikationen der Logikgrade in der kreativ-divergenten Phase

4.4.3.2 Logikbestimmung in der kreativ-konvergenten und der Konzeptphase

Mögliche Ergebnisszenarien für die Ermittlung der relevanten Kennzahlen in der kreativ-konvergenten und der Konzeptphase wurden bereits in Teilkapitel 4.3.2 hergeleitet. Anhand von Abbildung 4-20 ist es dem Anwender möglich, von der von ihm ermittelten Höhe der relevanten Kennzahlen auf das Ergebnisszenario schließen, welchem das Nutzenkonzept der Innovationsidee zuzuordnen ist. Weisen beispielsweise bis auf die relative Leistungsfähigkeit einer oder mehrerer Funktionen alle relevanten Kennzahlen positive Werte auf, so ist das Nutzenkonzept der Innovationsidee dem Ergebnisszenario II zuzuordnen.

Jedem der in Abbildung 4-20 dargestellten Ergebnisszenarien wurde ein Logikgrad zugeordnet. Analog zur Logikbestimmung in der kreativ-divergenten Phase werden nachfolgend die sich aus den verschiedenen Logikgraden ergebenden Implikationen für den Anwender der Methodik erläutert.

Ergebnisszenario I: Innovationsidee ist uneingeschränkt logisch

Wie bereits in Teilkapitel 4.3.2 erläutert, weist das Nutzenkonzept in diesem Fall einen positiven Gesamtnutzen auf. Es ist darüber hinaus resistent gegenüber intern oder extern induzierten Veränderungen. Die Umsetzung des Nutzenkonzeptes führt daher voraussichtlich zu einem Produkt, welches einen höheren Nutzen erzeugt als bereits existierende Lösungen. Eine Modifikation des Nutzenkonzeptes ist vor diesem Hintergrund nicht notwendig.

Ergebnisszenario II: Innovationsidee ist eingeschränkt logisch (Logikeinschränkung 2. Grades)

Der aus dem Nutzenkonzept resultierende Gesamtnutzen ist weiterhin weitestgehend resistent gegenüber einer Veränderung einzelner Elementausprägungen (s. Teilkapitel 4.3.2). Diejenigen Funktionen der Innovationsidee, welche eine negative relative Leistungsfähigkeit aufweisen, stellen aber gleichzeitig Bereiche eines Potenzials zur Weiterentwicklung der Innovationsidee und damit der Erhöhung des voraussichtlichen Innovationserfolges dar. Mögliche Maßnahmen zur Erschließung dieses Potenzials bestehen insbesondere in der Verwendung alternativer Baugruppen zur Erzielung einer höheren (positiven) Leistungsfähigkeit der Funktionen.

Ergebnisszenario III: Innovationsidee ist eingeschränkt logisch (Logikeinschränkung 1. Grades)

Ein Nutzenkonzept kann trotz negativer relativer Leistungsfähigkeit von Funktionen sowie der Erfüllungsgrade von Kundenbedürfnissen einen positiven Gesamtnutzen aufweisen (s. Teilkapitel 4.3.2). Aufgrund der erhöhten Anfälligkeit gegenüber Veränderungen ist insbesondere eine sorgfältige und kontinuierliche Überwachung des Marktumfeldes durch den Anwender der Methodik notwendig. Die negativen Erfüllungsgrade der Kundenbedürfnisse sowie die negativen relativen Leistungsfähigkeiten der Funktionen markieren dabei gleichzeitig Bereiche des Nutzenkonzeptes, welche Optimierungspotenzial aufweisen. Wie bereits im vorangegangenen Ergebnisszenario besteht eine Möglichkeit zur Erhöhung der relativen Leistungsfähigkeit einer Funktion in der Verwendung alternativer Baugruppen. Führt die negative relative Leistungsfähigkeit einer Funktion zum negativen Erfüllungsgrad eines Kundenbedürfnisses, so besteht darüber hinaus die Möglichkeit, nach alternativen Funktionen zur Erfüllung dieses Kundenbedürfnisses zu suchen.

Ergebnisszenario IV: Innovationsidee ist unlogisch

Im Fall eines negativen Gesamtnutzens kann die Umsetzung eines Nutzenkonzeptes nicht zu einem am Markt erfolgreichen Produkt führen. Generell stehen zur Modifikation des Nutzenkonzeptes die bereits zuvor dargestellten Maßnahmen zur Verfügung. In diesem Fall ist jedoch die Modifikation einzelner Elemente des Nutzenkonzeptes nicht mehr ausreichend. Vor dem Hintergrund des mit den notwendigen Modifikationen einhergehenden Aufwandes ist der Abbruch der Innovationsidee in Betracht zu ziehen. Die vier möglichen Logikgrade in der kreativ-konvergenten sowie der Konzeptphase sowie die jeweils daraus resultierenden Implikationen sind in Abbildung 4-36 dargestellt.

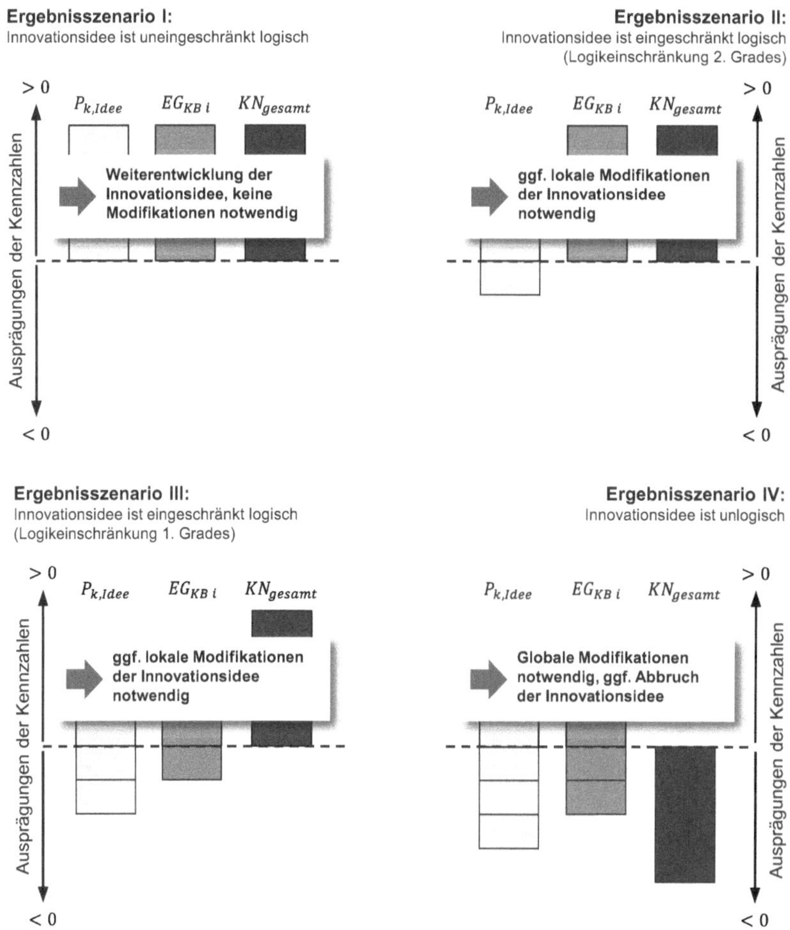

Abbildung 4-36 Implikationen der Logikgrade in der kreativ-konvergenten und der Konzeptphase

4.4.4 Zwischenfazit: Vorgehensweise zur Logikbestimmung

Ziel dieses Unterkapitels war es, die zuvor erarbeiteten Modelle zu einer Vorgehensweise zu verknüpfen und somit für den Nutzer anwendbar zu machen. Dazu wurde zunächst ein Vorgehen für die Erarbeitung aller notwendigen Informationen zur Logikbestimmung entwickelt (s. Teilkapitel 4.4.1). Mit den vordefinierten Eingabemasken wurde dem Anwender ein selbsterklärendes Werkzeug zur Aufnahme derjenigen Informationen zur Verfügung gestellt, welche zum Bewertungszeitpunkt hinsichtlich der Innovationsidee vorhanden sind (s. Abschnitt 4.4.1.1). Der übersichtliche und selbsterklärende Charakter dieser Eingabemasken beugt potenziellen Hemmschwellen hinsichtlich der Anwendung der Methodik vor. Gleichzeitig stellen die Eingabemasken die Grundlage einer strukturierten Erarbeitung fehlender Informationen dar. Sie tragen somit insbesondere zur Erfüllung der inhaltlichen Anforderung praktischer Anwendbarkeit (s. Teilkapitel 3.1.2) bei. Die in Teilkapitel 4.2.3 identifizierten Innovationswerkzeuge zur Erzeugung benötigter Informationen wurden nicht als obligatorischer, sondern vielmehr als optionaler Bestandteil in das Vorgehensmodell integriert. Eine unnötige Erhöhung des Anwendungsumfanges wurde auf diese Weise verhindert und ein weiterer Beitrag zur praktischen Anwendbarkeit der Methodik geleistet.

Im zweiten Teilkapitel wurden die notwendigen Schritte hergeleitet, um dem Anwender auf der Grundlage der erarbeiteten Informationen die Ermittlung der für die Logikbestimmung relevanten Kennzahlen zu ermöglichen (s. Teilkapitel 4.4.2). Die Ermittlung von Realisierbarkeits- und Erfüllbarkeitsindikators stellen vor dem Hintergrund der in Abschnitt 4.3.1.1 hergeleiteten relevanten Kennzahlen ein konsistentes Vorgehen dar. Allerdings ist der Aufwand zur Ermittlung der Kennzahlen in Relation zu dem daraus entstehenden Informationsgewinn als hoch zu beurteilen. Ob dieser Aufwand trotzdem durch den entstehenden Informationsgewinn gerechtfertigt wird, gilt es durch den Einsatz der Methodik in der industriellen Praxis zu evaluieren.

Mit dem letzten Teilkapitel wurden dem Anwender Mechanismen zur Verfügung gestellt, um von der Höhe der relevanten Kennzahlen auf den Logikgrad der Innovationsidee und die daraus folgenden Implikationen schließen zu können (s. Teilkapitel 4.4.3). Auf diese Weise wird der Anwender bei der Integration der Methodik in allen weiteren Entwicklungsaktivitäten unterstützt und mögliche Hemmschwellen bezüglich der Anwendung werden reduziert.

4.5 Zwischenfazit: Bestimmung der Logik von Innovationsideen für technische Systeme

Innerhalb des vierten Kapitels erfolgte die Detaillierung des im Rahmen von Unterkapitel 3.3 vorgestellten Grobkonzeptes zur Bestimmung der Logik von Innovationsideen für technische Systeme. Dazu wurde in Unterkapitel 4.1 zunächst ein Beschreibungsmodell zur Ermittlung und Charakterisierung aller Informationen erarbeitet, welche zur Logikbestimmung notwendig sind. Hierzu wurden die Bestandteile der in der wissenschaftlichen Literatur etablierten Means-End Kette durch eine detaillierte Charakterisierung weiterentwickelt. Essenzieller Bestandteil dieser Charakterisierung war die Berücksichtigung der zum Zeitpunkt der Logikbestimmung vorliegenden Informationsverfügbarkeit durch die Einführung repräsentativer Entwicklungsphasen der Innovationsidee. Nach der Bestimmung der für die Logikbestimmung notwendigen Informationen erfolgte die Identifikation geeigneter Innovationswerkzeuge zur Erzeugung dieser Informationen in Unterkapitel 4.2. Insgesamt 14 Innovationswerkzeuge konnten als geeignete Hilfsmittel zur Erzeugung der benötigten Informationen identifiziert werden. Aufgrund der eingeschränkten Eignung einiger Innovationswerkzeuge weist dieses Beschreibungsmodell insbesondere Anknüpfungspunkte für zukünftige Entwicklungen neuer Innovationswerkzeuge im Bereich der Verbraucherforschung auf. Aufbauend auf den Ergebnissen der ersten beiden Modelle wurden anhand eines Erklärungsmodells in Unterkapitel 4.3 geeignete Mechanismen zur Bestimmung der Logik eines Nutzenkonzeptes erarbeitet. Die Ermittlung der Höhe des durch eine Innovationsidee entstehenden Kundennutzens wurde durch die Quantifizierung der bisher lediglich qualitativ bestehenden Zusammenhänge der Bestanteile der Means-End Kette ermöglicht. Um die Ergebnisse der vorangegangenen Modelle für den Nutzer der Methodik zugänglich zu machen, wurden diese innerhalb eines Vorgehensmodells miteinander verknüpft. Darin wurden Hilfsmittel zur Anwendung der Modellergebnisse entwickelt und in die Vorgehensweise integriert (s. Unterkapitel 4.4).

Im Ergebnis ermöglicht die vorliegende Dissertation die Überprüfung des Nutzenkonzeptes einer Innovationsidee hinsichtlich seiner Logik. Der Mehrwert für den Anwender liegt insbesondere in einer nachvollziehbaren und belastbaren Ermittlung des Kundennutzens, welcher durch eine Innovationsidee entsteht. Einen Beitrag zur Weiterentwicklung der wissenschaftlichen Literatur liefern insbesondere die Weiterentwicklung der Means-End Kette (s. Unterkapitel 4.1) sowie die Nutzung der Funktionen einer Innovationsidee als Vergleichsmaßstab für am Markt bereits existierende Lösungen (s. Teilkapitel 4.3.1).

Hinsichtlich der Grenzen dieser Arbeit lässt sich festhalten, dass insbesondere die Herleitung der Mechanismen zur Logikermittlung unter vereinfachenden Annahmen erfolgt ist. Vor dem Hintergrund des komplexen Charakters dieser Mechanismen ist diese Vereinfachungen zur Sicherstellung einer intuitiven und zeiteffizienten Anwendbarkeit notwendig. Darüber hinaus ist die Interpretation der Höhe ermittelter Logikgrade kein Bestandteil der vorliegenden Dissertation. Dieser Umstand ist auf eine mangelnde Anzahl von Anwendungen der Methodik in der Praxis zurückzuführen. Diese wären allerding nötig, um beispielsweise belastbare Aussagen hinsichtlich eines minimalen Logikgrades zu treffen, den eine Innovationsidee erreichen sollte, um für die Weiterentwicklung freigegeben zu werden. Auch die Angabe eines optimalen Logikgrads als Balance zwischen Nutzen für das Unternehmen und Nutzen für den Kunden entfällt aufgrund der fehlenden Erfahrungswerte. Stattdessen liegt der Fokus der vorliegenden Dissertation vielmehr in der Schaffung der konzeptionellen Voraussetzungen der Logikbestimmung einer Innovationsidee.

5 Validierung und kritische Reflektion

Der sechste Schritt des Forschungsprozesses nach ULRICH beinhaltet die „Prüfung der [entwickelten] Regeln und Modelle im Anwendungszusammenhang“[414]. Ziel des fünften Kapitels ist daher die Anwendung der entwickelten Methodik zur Bestimmung der Logik von Innovationsideen für technische Systeme. Die Anwendung erfolgt anhand der Innovationsidee eines jungen Startups, welches in Unterkapitel 5.1 vorgestellt wird. Da für die Anwendung der Methodik sensible Unternehmensinformationen genutzt werden, erfolgt die Vorstellung anonymisiert. Das Startup mit Sitz in Deutschland wird nachfolgend als „Produktionslogistik GmbH“ bezeichnet. Nach der Vorstellung des Praxisbeispiels folgt in Unterkapitel 5.2 die Anwendung der Methodik. Die Anwendungsergebnisse werden schließlich in Unterkapitel 5.3 diskutiert und die Anwendungserfahrung kritisch reflektiert.

5.1 Darstellung des Fallbeispiels

Die Produktionslogistik GmbH ist ein 2021 gegründetes Startup aus Aachen, welches sich die Digitalisierung der Produktionslogistik klein- und mittelständischer Unternehmen zum Ziel gesetzt hat. Die ursprüngliche Lösungsidee zur Erreichung dieses Ziels bestand in der Herstellung und dem Vertrieb einer Retrofitlösung für Lagerplätze von C-Teile Boxen zur digitalen Erfassung von Füllstand und Position. Nach ersten detaillierten Marktanalysen erfolgte eine maßgebliche Modifikation der Innovationsidee. Ab diesem Zeitpunkt fokussierte sich die Produktionslogistik GmbH nicht mehr länger auf die Digitalisierung der Lagerplätze von C-Teile Boxen sondern vielmehr auf die Digitalisierung der Lagerplätze auf Europaletten gelagerter A- und B-Teile. Nach erfolgreicher Herstellung und dem Test von Prototypen bei mehreren Pilotkunden erfolgte im August 2021 die Überführung der weiterentwickelten Innovationsidee in eine eigenständige Rechtsform. Seitdem kann das Unternehmen wachsendes Marktinteresse und steigende Kundenzahlen vorweisen.

[414] Ulrich (1984), Management, S. 193

5.2 Anwendung der Methodik

Um sowohl empirische als auch formale Richtigkeit der entwickelten Methodik überprüfen zu können, wird die Logik der Innovationsidee der Produktionslogistik GmbH zu drei unterschiedlichen Entwicklungszeitpunkten ermittelt:

- Logikbestimmung zum ersten Betrachtungszeitpunkt: Unmittelbar nach der Entstehung der Innovationsidee
- Logikbestimmung zum zweiten Betrachtungszeitpunkt: Unmittelbar vor der Modifikation der Innovationsidee
- Logikbestimmung zum dritten Betrachtungszeitpunkt: Unmittelbar nach der Modifikation der Innovationsidee

Die Zeitpunkte der Logikbestimmung sind in Abhängigkeit des Entwicklungsfortschritts der Innovationsidee in Abbildung 5-1 visualisiert.

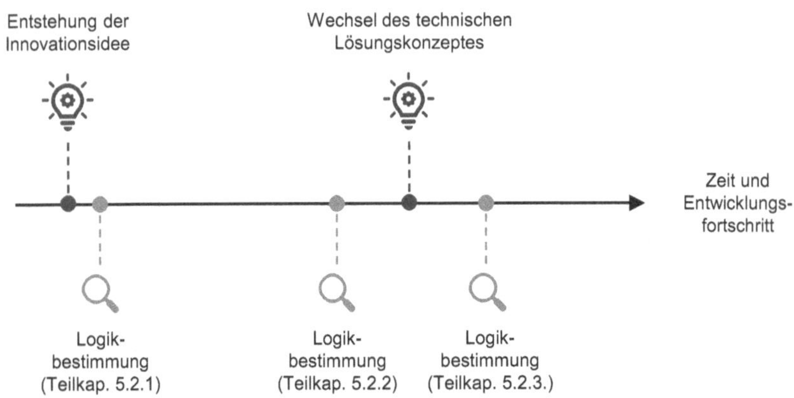

Abbildung 5-1 Zeitpunkte der Logikbestimmung

Die Logikbestimmung zu jedem der drei Betrachtungszeitpunkte erfolgt anhand der in Unterkapitel 4.4 vorgestellten drei Vorgehensschritte. Entsprechend des ersten Vorgehensschrittes werden zunächst alle Informationen erarbeitet, welche für die Logikbestimmung zum jeweiligen Betrachtungszeitpunkt notwendig sind. Auf der Grundlage, der erarbeiteten Informationsgrundlage wird die Höhe der für die Logikbestimmung relevanten Kennzahlen ermittelt bevor anschließend der Logikgrad der Innovationsidee bestimmt wird.

5.2.1 Logikbestimmung zum ersten Betrachtungszeitpunkt

Wie im vorangegangenen Unterkapitel erläutert, wird zur Validierung der Methodik zunächst die Logik der Innovationsidee unmittelbar nach ihrer Entstehung ermittelt. Dies geschieht anhand der drei zuvor angeführten Schritte.

5.2.1.1 Erarbeitung benötigter Informationen

Um die Logik einer Innovationsidee bestimmen zu können, müssen zunächst alle dafür notwendigen Informationen erarbeitet werden. Wie in Teilkapitel 4.4.1 erläutert, erfolgt zu diesem Zweck zunächst eine Aufnahme aller verfügbaren Informationen. Auf der Grundlage der verfügbaren Informationen wird die vorliegende Idee anschließend einer repräsentativen Entwicklungsphase zugeordnet, bevor zur Logikbestimmung noch fehlende Informationen erarbeitet werden.

Aufnahme verfügbarer Informationen

Zur Aufnahme hinsichtlich der Innovationsidee verfügbarer Informationen wurden die in Abschnitt 4.4.1.1 eingeführten Eingabemasken gemeinsam mit der Produktionslogistik GmbH spezifiziert (s. Anhang F). Eine Übersicht hinsichtlich der zum ersten Betrachtungszeitpunkt aufgenommenen Informationen ist in Abbildung 5-2 dargestellt und wird nachfolgend erläutert.

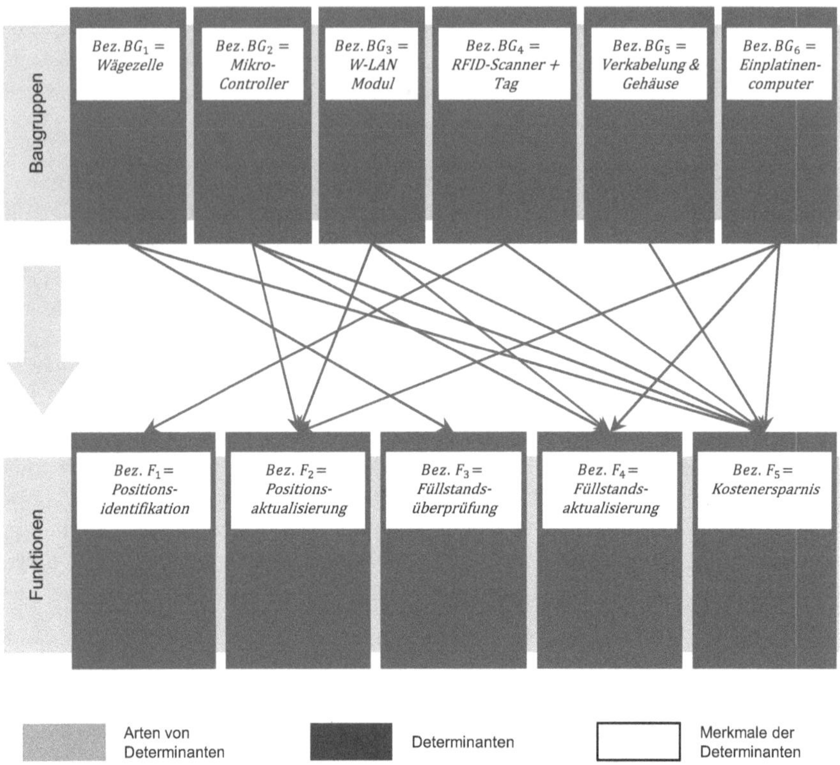

Abbildung 5-2 Übersicht der verfügbaren Informationen zum ersten Betrachtungszeitpunkt

Die ursprüngliche Innovationsidee bestand den Ausführungen der Produktionslogistik GmbH nach in der Herstellung von Lagerplätzen zur digitalen Erfassung der Position und des Füllstandes von C-Teile Boxen. Zum ersten Betrachtungszeitpunkt stehen daher fünf wesentliche Funktionen im Vordergrund der Innovationsidee. Dies sind die Identifikation und Aktualisierung der Position einer C-Teile Box, die Überprüfung und Aktualisierung des Füllstandes einer C-Teile Box sowie die Kostenreduktion innerhalb der Produktionslogistik.

Die Grundlage der technischen Realisierung dieser Funktionen bilden sechs Baugruppen: Wägezelle, Mikrocontroller, W-LAN Modul, RFID-Scanner (sowie zugehörige

RFID Tags an den C-Teile Boxen), Verkabelung und Gehäuse sowie Einplatinencomputer. Während die Kombination aus RFID-Scannern und RFID-Tags die Realisierung der Positionsidentifikation einer C-Teile Box ermöglicht, erfolgt die Überprüfung des Füllstandes durch eine Wägezelle. Mit Hilfe des Micro-Controllers lassen sich die erzeugten Signale aus Wägezelle und RFID-Scanner in digitale Rohdaten transformieren. Das W-LAN Modul übermittelt die digitalen Rohdaten an den Einplatinencomputer, von welchem diese ausgewertet und dem ERP-System im benötigten Format zur Verfügung gestellt werden. Micro-Controller, W-LAN Modul und Einplatinencomputer dienen folglich insbesondere der Positions- und Füllstandsaktualisierung. Alle sechs genannten Baugruppen haben einen gemeinsamen Einfluss auf die Kostenersparnis, welche sich für den Nutzer realisieren lässt. Informationen hinsichtlich der zu erfüllenden Kundenbedürfnisse sind zum ersten Betrachtungszeitpunkt nicht vorhanden.

Zum ersten Betrachtungszeitpunkt sind darüber hinaus erste Informationen hinsichtlich des Referenzszenarios der Innovationsidee verfügbar. Diese können der Abbildung A.11 des Anhangs entnommen werden. Danach dient als Vergleichsmaßstab für die Innovationsidee ein in der Produktionslogistik angestellter Lagerist. Den Ausführungen der Produktionslogistik GmbH nach beschäftigt eine Vielzahl von klein- und mittelständischen produzierenden Unternehmen einen Lageristen, welcher ausschließlich für die Suche nach Waren verantwortlich ist, deren aktueller Lagerungsort und/oder deren Füllstand nicht bekannt ist. Die Aufgabe des Lageristen lässt sich daher als Realisierung fünf wesentlicher Funktionen beschreiben. Zum einen obliegt es seiner Verantwortung, die Positionen von Waren zu identifizieren. Ist die Positionsidentifikation erfolgt, ist er angehalten, die ermittelte Position zurückzumelden, z. B. mündlich an seinen Fertigungsleiter, manuell durch Angabe auf einem dafür vorgesehenen Formular oder digital durch direkte Eingabe in das ERP-System des Unternehmens. Analog zur Positionsidentifikation und -aktualisierung hat der Lagerist weiterhin die Aufgabe, die Füllstände der Waren zu überprüfen und zurückzumelden. Zuletzt soll der Lagerist durch seine Tätigkeit zur Vermeidung von Produktionsengpässen und damit zu einer Reduzierung der laufenden Kosten in der Produktionslogistik beitragen.

Bestimmung der repräsentativen Entwicklungsphase

Anhand der aufgenommenen Informationen lässt sich die repräsentative Entwicklungsphase der Innovationsidee zum ersten Betrachtungszeitpunkt bestimmen. Aus den spezifizierten Eingabemasken (s. Anhang F) ist zu erkennen, dass zum ersten Betrachtungszeitpunkt lediglich Merkmalsausprägungen der in Abbildung 4-23 aufgeführten Kombination 9 vorhanden sind. Die Innovationsidee ist somit zum ersten Betrachtungszeitpunkt der kreativ-divergenten Entwicklungsphase zuzuordnen.

Erarbeitung fehlender Informationen

Im vorangegangenen Abschnitt konnten alle aus der Eingabemaske hervorgehenden Merkmalsausprägungen der kreativ-divergenten Phase zugeordnet werden. Es müssen folglich keine zusätzlichen Informationen für die Logikbestimmung zum ersten Betrachtungszeitpunkt ermittelt werden (s. Abschnitt 4.4.1.3 und 4.4.1.4).

5.2.1.2 Ermittlung der relevanten Kennzahlen

Da zum ersten Betrachtungszeitpunkt eine Lösungsidee innerhalb der kreativ-divergenten Entwicklungsphase vorliegt, gilt es, die Realisierbarkeitsindikatoren der Funktionen mit Hilfe von Formel (4.1) zu berechnen (s. Abschnitt 4.3.1.3). Die Berechnungsergebnisse sind im Anhang F.2 dargestellt. Danach weisen die Realisierbarkeitsindikatoren aller Funktionen einen Wert von eins oder größer auf. Dies entspricht dem in Abbildung 4-19 dargestellten Ergebnisszenario I.

5.2.1.3 Bestimmung der Logik

Aus dem Ergebnisszenario I in Abbildung 4-19 folgt eine Beurteilung der Lösungsidee als uneingeschränkt logisch. Sie ist daher zu einer vollständigen Innovationsidee weiterzuentwickeln. Die Ermittlung des Logikgrades sowie der resultierenden Implikationen aus der Höhe der Realisierbarkeitsindikatoren ist in Abbildung 5-3 dargestellt.

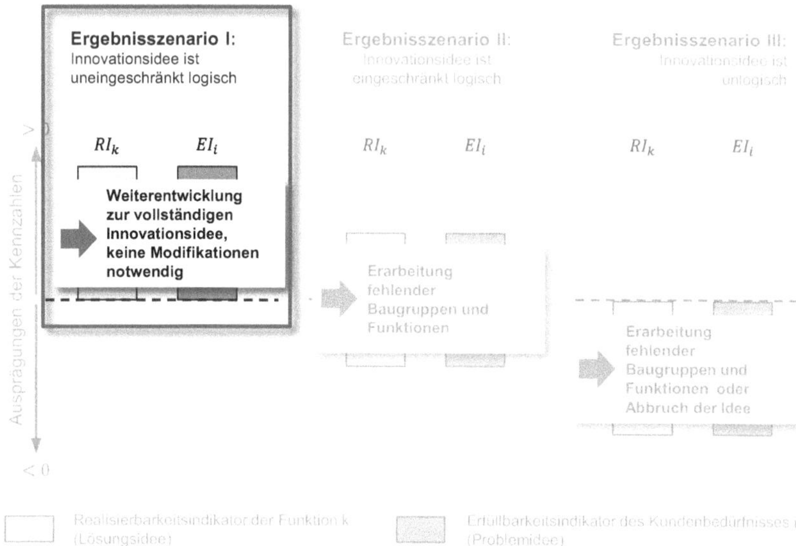

Abbildung 5-3 Ermittlung des Logikgrades der Innovationsidee zum ersten Betrachtungszeitpunkt

5.2.2 Logikbestimmung zum zweiten Betrachtungszeitpunkt

Wie bereits in Unterkapitel 5.2 erläutert, wird nachfolgend die Logik der Innovationsidee der Produktionslogistik GmbH kurz vor dem Verwerfen der ursprünglichen Lösungsidee zur Digitalisierung der Lagerplätze von C-Teile Boxen ermittelt. Analog zu Teilkapitel 5.2.1 werden dazu die in Unterkapitel 4.4 vorgestellten drei Vorgehensschritte durchlaufen.

5.2.2.1 Erarbeitung benötigter Informationen

Analog zur Logikbestimmung zum ersten Betrachtungszeitpunkt werden nachfolgend zunächst alle zum zweiten Betrachtungszeitpunkt verfügbaren Informationen aufgenommen. Es folgt anschließend die Ermittlung der repräsentativen Entwicklungsphase sowie die Erarbeitung fehlender Informationen.

Aufnahme verfügbarer Informationen

Die Aufnahme verfügbarer Informationen erfolgt erneut anhand der im Anhang C zur Verfügung gestellten Eingabemasken. Die zum zweiten Betrachtungszeitpunkt von den Gründern der Produktionslogistik GmbH spezifizierten Eingabemasken sind dem Anhang (s. Anhang F.3) entnehmbar. Zusätzlich zu den Bezeichnungen der Baugruppen liegen zum zweiten Betrachtungszeitpunkt die Bezeichnungen der zugehörigen technologischen Leistungsparameter vor. So lassen sich alle Baugruppen durch ihre Anschaffungskosten charakterisieren. Darüber hinaus ist für eine Wägezelle der Toleranzbereich ein ausschlaggebender, technologischer Leistungsparameter. Ein Einplatinencomputer zeichnet sich neben seinen Anschaffungskosten durch seine Rechenleistung aus.

Die Funktionen des Nutzenkonzeptes der Innovationsidee sind im Vergleich zum ersten Betrachtungszeitpunkt durch Informationen hinsichtlich ihrer Funktionsleistungsparameter ergänzt worden. So lässt sich die Leistung von Positionsidentifikation und Füllstandsüberprüfung anhand der Abweichung von erfasster Position bzw. erfasstem Füllstand zu tatsächlicher Position bzw. tatsächlichem Füllstand messen. Die Beurteilung der Aktualisierung von Position und Füllstand erfolgt hingegen durch die dafür benötigte Zeit. Das angegebene Maß zur Erfassung der Kostenreduzierung wird durch die Erfassung der Gesamtkosten der jeweiligen Lösung repräsentiert. Diese setzen sich zusammen aus den Anschaffungskosten sowie den über den gesamten Abschreibungszeitraum kumulierten laufenden Kosten. Neben den Bezeichnungen der Funktionen liegt zum zweiten Betrachtungszeitpunkt ebenfalls eine Spezifizierung der Höhe der Funktionsleistungsparameter der Innovationsidee relativ zur Höhe der Funktionsleistungsparameter des Referenzszenarios vor. Die Identifikation des Lagerortes einer C-Teile Box durch eine Kombination aus RFID-Scannen und Tags ist der visuellen Erfassung durch einen Lageristen weder über- noch unterlegen. Der zugehörige Funktionsleistungsparameter weist daher die Ausprägung „gleich" auf. Weiterhin wird die durch die Innovationsidee realisierbare Leistung der Funktion Füllstandsüberprüfung im Vergleich zur realisierbaren Leistung des Referenzszenarios als höher eingeschätzt. Während der Lagerist den Füllstand einer C-Teile Box visuell lediglich in grober Schätzung zu erfassen vermag, ermöglicht die Wägezellentechnologie eine sehr viel genauere Bestimmung des Füllstandes. Die digitale Erfassung der Positionen als auch Füllstände der C-Teile Boxen durch die Innovationsidee ermöglicht die Aktualisierung beider Messgrößen in kürzester Zeit. Im direkten Vergleich benötigt der Lagerist zur Rückmeldung von Position oder Füllstand ungleich mehr Zeit. Vor diesem Hintergrund wird die durch die Innovationsidee realisierbare Leistung der Funktionen

Positionsaktualisierung und Füllstandsaktualisierung als höher eingeschätzt als die Leistung, welche durch das Referenzszenario realisiert werden kann. Zuletzt wird die durch die Innovationsidee realisierbare Kostenreduzierung im Vergleich zum Referenzszenario als schlechter bewertet. Den Einschätzungen der Produktionslogistik GmbH nach entstehen insbesondere Anschaffungskosten für die RFID-Scanner, Microcontroller sowie das Gehäuse der Lagerplätze. Diese Kosten werden im Vergleich zum Anteil der Personalkosten des Lageristen, welcher auf die Pflege des C-Teile Lagers entfällt, als wesentlich höher eingeschätzt.

Darüber hinaus liegen zum zweiten Betrachtungszeitpunkt erstmalig Informationen hinsichtlich der zu erfüllenden Kundenbedürfnisse vor. Insgesamt werden von der Produktionslogistik GmbH drei Kundenbedürfnisse als wesentlich angegeben. Den Beobachtungen der Produktionslogistik GmbH nach verbringen Mitarbeiter innerhalb der Produktionslogistik einen hohen Anteil ihrer Arbeitszeit mit der frustrierenden Ermittlung der Position benötigter Waren oder deren Füllstände. Das erste Kundenbedürfnis wird daher als das Streben klein- und mittelständischer Unternehmen nach Komfort für Ihre Mitarbeiter bezeichnet. Weiteren Erfahrungen der Produktionslogistik GmbH nach ist das Wissen über Abläufe und Prozesse in der Produktion implizit in den Köpfen der Mitarbeiter vorhanden, jedoch meist wenig bis gar nicht expliziert. Dies führt zu massiven Problemen im Falle der Abwesenheit oder des Ausscheidens bestimmter Mitarbeiter. Um diesen Problemen entgegenzuwirken, besteht in der Produktionslogistik weiterhin das Bedürfnis nach Transparenz und Ordnung. Die Bezeichnung des dritten und letzten Kundenbedürfnisses wird in der Eingabemaske als „Kosteneffizienz“ angegeben. Den Ausführungen der Produktionslogistik GmbH nach wirken sich die zeitintensive Identifikation der Position sowie der Füllstände von Waren nicht nur negativ auf die Motivation der Mitarbeiter aus sondern darüber hinaus auf die Effizienz der Prozesse in der Produktionslogistik und damit auf die laufenden Kosten des Unternehmens. Eine Übersicht der aufgenommenen Informationen ist in Abbildung 5-4 zusammengefasst.

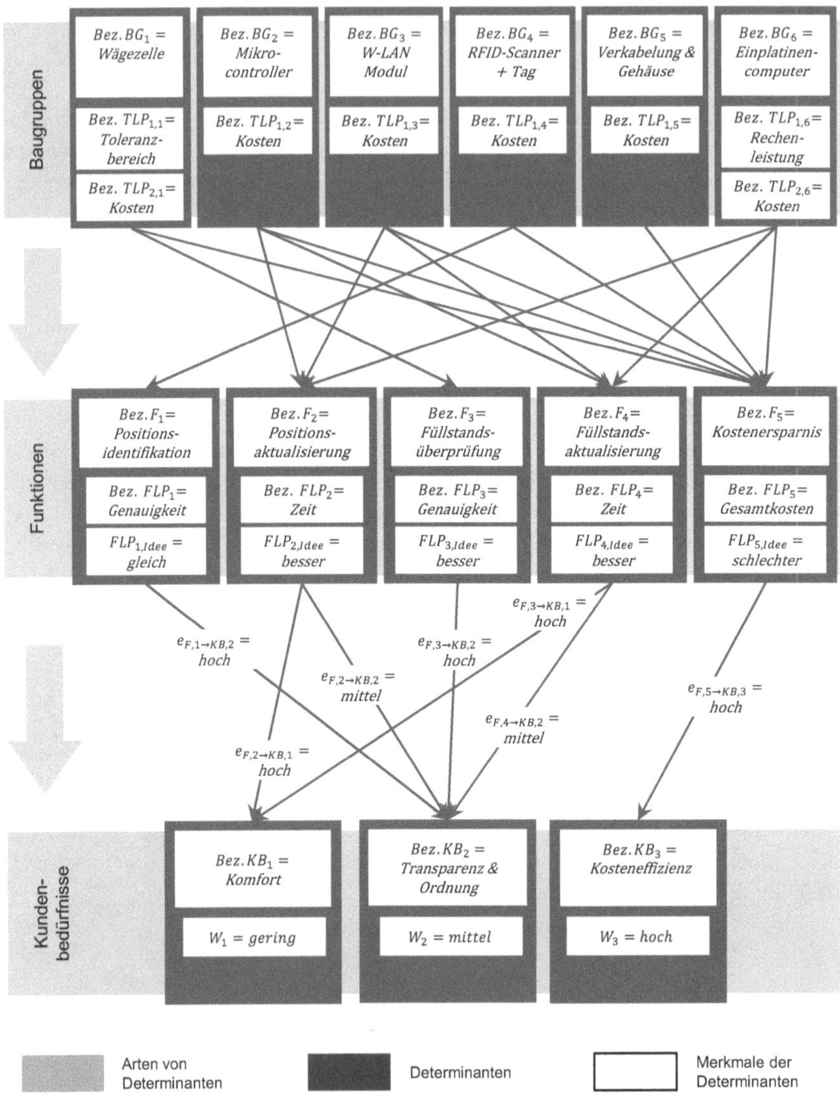

Abbildung 5-4 **Übersicht der verfügbaren Informationen zum zweiten Betrachtungszeitpunkt**

Bestimmung der repräsentativen Entwicklungsphase

Aus den spezifizierten Eingabemasken (s. Anhang F.3) ist zu erkennen, dass zum zweiten Betrachtungszeitpunkt Merkmalsausprägungen der kreativ-divergenten Phase sowie der kreativ-konvergenten Phase vorhanden sind. Diese Kombination von Merkmalsausprägungen entspricht der in Abbildung 4-23 aufgeführten Kombination 10. Basierend auf dieser vorliegenden Kombination von Merkmalsausprägungen wird die Innovationsidee zum zweiten Betrachtungszeitpunkt in die kreativ-konvergente Entwicklungsphase eingeordnet (s. Abschnitt 4.4.1.2).

Erarbeitung fehlender Informationen

Um alle für die Logikbestimmung benötigten Informationen erarbeiten zu können gilt es zunächst festzustellen, welche der benötigten Informationen zum Betrachtungszeitpunkt noch nicht vorhanden sind. Da die Innovationsidee der Produktionslogistik GmbH zum zweiten Betrachtungszeitpunkt der kreativ-konvergenten Phase zugeordnet wurde, müssen auch alle zur Logikbestimmung benötigten Informationen im Format der kreativ-konvergenten Phase zur Verfügung stehen. Folglich müssen weitergehende Informationen hinsichtlich aller Merkmale erarbeitet werden, welche lediglich im Format der kreativ-divergenten Phase vorliegen. Im Falle der vorliegenden Innovationsidee ist die Wichtigkeit der Kundenbedürfnisse lediglich im Format der kreativ-divergenten Phase vorhanden. Zur Spezifizierung der Wichtigkeit wird auf ein geeignetes Innovationswerkzeug zurückgegriffen. Eine Auswahl von Innovationswerkzeugen wurde in Teilkapitel 4.2.3 hinsichtlich ihrer Eignung zur Erarbeitung der unterschiedlichen Merkmalsausprägungen in der kreativ-konvergenten Phase bewertet. Danach ist das Innovationswerkzeug „Quality Function Deployment" zur Spezifizierung der Wichtigkeit der Kundenbedürfnisse im kreativ-konvergenten Format priorisiert zu nutzen. Das Ergebnis der gemeinsamen Anwendung des Innovationswerkzeugs mit der Produktionslogistik GmbH ist in Abbildung A.19 des Anhangs visualisiert. Danach wird die Wichtigkeit des Kundenbedürfnisses nach Mitarbeiterkomfort als „gering", die Wichtigkeit des Bedürfnisses nach Transparenz und Ordnung als „mittel" und die Wichtigkeit des Bedürfnisses nach Kosteneffizienz als „hoch" eingeschätzt.

5.2.2.2 Ermittlung der relevanten Kennzahlen

Nach der vollständigen Erarbeitung aller benötigten Informationen wird nachfolgend die Höhe aller relevanten Kennzahlen zur Logikbestimmung ermittelt. Dazu erfolgt initial die Berechnung der relativen Leistungsfähigkeit der Funktionen gefolgt von der Berechnung des Erfüllungsgrads der Kundenbedürfnisse. Daraufhin werden die resultierenden Teilnutzen sowie der Gesamtnutzen ermittelt (s. Teilkapitel 4.4.2).

Ermittlung der relativen Leistungsfähigkeit der Funktionen

Die zur Ermittlung der relativen Leistungsfähigkeit notwendigen Eingangsinformationen sowie Berechnungsmechanismen lassen sich Abbildung 4-28 entnehmen. Danach ergibt sich für die drei Funktionen Positionsaktualisierung, Füllstandsüberprüfung und Füllstandsaktualisierung eine positive relative Leistungsfähigkeit. Sie sind folglich leistungsfähiger als die Funktionen des Referenzszenarios. Da die Funktion „Positionsidentifikation" vom Referenzszenario ebenso gut umgesetzt wird wie von der Innovationsidee, weist die zugehörige relative Leistungsfähigkeit den Wert null auf. Die Funktion der Kostenreduzierung wird hingegen von der Innovationsidee schlechter umgesetzt als vom Referenzszenario. Ihre relative Leistungsfähigkeit weist in der Konsequenz einen negativen Wert auf. Eine Übersicht der ermittelten Leistungsfähigkeit aller Funktionen ist in Abbildung 5-5 dargestellt. Diese zeigt die relative Leistungsfähigkeit als Abstand vom Mittelpunkt des Diagramms. Ein geringer Abstand repräsentiert eine geringe relative Leistungsfähigkeit, ein großer Abstand eine hohe relative Leistungsfähigkeit.

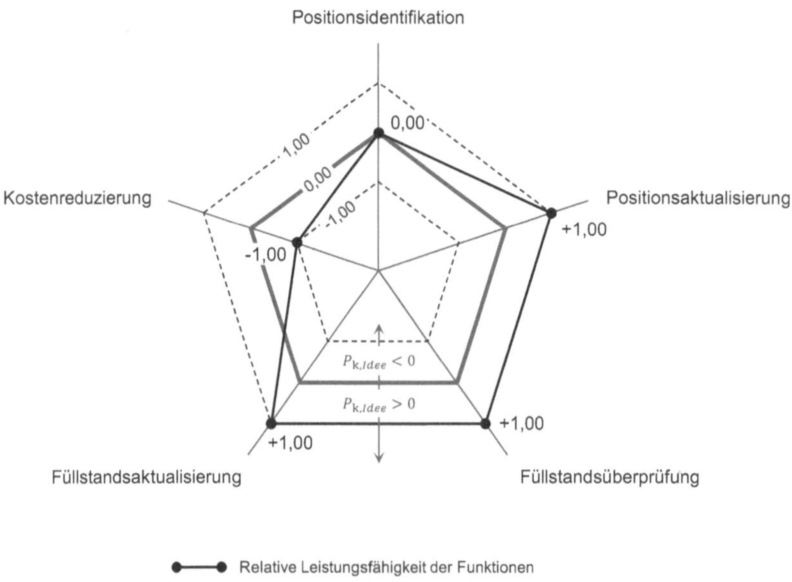

Abbildung 5-5 Relative Leistungsfähigkeit der Funktionen zum zweiten Betrachtungszeitpunkt

Ermittlung des Erfüllungsgrads der Kundenbedürfnisse

Die zur Ermittlung des Erfüllungsgrads der Kundenbedürfnisse benötigten Eingangsinformationen und Berechnungsmechanismen gehen aus Abbildung 4-29 hervor. Die relative Leistungsfähigkeit der Kundenbedürfnisse wurde im vorangegangenen Abschnitt bestimmt. Die genormten Einflüsse der Funktionen auf die Kundenbedürfnisse ergeben sich aus den quantifizierten Ausprägungen der Einflüsse der Funktionen auf die Kundenbedürfnisse (s. Abschnitt 4.4.2.2) gemäß Formel (4.5). Eine Übersicht der berechneten genormten Einflüsse der Funktionen auf die Kundenbedürfnisse sowie der zugehörigen Eingangsinformationen ist in Abbildung A.20 dargestellt. Mit einem Wert von 1,00 bzw. 0,70 werden die Bedürfnisse nach Komfort bzw. Transparenz und Ordnung zum zweiten Betrachtungszeitpunkt durch die Innovationsidee besser erfüllt als durch das Referenzszenario. Hinsichtlich des Bedürfnisses nach Kosteneffizienz ist aufgrund des negativen Erfüllungsgrads von -1,00 das Gegenteil der Fall. Abbildung 5-6 fasst die berechneten Erfüllungsgrade der einzelnen Kundenbedürfnisse zusammen.

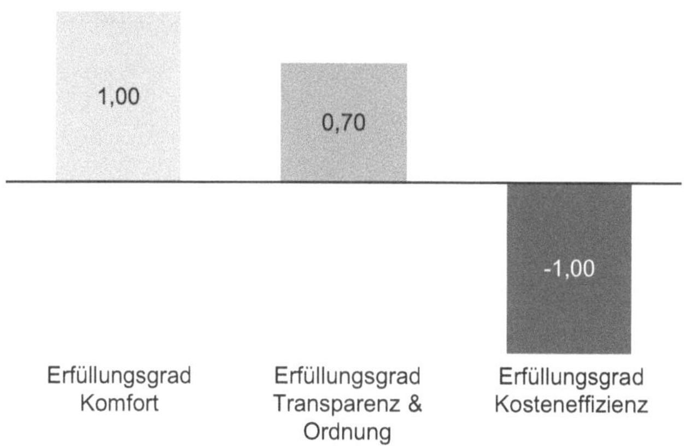

Abbildung 5-6 Erfüllungsgrad der Kundenbedürfnisse zum zweiten Betrachtungszeitpunkt

Ermittlung der Teilnutzen

Die zur Ermittlung der Teilnutzen notwendigen Eingangsinformationen sowie Berechnungsmechanismen ergeben sich aus Abbildung 4-30. Während die Berechnung der Erfüllungsgrade im letzten Abschnitt erfolgte, lässt sich die genormte Wichtigkeit der einzelnen Kundenbedürfnisse nach Formel (4.8) berechnen. Danach ergibt sich für das Kundenbedürfnis nach Kosteneffizienz mit einem Wert von 0,5 die höchste genormte Wichtigkeit, gefolgt von dem Bedürfnis nach Transparenz und Ordnung mit einem Wert von 0,33 und dem Bedürfnis nach Komfort mit einem Wert von 0,17. Abbildung A.21 des Anhangs stellt die ermittelten Berechnungsergebnisse zusammenfassend dar. Die sich aus der genormten Wichtigkeit sowie dem Erfüllungsgrad der Kundenbedürfnisse ergebende Höhe der Teilnutzen $TN_{KB,i}$ ist in Abbildung 5-7 dargestellt. Sie wird repräsentiert durch die Größe der Fläche der abgebildeten Kreisausschnitte. Diese wird zum einen durch das Winkelmaß, zum anderen durch den Radius des zugehörigen Kreisausschnittes determiniert. Während das Winkelmaß die genormte Wichtigkeit des jeweiligen Kundenbedürfnisses darstellt, wird der Erfüllungsgrad durch den Radius des zugehörigen Kreisausschnittes angedeutet. Ist der Erfüllungsgrad eines Kundenbedürfnisses größer als null, so ist der zugehörige Radius größer als der angedeutete Referenzradius des Erfüllungsgrads von 0,00. Weist der Erfüllungsgrad eines Kundenbedürfnisses hingegen einen geringeren Wert als null auf, so ist der Radius des zugehörigen Kreisausschnittes geringer als der Referenzradius. Wie Abbildung 5-7 zu entnehmen ist, weisen die Kundenbedürfnisse nach Komfort und Transparenz und Ordnung zwar höhere Erfüllungsgrade als das Bedürfnis nach Kosteneffizienz auf, sie sind jedoch für den Kunden von geringer Bedeutung.

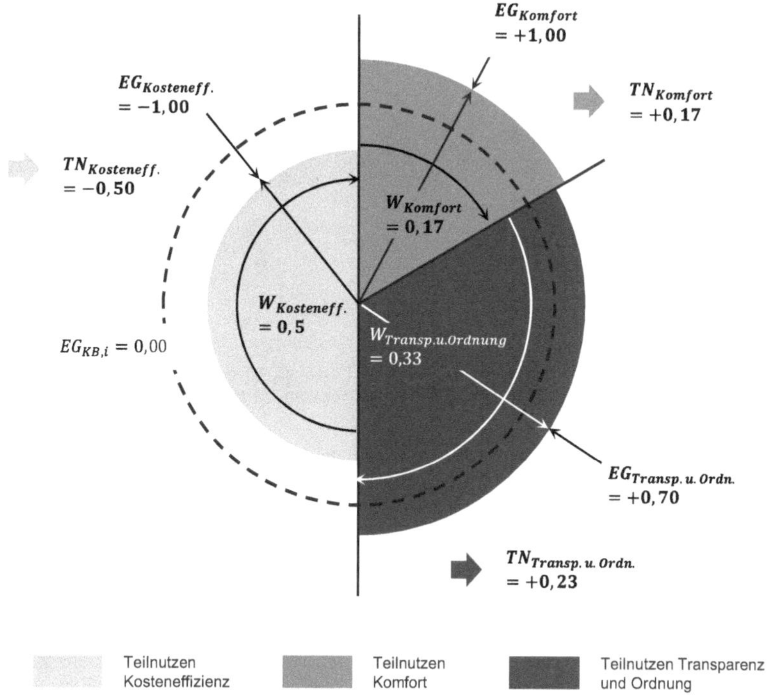

Abbildung 5-7 Zusammensetzung der Teilnutzen zum zweiten Betrachtungszeitpunkt

Ermittlung des Gesamtnutzens

Die zur Ermittlung des Gesamtnutzens notwendigen Eingangsinformationen sowie Berechnungsmechanismen sind Abbildung 4-31 zu entnehmen. Danach ergibt sich der aus dem Nutzenkonzept der Innovationsidee zum zweiten Betrachtungszeitpunkt resultierende Gesamtnutzen zu -0,10. Die Zusammensetzung des Gesamtnutzens aus den zuvor ermittelten Teilnutzen ist in Abbildung 5-8 dargestellt.

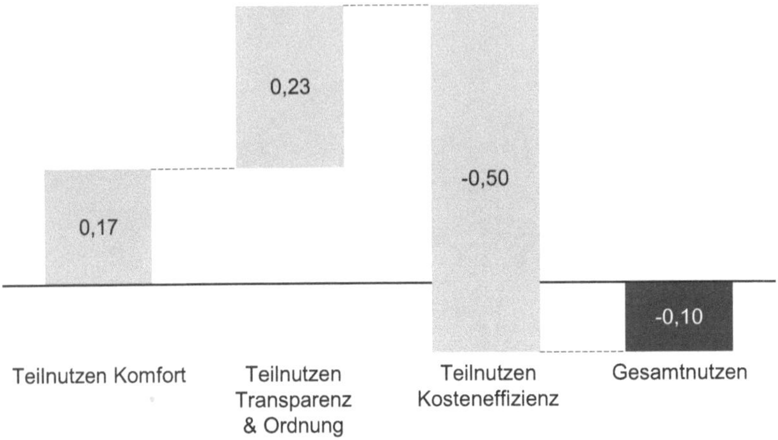

Abbildung 5-8 Zusammensetzung des Gesamtnutzens zum zweiten Betrachtungszeitpunkt

5.2.2.3 Bestimmung des Logikgrads

Die Innovationsidee der Produktionslogistik GmbH weist zum zweiten Betrachtungszeitpunkt einen negativen Gesamtnutzen auf. Dieser ist insbesondere auf den negativen Erfüllungsgrad des wichtigsten Kundenbedürfnisses nach Kosteneffizienz zurückzuführen. Ausschlaggebend für den negativen Erfüllungsgrad des Bedürfnisses nach Kosteneffizienz ist wiederum die negative relative Leistungsfähigkeit der Funktion Kostenreduzierung. Durch die Innovationsidee wird folglich im Vergleich zum Referenzszenario eines angestellten Lageristen keine höhere Kostenreduzierung realisiert. Den Ausführungen von Teilkapitel 4.3.2 folgend wird die Innovationsidee zum zweiten Betrachtungszeitpunkt daher als unlogisch beurteilt. In der Konsequenz wird eine Adaption der Ausgestaltung des Nutzenkonzeptes oder das Verwerfen der Innovationsidee empfohlen (s. Abschnitt 4.4.3.2). Die Ermittlung des Logikgrades sowie der resultierenden Implikationen aus der Höhe der relevanten Kennzahlen ist in Abbildung 5-9 dargestellt.

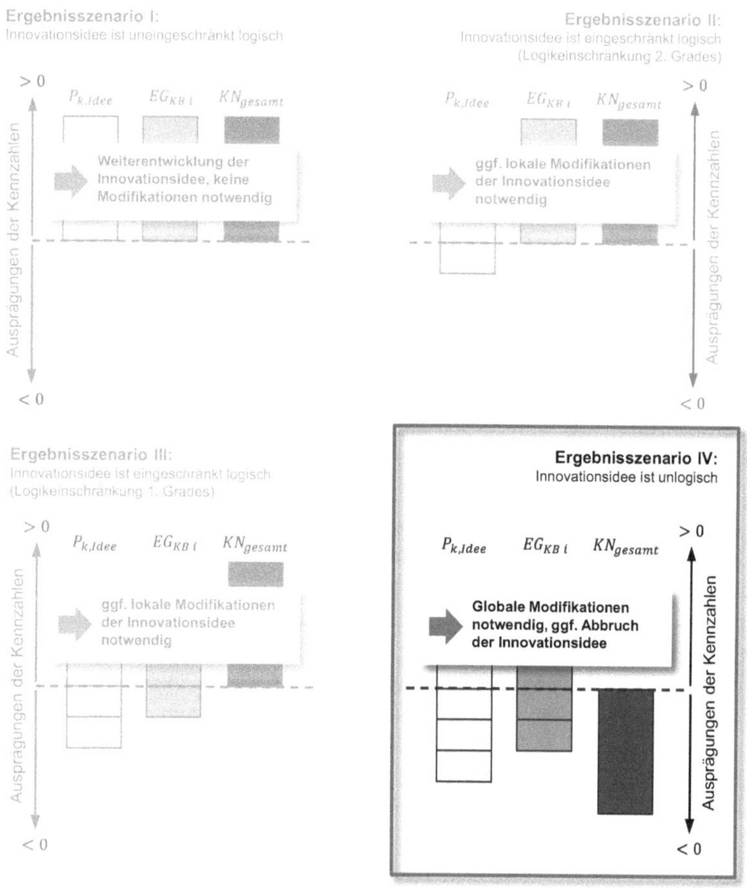

Abbildung 5-9 Ermittlung des Logikgrades der Innovationsidee zum zweiten Betrachtungszeitpunkt

5.2.3 Logikbestimmung zum dritten Betrachtungszeitpunkt

Wie in Unterkapitel 5.2 angeführt, erfolgt unmittelbar nach dem zweiten Betrachtungszeitpunkt eine maßgebliche Modifikation des Nutzenkonzeptes der Innovationsidee durch die Produktionslogistik GmbH. Zum dritten Betrachtungszeitpunkt liegt der Fokus der Innovationsidee nicht mehr auf der Herstellung digitalisierter Lagerplätze für C-Teile Boxen sondern für Europaletten. Diese Adaption der Innovationsidee wirkt sich sowohl auf die Wahl der Funktionen als auch auf die Wahl der Baugruppen aus. Trotz veränderter Rahmenbedingungen erfolgt die Logikbestimmung der Innovationsidee unverändert anhand der bereits in Teilkapitel 5.2.2 angeführten drei Schritte.

5.2.3.1 Erarbeitung benötigter Informationen

Analog zur Logikbestimmung des ersten und zweiten Betrachtungszeitpunktes werden nachfolgend zunächst alle zum dritten Betrachtungszeitpunkt verfügbaren Informationen aufgenommen. Es folgt anschließend die Ermittlung der repräsentativen Entwicklungsphase sowie die Erarbeitung fehlender Informationen.

Aufnahme verfügbarer Informationen

Aufgrund der in Unterkapitel 5.1 erläuterten Modifikation der Innovationsidee lassen sich zum dritten Betrachtungszeitpunkt wesentliche Änderungen hinsichtlich der Baugruppen sowie der umzusetzenden Funktionen im Vergleich zum zweiten Betrachtungszeitpunkt feststellen. Da Europaletten Teil eines Tauschsystems sind, verbleiben diese nicht dauerhaft in einem Unternehmen. Eine Kennzeichnung durch RFID-Tags ist daher nicht länger möglich. Vor diesem Hintergrund erfolgt die Realisierung der Positionsidentifikation zum dritten Betrachtungszeitpunkt anhand der Erfassung visueller Marker (wie z. B. QR-Codes) durch IoT-Kameras. Obwohl die Bezeichnungen der Funktionen sich nicht geändert haben, beziehen diese sich zum dritten Betrachtungszeitpunkt nicht mehr länger auf die Lagerung von C-Teile Boxen sondern auf die Lagerung von Europaletten. Eine detaillierte Übersicht aller zum dritten Betrachtungszeitpunkt verfügbaren Informationen ist den gemeinsam mit der Produktionslogistik GmbH spezifizierten Eingabemasken des Anhangs F.6 zu entnehmen. Eine zusammenfassende Übersicht dieser Informationen ist in Abbildung 5-10 dargestellt.

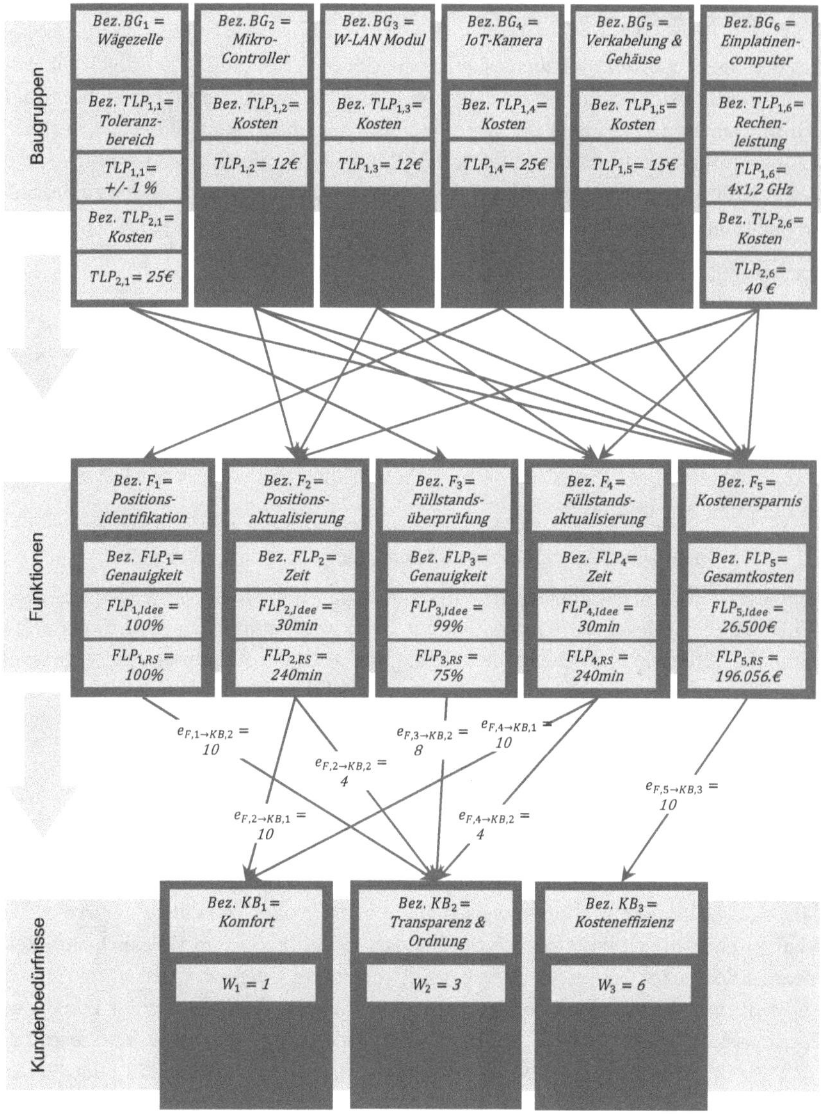

Abbildung 5-10 **Übersicht der verfügbaren Informationen zum dritten Betrachtungszeitpunkt**

Bestimmung der repräsentativen Entwicklungsphase

Aus den spezifizierten Eingabemasken sowie der in Abbildung 5-10 dargestellten Informationsübersicht geht hervor, dass zum dritten Betrachtungszeitpunkt ausschließlich Merkmalsausprägungen der Konzeptphase vorhanden sind. Diese Art der Informationsverfügbarkeit entspricht der in Abbildung 4-23 aufgeführten Kombination 15. Den Ausführungen des Abschnitts 4.4.1.2 nach wird die Innovationsidee zum dritten Betrachtungszeitpunkt in die Konzeptphase eingeordnet.

Erarbeitung fehlender Informationen

Da die Innovationsidee zum dritten Betrachtungszeitpunkt der Konzeptphase zugeordnet wurde (s. o.), müssen folglich für die Logikbestimmung alle Merkmalsausprägungen im Format der Konzeptphase vorliegen (s. Abschnitt 4.4.1.3). Wie aus den spezifizierten Eingabemasken im Anhang F.6 sowie der Übersicht in Abbildung 5-10 hervorgeht, liegen zum dritten Betrachtungszeitpunkt bereits alle Informationen in der benötigten Qualität vor. Eine Generierung weiterer Informationen ist folglich zur Logikbestimmung nicht nötig.

5.2.3.2 Ermittlung der relevanten Kennzahlen

Nach der vollständigen Erarbeitung aller benötigten Informationen wird nachfolgend die Höhe aller relevanten Kennzahlen zur Logikbestimmung ermittelt. Dazu erfolgt initial die Berechnung der relativen Leistungsfähigkeit der Funktionen gefolgt von der Berechnung des Erfüllungsgrads der Kundenbedürfnisse. Daraufhin werden die resultierenden Teilnutzen sowie der Gesamtnutzen ermittelt (s. Teilkapitel 4.4.2).

Ermittlung der relativen Leistungsfähigkeit der Funktionen

Die zur Ermittlung der relativen Leistungsfähigkeit notwendigen Eingangsinformationen sowie Berechnungsmechanismen sind in Abbildung 4-32 dargestellt. Danach berechnet sich die Höhe der relativen Leistungsfähigkeit der Positionsidentifikation zu 0,00. Alle weiteren Funktionen weisen einen Wert größer als null auf. Durch die gewählten Baugruppen wird folglich die Positionsidentifikation im Vergleich zum Referenzszenario nicht besser, aber auch nicht schlechter umgesetzt. Im Vergleich zum Referenzszenario deutlich überlegen erfolgt jedoch die Realisierung der Funktionen Positionsaktualisierung (7,00), Füllstandsaktualisierung (7,00) sowie Kostenreduzierung (6,40). Abbildung 5-11 stellt die Berechnungsergebnisse für die relative Leistungsfähigkeit der einzelnen Funktionen zusammenfassend dar.

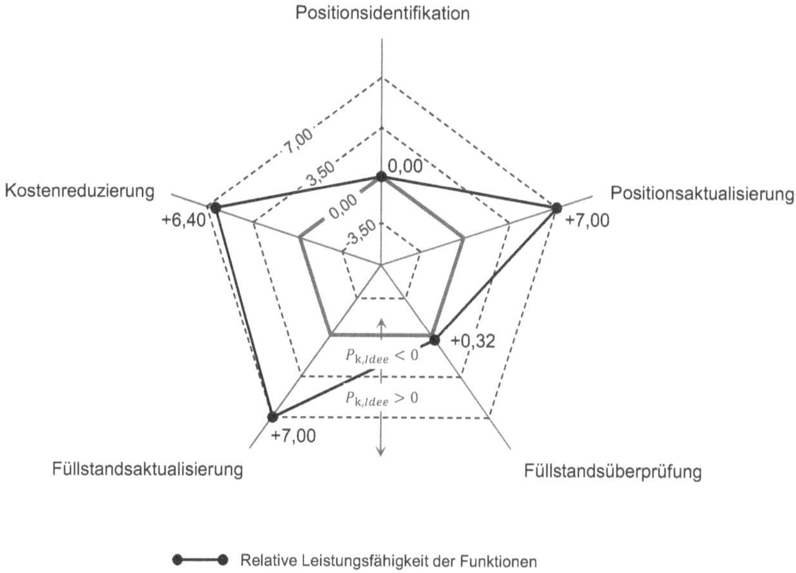

Abbildung 5-11 Relative Leistungsfähigkeit der Funktionen zum dritten Betrachtungszeitpunkt

Ermittlung des Erfüllungsgrads der Kundenbedürfnisse

Die zur Ermittlung des Erfüllungsgrads der Kundenbedürfnisse benötigten Eingangsinformationen und Berechnungsmechanismen gehen aus Abbildung 4-33 hervor. Danach ist die Höhe des Erfüllungsgrads eines Kundenbedürfnisses neben der zuvor ermittelten relativen Leistungsfähigkeit der Funktionen abhängig von der genormten Höhe des Einflusses der Funktionen auf die Kundenbedürfnisse $e_{F\ k \rightarrow KB\ i,genormt}$. Diese lässt sich analog zu Abschnitt 5.2.2.2 anhand Formel (4.5) berechnen. Im Ergebnis werden alle drei Kundenbedürfnisse zu einem höheren Maß von der Innovationsidee erfüllt als vom Referenzszenario. Dies wird anhand der ausschließlich positiven Werte für den Erfüllungsgrad in Abbildung 5-12 verdeutlicht. Insbesondere die Höhe der Erfüllungsgrade der Bedürfnisse nach Komfort und Kosteneffizienz stechen hervor. Dies ist maßgeblich auf die hohe relative Leistungsfähigkeit der Funktionen Positionsaktualisierung, Füllstandsaktualisierung sowie Kostenreduzierung zurückzuführen. Eine Zusammenfassung der Eingangsinformationen, der Berechnungsformel sowie der

Berechnungsergebnisse ist im Anhang F.5 zu finden. Die berechnete Höhe des Erfüllungsgrads der Kundenbedürfnisse ist in Abbildung 5-12 dargestellt.

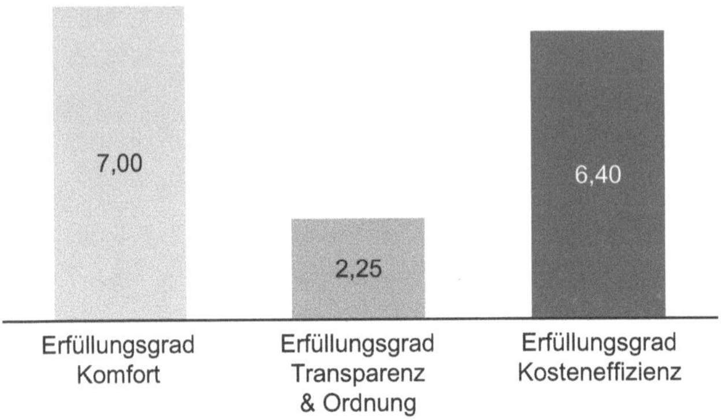

Abbildung 5-12 Erfüllungsgrad der Kundenbedürfnisse zum dritten Betrachtungszeitpunkt

Ermittlung der Teilnutzen

Die zur Ermittlung der Teilnutzen notwendigen Eingangsinformationen sowie Berechnungsmechanismen ergeben sich aus Abbildung 4-34. Im Ergebnis weist das Kundenbedürfnis nach Kosteneffizienz zum dritten Betrachtungszeitpunkt sowohl die höchste Wichtigkeit als auch den höchsten Erfüllungsgrad auf. Daraus resultiert der höchste Teilnutzen und damit der höchste Beitrag zum Gesamtnutzen. Das Bedürfnis nach Komfort weist im Gegensatz zu dem Bedürfnis nach Transparenz und Ordnung eine geringere Wichtigkeit, dafür aber einen höheren Erfüllungsgrad auf. Die resultierende Höhe der Teilnutzen fällt im Ergebnis daher für beide Kundenbedürfnisse ähnlich hoch aus. Der Zusammenhang von Wichtigkeit und Erfüllungsgrad der Kundenbedürfnisse sowie der daraus resultierenden Teilnutzen ist in Abbildung 5-13 dargestellt.

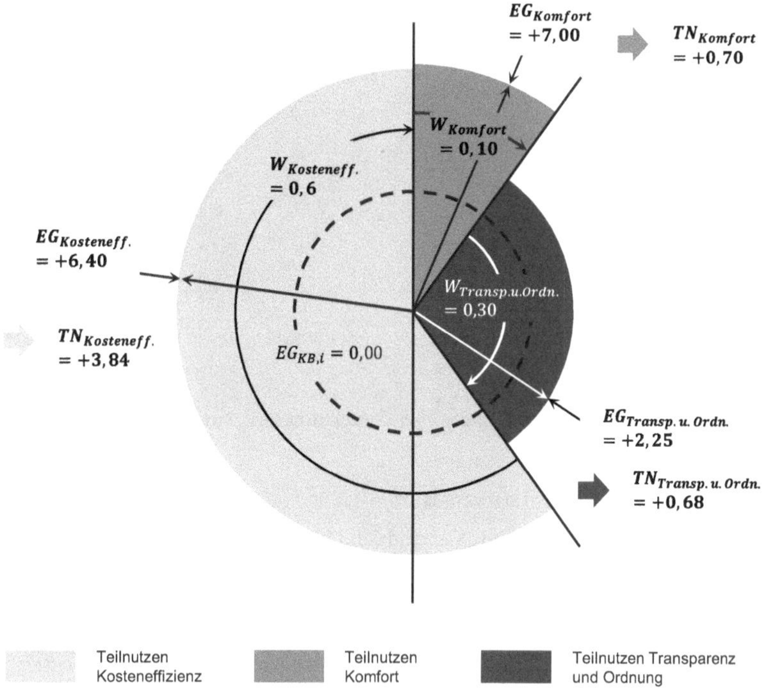

Abbildung 5-13 Zusammensetzung der Teilnutzen zum dritten Betrachtungszeitpunkt

Ermittlung des Gesamtnutzens

Der Gesamtnutzen setzt sich gemäß Formel (4.11) additiv aus den ermittelten Teilnutzen zusammen. Aus den drei positiven Teilnutzen ergibt sich in der Konsequenz ein ebenfalls positiver Gesamtnutzen. Abbildung 5-14 addiert die zuvor berechneten Teilnutzen zu einem Gesamtnutzen von 5,21.

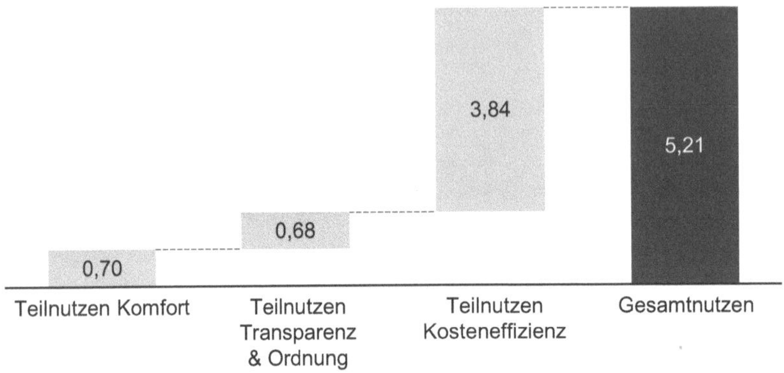

Abbildung 5-14 Zusammensetzung des Gesamtnutzens zum dritten Betrachtungszeitpunkt

5.2.3.3 Bestimmung des Logikgrads

Auf der Grundlage der ermittelten Kennzahlen lässt sich die Logik des Nutzenkonzeptes der Innovationsidee bestimmen (s. Teilkapitel 4.4.3). Das Nutzenkonzept der Innovationsidee weist zum dritten Betrachtungszeitpunkt einen positiven Gesamtnutzen auf. Darüber hinaus wurde sowohl für die relative Leistungsfähigkeit aller Funktionen als auch den Erfüllungsgrad aller Kundenbedürfnisse ein positiver Wert ermittelt. Auf der Grundlage dieser Ergebnisse wird die Innovationsidee den Ausführungen des Teilkapitels 4.3.2 nach zum dritten Betrachtungszeitpunkt als uneingeschränkt logisch beurteilt. Eine Modifikation des Nutzenkonzeptes zum dritten Betrachtungszeitpunkt ist folglich nicht notwendig. Die Ermittlung des Logikgrades sowie der resultierenden Implikationen aus der Höhe der relevanten Kennzahlen ist in Abbildung 5-15 dargestellt.

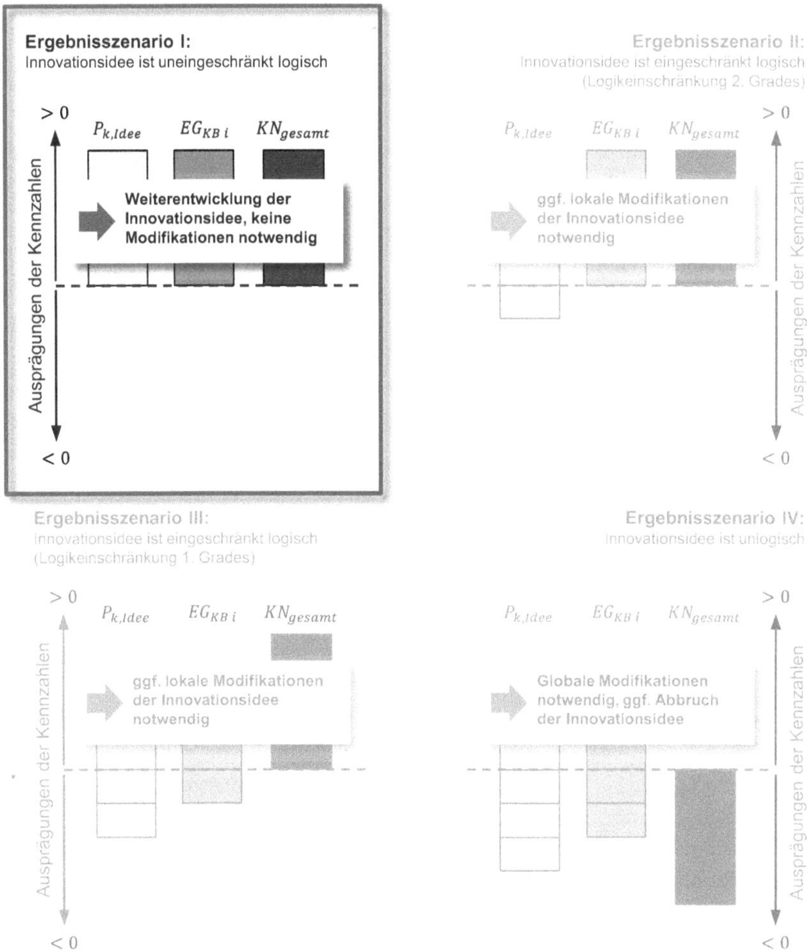

Abbildung 5-15 Ermittlung des Logikgrades der Innovationsidee zum dritten Betrachtungszeitpunkt

5.3 Kritische Reflexion der Methodik

Das folgende Unterkapitel dient der kritischen Reflexion der entwickelten Methodik zur Bestimmung der Logik von Innovationsideen für technische Systeme. Zu diesem Zweck werden zunächst die zuvor beschriebene Anwendung der Methodik sowie die daraus resultierenden Ergebnisse reflektiert bevor anschließend die Erfüllung der in Teilkapitel 3.1.1 definierten formalen und in Teilkapitel 3.1.2 hergeleiteten inhaltlichen Anforderungen überprüft wird.

Während die verschiedenen Arten von Determinanten des Nutzenkonzeptes in einer hierarchischen Beziehung zueinanderstehen, sieht die Methodik zur Spezifizierung von Determinanten derselben Art jeweils nur eine einzige Ebene vor (s. Teilkapitel 4.1.1). Ist die Spezifizierung von Baugruppen und Kundenbedürfnissen auf einer Ebene komplikationslos möglich, führt dies im Fall der Funktionen zur Darstellung von Elementen auf derselben Ebene, welche tatsächlich in einer hierarchischen Beziehung zueinanderstehen. So wird im Fallbeispiel die Funktion „Kostenersparnis" auf der gleichen hierarchischen Ebene wie allen weiteren Funktionen abgebildet, obwohl die Höhe ihrer Funktionsleistungsparameter sich mitunter aus den Funktionsleistungsparametern der anderen Funktionen ergibt.

Eine Alternative zur Darstellung aller Funktionen auf derselben Ebene stellt die Formulierung von Funktionen auf verschiedenen hierarchischen Ebenen dar. So existieren in der Verbrauchsforschung Ansätze, nach denen sich der Nutzen eines Produktes aus der Summe von resultierenden Vorteilen und Kosten für den Kunden zusammensetzt[415]. Durch eine Unterscheidung zwischen Funktionen zur Vorteilsgenerierung und Funktionen zur Kostenvermeidung ließe sich eine hierarchische Beziehung zwischen diesen Funktionsarten darstellen. Würden allerdings die Funktionen zur Kostenvermeidung den Funktionen zur Vorteilsgenerierung untergeordnet, ließen sich die technischen Parameter der Baugruppen den Funktionen zur Kostenvermeidung nicht mehr eindeutig zuordnen. Die Investitionskosten der Baugruppen müssten folglich den Funktionen zur Vorteilsgenerierung zugerechnet werden. Ob in der frühen Phase des Innovationsprozesses jedoch bereits verlässliche Informationen existieren, welche eine realitätsnahe Zuordnung der Investitionskosten ermöglichen, ist fraglich.

Insgesamt hätte die Einführung einer hierarchischen Unterscheidung der Funktionen eine genauere Abbildung der Realität durch die Methodik zur Folge. Zu diskutieren ist allerdings, ob dies der Erfüllung der Anforderungen an die Methodik tatsächlich zuträglich wäre. So zeigt die Anwendung der Methodik, dass die aktuelle Ausgestaltung

[415] Vgl. Kotler et al. (2016), Marketing Management, S. 33

des Nutzenkonzeptes eine intuitive und komplikationslose Spezifizierung der Funktionen erlaubt, welche zu empirisch richtigen Ergebnissen führt. Die Unterscheidung und hierarchische Ordnung der Funktionen sowie die Sammlung der dafür notwendigen Informationen ginge dagegen mit einer erheblichen Steigerung des Anwendungsaufwandes einher. Die Modifikation des Nutzenkonzeptes hätte folglich eine Erhöhung des Anwendungsaufwandes zur Folge, ohne dass dem eine Erhöhung der Anforderungserfüllung gegenüberstände. Wie in Teilkapitel 3.1.2 dargelegt, stellt die praktische Anwendbarkeit eine zentrale Anforderung an die entwickelte Methodik dar. Zugunsten der Erfüllung dieser Anforderung wurde auf eine genauere Modellierung der Realität durch die hierarchische Unterscheidung der Funktionen verzichtet.

Nach der kritischen Reflexion der Anwendungserfahrung erfolgt abschließend die Überprüfung der in Unterkapitel 3.1 hergeleiteten Anforderungen an die Methodik. Durch die Einführung von drei repräsentativen Entwicklungsphasen und die Definition zugehöriger Merkmalsausprägungen wurde eine Orientierung der Bewertungsgrundlage am Reifegrad der Innovationsidee sichergestellt. Die Ermittlung der Zusammenhänge zwischen den Determinanten des Nutzenkonzeptes sowie der Höhe des Kundennutzens erfolgte in Unterkapitel 4.3 in Form von mathematischen Zusammenhängen. Darüber hinaus wurde mit der Einführung eines Referenzszenarios die Beurteilung der Innovationsidee bezogen auf einen geeigneten Vergleichsmaßstab ermöglicht. Der praktischen Anwendbarkeit der Methodik wurde zuletzt durch die Bereitstellung simpler und intuitiv ausfüllbarer Eingabemasken sowie einer detaillierten Anwendungsbeschreibung Rechnung getragen. Die in Teilkapitel 3.1.2 hergeleiteten, inhaltlichen Anforderungen wurden somit erfüllt.

Über die inhaltlichen Anforderungen hinaus erfüllt die entwickelte Methodik auch die in Teilkapitel 3.1.1 formulierten, formalen Anforderungen. Aus dem vorangegangenen Teilkapitel geht eine hohe Übereinstimmung der Anwendungsergebnisse mit den in Unterkapitel 5.1 dargestellten, realen Gegebenheiten zum jeweiligen Anwendungszeitpunkt hervor. Die Methodik ist folglich empirisch richtig. Gleichzeitig wurde durch die wiederholte Übereinstimmung der Anwendungsergebnisse mit den realen Gegebenheiten die Konsistenz der Methodik sichergestellt. In Verbindung mit einer wiederholbaren und nachprüfbaren Gestaltung ist die Methodik weiterhin formal richtig. Der Ansicht der Produktionslogistik GmbH nach ist die entwickelte Methodik darüber hinaus zweckbezogen und ihre Anwendung intuitiv. Auch die Erfüllung der formalen Anforderungen nach produktiver und handhabbarer Gestaltung der Methodik ist somit sichergestellt. Zuletzt steht der aus der Anwendung resultierende Nutzen der Meinung des Anwendungspartners nach in einem ausgewogenen Verhältnis zum Aufwand.

Trotz der Erfüllung der zuvor genannten Zielstellung und Anforderungen konnten im Rahmen der Anwendung Anknüpfungspunkte für eine Weiterentwicklung der Methodik identifiziert werden. Vor dem Hintergrund der Interpretation des Forschungsbegriffes als kontinuierlichen Prozess werden diese Anknüpfungspunkte im Rahmen des nächsten Kapitels dargestellt und diskutiert.

6 Zusammenfassung und Ausblick

Die Fähigkeit, Innovationen hervorbringen zu können, stellt die zentrale Voraussetzung der Wettbewerbsfähigkeit von Unternehmen dar. Der Auswahl der erfolgversprechendsten Innovationsideen als Ursprung jeder Innovation kommt daher in Unternehmen eine entscheidende Rolle zu. Ausschlaggebend für den Erfolg einer Innovationsidee ist der aus ihrer Umsetzung für den Kunden resultierende Nutzen. Die Bewertung einer Innovationsidee hinsichtlich dieses Nutzens stellt Unternehmen jedoch in der Praxis vor bisher ungelöste Herausforderungen. Die Zielsetzung der vorliegenden Arbeit bestand vor diesem Hintergrund in der Entwicklung einer Methodik zur Überprüfung des Nutzenkonzeptes von Innovationsideen für technische Systeme hinsichtlich ihrer Logik.

Zur Erreichung dieser Zielsetzung wurden nach dem Einleitungskapitel grundlegende Begrifflichkeiten und relevante Theorien im Themenfeld der Nutzenbewertung von Innovationsideen vorgestellt, der Betrachtungsbereich für die vorliegende Arbeit eingegrenzt und anschließend für die Ausarbeitung dieser Arbeit relevante wissenschaftliche Arbeiten dargestellt und kritisch gewürdigt. Aus den resultierenden Defiziten in der wissenschaftlichen Literatur, identifizierten Defiziten in der Praxis sowie der formulierten Zielstellung wurden zu Beginn des dritten Kapitels die inhaltlichen Anforderungen für die vorliegende Arbeit hergeleitet. Gemeinsam mit den definierten formalen Anforderungen bildeten sie die Grundlage für die Herleitung des aus vier Modellen bestehenden Grobkonzepts.

Die detaillierte Ausgestaltung dieser vier Modelle erfolgte im vierten Kapitel der vorliegenden Arbeit. So wurden im ersten Modell die notwendigen Informationen zur Bestimmung der Logik des Nutzenkonzeptes von Innovationsideen für technische Systeme identifiziert. Dies beinhaltete die Herleitung relevanter Bestandteile eines Nutzenkonzeptes, deren Merkmale sowie deren Zusammenwirkens. Innerhalb des zweiten Modells erfolgte die Identifikation der bestgeeigneten Innovationswerkzeuge zur Erarbeitung der benötigten Informationen. Die Herleitung der notwendigen Mechanismen zur Interpretation der erarbeiteten und aufgenommenen Informationen hinsichtlich ihres logischen Zusammenhangs erfolgte im dritten Teilkapitel. Um die Anwenderfreundlichkeit der Logikbestimmung von Innovationsideen für technische Systeme sicherzustellen, vervollständigte die Erarbeitung einer detaillierten Vorgehensbeschreibung das vierte Kapitel.

Die entwickelte Methodik wurde im fünften Kapitel schließlich in Kollaboration mit einem Startup aus dem Bereich der Produktionslogistik validiert. Die Ergebnisse wurden diskutiert und die Anwendung der Methodik vor dem Hintergrund der zu Beginn formulierten Ziele und Anforderungen kritisch reflektiert.

Im Ergebnis unterstützt die im Rahmen dieser Arbeit entwickelte Methodik den Anwender bei der Erarbeitung derjenigen Elemente einer Innovationsidee, welche hinsichtlich der Generierung eines Kundennutzens von Relevanz sind. Darüber hinaus wird durch ihre Anwendung der Einfluss der Ausgestaltung dieser Elemente auf die Höhe des resultierenden Kundennutzens sichtbar. Auf diese Weise erhält der Anwender nicht nur Aufschluss über die Symptome einer unlogischen Ausgestaltung des Nutzenkonzeptes, wie z. B. einen fehlenden Gesamtnutzen für den Kunden, sondern auch die Ursachen dieser Symptome. Die im Rahmen dieser Arbeit entwickelte Methodik versetzt Unternehmen folglich in die Lage, Innovationsideen mit einem unschlüssigen Nutzenkonzept zu identifizieren und sie ggf. zu verwerfen. Gleichzeitig ermöglicht sie ihrem Anwender die zielgerichtete Adaption unlogischer Nutzenkonzepte. Sie unterstützt Unternehmen damit bei der Optimierung der Ressourcenallokation innerhalb des Ideenprozesses und dient als Grundlage für die Optimierung der Ideenentwicklung.

Neben der erläuterten Unterstützung produzierender Unternehmen weist die entwickelte Methodik Anknüpfungspunkte für zukünftige Forschungsarbeiten auf. Wie im vorangegangenen Abschnitt ausgeführt, lassen sich durch die Anwendung der Methodik im Falle eines unlogischen Nutzenkonzeptes die dafür ursächlichen Elemente identifizieren. Die Vorgabe von handlungsleitenden Prozessen zur bestmöglichen Adaption dieser Elemente liegt jedoch nicht im Fokus der vorliegenden Arbeit. Zur Überführung von Ideen in Innovationen unter Bedingungen hoher Unsicherheit und geringer Informationsverfügbarkeit kommen in der Praxis heute erfolgreich agile Entwicklungsprozesse und -methoden zum Einsatz. Vor diesem Hintergrund eröffnet die Verknüpfung der Anwendungsergebnisse dieser Methodik mit agilen Entwicklungsprozessen und -methoden ein potenzielles Forschungsfeld. Dieses könnte die Überprüfung des Nutzenkonzeptes von Innovationsideen zu unterschiedlichen Betrachtungszeitpunkten durch eine zielgerichtete Weiterentwicklung zwischen diesen Betrachtungszeitpunkten ergänzen und Unternehmen auf diese Weise bei einer weiteren Reduktion von Ressourcenverschwendung unterstützen.

Darüber hinaus beschränkt sich die Interpretation der Höhe des ermittelten Gesamtnutzens vor dem Hintergrund der Logikbestimmung auf die Klassifizierung als „positiver“ bzw. „negativer“ Gesamtnutzen. Die Kenntnis über Zusammenhang der genauen Höhe des Kundennutzens und der Erfolgswahrscheinlichkeit der Innovationsidee könnte Unternehmen bei der optimalen Ausgestaltung ihres Ideenportfolios unterstützen und bietet somit einen weiteren Anknüpfungspunkt für konsekutive Forschungsaktivitäten. Aufschluss über den Zusammenhang zwischen quantitativer Höhe des Kundennutzens und Erfolgswahrscheinlichkeit der Innovationsidee könnte zum einen die retrospektive Anwendung der entwickelten Methodik an verschiedensten Innovationsvorhaben liefern, deren Erfolg bzw. Misserfolg heute bekannt ist. Eine Alternative oder mögliche Ergänzung zur retrospektiven Anwendung bestünde in der kontinuierlichen Anwendung der Methodik an neu entstehenden Innovationsvorhaben. Der Vergleich der Anwendungsergebnisse mit den Beobachtungen realer Gegebenheiten zum Anwendungszeitpunkt ließe in diesem Fall Rückschlüsse auf den Zusammenhang zwischen quantitativer Höhe des Kundennutzens und Erfolgswahrscheinlichkeit des Innovationsvorhabens zu.

7 Literaturverzeichnis

Adam, T., Die Bewertung von Innovationsideen - Eine empirische Analyse von Bewertungsdimensionen und sozialen Einflussfaktoren, SUDWESTDEUTSCHER Verlag F, [Place of publication not identified], 2012.

Adner, R.; Kapoor, R., Value creation in innovation ecosystems: how the structure of technological interdependence affects firm performance in new technology generations, In: Strategic Management Journal, Nr. 3, 31. Jg., 2010, S. 306-333.

Ahsen, A., Bewertung von Innovationen im Mittelstand, Springer-Verlag Berlin Heidelberg, Berlin, Heidelberg, 2010.

Alexa, M.; Siegel, M., Tools für Social Listening und Sentiment-Analyse - Einsatzfelder und Praxisbeispiele für die Analyse deutschsprachiger Online-Textdaten, 1st ed. 2021; Springer Fachmedien Wiesbaden; Imprint Springer Vieweg, Wiesbaden, 2021.

Alsted Søndergaard, H., Market-oriented new product development, In: European Journal of Innovation Management, Nr. 1, 8. Jg., 2005, S. 79-90.

Augsten, T.; Brodbeck, H.; Birkenmeier, B., Strategie und Innovation, Springer Fachmedien Wiesbaden, Wiesbaden, 2017.

Aulet, B., Disciplined Entrepreneurship - 24 Steps to a Successful Startup, Wiley, Hoboken, 2013.

Bachmann, H., Methode zur Bestimmung der Logik einer Technologiestrategie, 1. Aufl.; Apprimus Verlag, Aachen, 2015.

Bänsch, A., Käuferverhalten, Oldenbourg Wissenschaftsverlag, 1998.

Biais, B.; Perotti, E., Entrepreneurs and new ideas, In: The RAND Journal of Economics, Nr. 4, 39. Jg., 2008, S. 1105-1125.

Biermann, B.; Erne, R., Nachhaltiges Produktmanagement - Wie Sie Nachhaltigkeitsaspekte ins Produktmanagement integrieren können, 1st ed. 2020; Springer Fachmedien Wiesbaden; Imprint: Springer Gabler, Wiesbaden, 2020.

Binder, V. A.; Kantowsky, J., Technologiepotentiale - Neuausrichtung der Gestaltungsfelder des Strategischen Technologiemanagements, Deutscher Universitätsverlag, Wiesbaden, s.l., 1996.

Binz, H.; Reichle, M., How to Measure the Success Potential and the Degree of Innovation of Technical Ideas and Products, In: Krause, F.-L. (Hrsg.): The Future of Product Development - Proceedings of the 17th CIRP Design Conference, Springer-Verlag Berlin Heidelberg, Berlin, Heidelberg, 2007, S. 53-65.

Blass, E., Entwicklung verfahrenstechnischer Prozesse - Methoden, Zielsuche, Lösungssuche, Lösungsauswahl, 2., vollständig überarbeitete Auflage; Springer, Berlin, Heidelberg, 1997.

Blecharz, P.; Stverkova, H., Product Quality and Customer Benefit, In: Qingyuan Zhou (Hrsg.): Applied Economics, Business and Development - International Symposium, ISAEBD 2011, Dalian, China, August 6 - 7, 2011, Proceedings, Part I, Springer-Verlag GmbH Berlin Heidelberg, Berlin, Heidelberg, 2011, S. 382-388.

Blocker, C., Modeling customer value perceptions in cross-cultural business markets, In: Journal of Business Research, Nr. 5, 64. Jg., 2011, S. 533-540.

Blumenschein, A.; Ehlers, I. U., Ideen managen - Eine verlässliche Navigation im kreativen Problemlösungsprozess, 2., aktualisierte Auflage; Springer Gabler, Wiesbaden, 2016.

Böhme, G., Fuzzy-Logik - Einführung in die algebraischen und logischen Grundlagen, Springer, Berlin, Heidelberg, 1993.

Botschen, G.; Thelen, E.; Pieters, R., Using means-end structures for benefit segmentation, In: European Journal of Marketing, Nr. 1/2, 33. Jg., 1999, S. 38-58.

Boulding, K., Die allgemeine Systemtheorie - als Skelett der Wissenschaft, In: Baetge, J. (Hrsg.): Grundlagen der Wirtschafts- und Sozialkybernetik - Betriebswirtschaftliche Kontrolltheorie, VS Verlag für Sozialwissenschaften, Wiesbaden, s.l., 1975, S. 16-32.

Brandenburg, F., Methodik zur Planung technologischer Produktinnovationen, Shaker, Aachen, 2002.

Braun-Thürmann, H., Innovation, transcript Verlag, s.l., 2005.

Brown, T., Change by design - How design thinking transforms organizations and inspires innovation, Revised and updated.; Harper Business an imprint of HarperCollins Publishers, New York, NY, 2019.

Brown, T.; Kātz, B., Change by design - How design thinking transforms organizations and inspires innovation, 1. ed.; Harper Business, New York, NY, 2009.

Bruns, M., Systemtechnik - Ingenieurwissenschaftliche Methodik zur interdisziplinären Systementwicklung, Springer Berlin Heidelberg, Berlin, Heidelberg, 1991.

Bühren, C., Präferenzmessung für Produkte mit hochinnovativen Attributen, 1st ed.; Cuvillier Verlag, Göttingen, 2010.

Bullinger, A. C., Innovation and Ontologies - Structuring the Early Stages of Innovation Management, Gabler Verlag / GWV Fachverlage GmbH Wiesbaden, Wiesbaden, 2009.

Burkhardt, N.; Ernst, A.; Rings, J.; Rings, S.; Schobloch, A.; Spicker, M.; Wigge, K.; Wirth, D.; Aerssen, B.; Buchholz, C., Das große Handbuch Innovation - 555 Methoden und Instrumente für mehr Kreativität und Innovation im Unternehmen, 1st ed.; Franz Vahlen, München, 2018.

Busacca, B.; Costabile, M.; Ancarani, F., Customer Value Metrics, In: Woodside, A. G. (Hrsg.): Creating and managing superior customer value, Repr; Emerald/JAI, Bingley, 2009, S. 149-204.

Butz, H.; Goodstein, L., Measuring customer value: Gaining the strategic advantage, In: Organizational Dynamics, Nr. 3, 24. Jg., 1996, S. 63-77.

Calantone, R.; Benedetto, C.; Schmidt, J., Using the Analytic Hierarchy Process in New Product Screening, In: Journal of Product Innovation Management, Nr. 1, 16. Jg., 1999, S. 65-76.

Carbonell-Foulquié, P.; Munuera-Alemán, J.; Rodríguez-Escudero, A., Criteria employed for go/no-go decisions when developing successful highly innovative products, In: Industrial Marketing Management, Nr. 4, 33. Jg., 2004, S. 307-316.

Carreyrou, J. (2018), Blood-Testing Firm Theranos to Dissolve, In: The Wall Street Journal, 05.09.2018, S. 1.

Carreyrou, J., Bad Blood - Die wahre Geschichte des größten Betrugs im Silicon Valley, Deutsche Verlags-Anstalt, München, 2019.

Carson, R.; Noel, R., Formalizing Requirements Verification and Validation, In: INCOSE International Symposium, Nr. 1, 28. Jg., 2018, S. 805-818.

CB Insights, The Top 12 Reasons Startups Fail,, 2021.

Chan, K.; Li, S.; Zhu, J., Good to Be Novel? Understanding How Idea Feasibility Affects Idea Adoption Decision Making in Crowdsourcing, In: Journal of Interactive Marketing, 43. Jg., 2018, S. 52-68.

Christensen, C. M., The innovator's dilemma - When new technologies cause great firms to fail, [Rev. updated ed]; Harvard Business School Press, Boston, Mass., 1997.

Christoforakos, L.; Diefenbach, S., Erfolgreiches Prototyping im Ideenstadium der Produktentwicklung, Gesellschaft für Informatik e.V, 2017.

Claussen, U.; Rodenacker, W. G., Maschinensystematik und Konstruktionsmethodik - Grundlagen und Entwicklung moderner Methoden, Springer Berlin Heidelberg, Berlin, Heidelberg, s.l., 1998.

Cooper, R., Stage-gate systems: A new tool for managing new products, In: Business Horizons, Nr. 3, 33. Jg., 1990, S. 44-54.

Cooper, R., Managing Technology Development Projects, In: Research-Technology Management, Nr. 6, 49. Jg., 2006, S. 23-31.

Cooper, R. G., Winning at new products - Creating value through innovation, 4. ed., completely rev. and updated.; Basic Books, New York, 2011.

Cravens, D.; Holland, C.; Lamb, C.; Moncrief, W., Marketing's role in product and service quality, In: Industrial Marketing Management, Nr. 4, 17. Jg., 1988, S. 285-304.

Czichos, H., Mechatronik: Grundlagen und Anwendungen technischer Systeme, 4., überarbeitete und erweiterte Auflage; Springer Vieweg, Wiesbaden, 2019.

Dammann, F.; Bode, A.; Heuschmid, M.; Kopp, A.; Georg, C.; Pereira, P.; Claussen, C., Mehrschicht-Spiral-CT der Nasennebenhöhlen: Erste Erfahrungen unter besonderer Berücksichtigung der Strahlenexposition, In: RoFo : Fortschritte auf dem Gebiete der Rontgenstrahlen und der Nuklearmedizin, Nr. 8, 172. Jg., 2000, S. 701-706.

Dean, D.; Hender, J.; Rodgers, T.; Santanen, E., Identifying Quality, Novel, and Creative Ideas: Constructs and Scales for Idea Evaluation, In: Journal of the Association for Information Systems, Nr. 10, 7. Jg., 2006, S. 646-699.

*Deutschland –Land der Ideen (*2021), Hintergrundinformationen. URL: https://land-der-ideen.de/content/13-presse/hintergrundinformationen-zur-standortinitiative_januar21_de.pdf 15.03.2021.

Disselkamp, M., Innovationen und Veränderungen, 1. Auflage; Verlag W. Kohlhammer, Stuttgart, 2017.

Dittmer, G., Managen mit Methode - Instrumente für individuelle Lösungen, Gabler Verlag, Wiesbaden, s.l., 1995.

Dodds, W.; Monroe, K.; Grewal, D., Effects of Price, Brand, and Store Information on Buyers' Product Evaluations, In: Journal of Marketing Research, Nr. 3, 28. Jg., 1991, S. 307.

Dombrowski, U.; Herrmann, C.; Lacker, T.; Sonnentag, S., Modernisierung kleiner und mittlerer Unternehmen - Ein ganzheitliches Konzept, Springer, Berlin, Heidelberg, 2009.

Döring, N.; Bortz, J., Forschungsmethoden und Evaluation in den Sozial- und Humanwissenschaften, 5. vollständig überarbeitete, aktualisierte und erweiterte Auflage; Springer, Berlin, Heidelberg, 2016.

Drachsler, K., Bewertung von Produktideen - Vorgehen in frühen Phasen des Innovationsprozesses ; ein Leitfaden, Fraunhofer IRB-Verl., Stuttgart, 2007.

Dudenredaktion (o. J.) (2021), Lösung. URL: https://www.duden.de/node/90699/revision/456600 22.12.2021.

Dziallas, M., How to evaluate innovative ideas and concepts at the front-end?, In: Journal of Business Research, 110. Jg., 2020, S. 502-518.

Dziallas, M.; Blind, K., Innovation indicators throughout the innovation process: An extensive literature analysis, In: Technovation, 80-81, 2019, S. 3-29.

Ehrlenspiel, K.; Meerkamm, H., Integrierte Produktentwicklung - Denkabläufe, Methodeneinsatz, Zusammenarbeit, 5., überarb. und erw. Aufl., [elektronische Ressource]; Hanser, München, 2013.

Eichenberger, R., Creativity Measurement Through Use of Judgment Criteria in Physics, In: Educational and Psychological Measurement, Nr. 2, 38. Jg., 1978, S. 421-427.

Eling, K.; Herstatt, C., Managing the Front End of Innovation-Less Fuzzy, Yet Still Not Fully Understood, In: Journal of Product Innovation Management, Nr. 6, 34. Jg., 2017, S. 864-874.

Eppler, M. J.; Hoffmann, F.; Pfister, R. A., Creability - Gemeinsam kreativ - innovative Methoden für die Ideenentwicklung in Teams, 1. Aufl.; Schäffer-Poeschel, Stuttgart, 2014.

Eriksson, M.; Bäckström, I.; Ingelsson, P.; Åslund, A., Measuring customer value in commercial experiences, In: Total Quality Management & Business Excellence, Nr. 5-6, 29. Jg., 2018, S. 618-632.

Evans, G., Measuring and managing customer value, In: Work Study, Nr. 3, 51. Jg., 2002, S. 134-139.

Eversheim, W., Innovation Management for Technical Products - Systematic and integrated product development and production planning, Springer, Berlin, Heidelberg, 2009.

Feldhusen, J.; Grote, K.-H., Pahl/Beitz Konstruktionslehre, Springer Berlin Heidelberg, Berlin, Heidelberg, 2013.

Ferioli, M.; Roussel, B.; Renaud, J.; Truchot, P., Evaluation of the potential performance of innovative concepts in the early stages of the new product development process (NPDP), In: Marjanović, D. (Hrsg.): 10th International Design Conference Design 2008, May 19 - 22, 2008, Cavtat - Dubrovnik, Croatia - Proceedings, Zagreb, 2008, S. 1139-1148.

Feyzioğlu, O.; Büyüközkan, G., Evaluation Of New Product Development Projects Using Artificial Intelligence And Fuzzy Logic, 2007.

Fichter, K., Grundlagen des Innovationsmanagements. Herausgegeben von Carl von Ossietzky Universität, Center für lebenslanges Lernen, C3L 2019

Flosdorff, K., Identifikation und Evaluation von Bewertungskriterien zur optimalen Auswahl von Ideen während des Innovationsprozesses, In: Hensel, T.; Jost, N.; Cleff, T.; Scherr, R.; Wehner, C.; Beck, H. (Hrsg.): Beiträge der Hochschule Pforzheim,, 2019.

Forde, A.; Fox, M., A Proposed Approach for Idea Selection in Front End of Innovation Activies, In: Technology Innovation Management Review, Nr. 8, 6. Jg., 2016, S. 48-55.

Fowler, G. (2014), Amazon Fire Phone Review: Full of Gimmicks, Lacking Basics, In: The Wall Street Journal, 23.07.2014, S. 1.

Frederiksen, M.; Knudsen, M., From Creative Ideas to Innovation Performance: The Role of Assessment Criteria, In: Creativity and Innovation Management, Nr. 1, 26. Jg., 2017, S. 60-74.

Freeman, C., The determinants of innovation: Market demand, technology, and the response to social problems, In: Futures, Nr. 3, 11. Jg., 1979, S. 206-215.

Freiling, J.; Harima, J., Entrepreneurship - Gründung und Skalierung von Startups, Springer Gabler, Wiesbaden, 2019.

Froehlich, J.; Hoegl, M.; Gibbert, M., Idea selection in suggestion systems: a thematic similarity perspective, In: R&D Management, Nr. 5, 46. Jg., 2016, S. 887-899.

Fueglistaller, U.; Müller, C.; Müller, S.; Volery, T., Entrepreneurship - Modelle - Umsetzung - Perspektiven : mit Fallbeispielen aus Deutschland, Österreich und der Schweiz, 4. Auflage; Springer Gabler, Wiesbaden, 2016.

Funck, M.; Wach, B.; Vogt, S., Innovationen in Unternehmen - Handlungsempfehlungen für kleine und mittlere Unternehmen, In: Haag, P. (Hrsg.): KMU- und

Start-up-Management - Strategische Aspekte, operative Umsetzung und Best-Practice, 2. Auflage; Springer Gabler, Wiesbaden, 2021, S. 99-112.

*Gabler Wirtschaftslexikon (*2018), Benchmarking - Definition: Was ist "Benchmarking"? 09.01.2022.

*Gabler Wirtschaftslexikon (*2018), Innovation - Definition: Was ist "Innovation". URL: https://wirtschaftslexikon.gabler.de/definition/innovation-39624/version-263028 09.03.2021.

*Gabler Wirtschaftslexikon (*2018), Logik - Definition: Was ist "Logik". URL: https://wirtschaftslexikon.gabler.de/definition/logik-39870/version-263269 17.03.2021.

*Gabler Wirtschaftslexikon (*2018), Software - Ausführliche Definition im Online-Lexikon. URL: https://wirtschaftslexikon.gabler.de/definition/software-45585/version-268877 15.05.2021.

*Gabler Wirtschaftslexikon (*2018), Systemtheorie. URL: https://wirtschaftslexikon.gabler.de/definition/systemtheorie-49100/version-272341 22.02.2021.

*Gabler Wirtschaftslexikon (*2018), Verbrauchsforschung - Ausführliche Definition im Online-Lexikon. URL: https://wirtschaftslexikon.gabler.de/definition/verbrauchsforschung-49682/version-272909 07.04.2021.

Gale, B. T.; Wood, R. C., Managing customer value - Creating quality and service that customers can see, Free Press, New York, 1994.

Gallarza, M.; Arteaga, F.; Del Chiappa, G.; Gil-Saura, I.; Holbrook, M., A multidimensional service-value scale based on Holbrook's typology of customer value, In: Journal of Service Management, Nr. 4, 28. Jg., 2017, S. 724-762.

Garzarolli, S. M.; Kiel, M., Struktur und Anarchie: Wie Innovation gelingt - Impulse für eine nachhaltige Erneuerung von Organisationen, 1st ed. 2020; Springer Fachmedien Wiesbaden; Imprint: Springer Gabler, Wiesbaden, 2020.

Gassmann, O.; Schweitzer, F., Management of the Fuzzy Front End of Innovation, Springer International Publishing, Cham, 2014.

Gaus, F., Methodik zur Überprüfung der Logik eines Geschäftsmodells im Werkzeugbau, Apprimus Verlag, Aachen, 2010.

Gausemeier, J.; Dumitrescu, R.; Echterfeld, J.; Pfänder, T.; Steffen, D.; Thielemann, F., Innovationen für die Märkte von morgen - Strategische Planung von Produkten, Dienstleistungen und Geschäftsmodellen, Hanser, München, 2019.

Gerhards, A., Methodik zur Interaktion von F&E und Marketing in den frühen Phasen des Innovationsprozesses, Shaker, Aachen, 2002.

Gerl, S., Innovative Geschäftsmodelle für industrielle Smart Services - Ein Vorgehensmodell zur systematischen Entwicklung, 1st ed. 2020; Springer Fachmedien Wiesbaden; Imprint: Springer Gabler, Wiesbaden, 2020.

Gerpott, T. J., Strategisches Technologie- und Innovationsmanagement, 2., überarbeitete und erweiterte Auflage; Schäffer-Poeschel Verlag, Stuttgart Germany, 2013.

Godin, B., An Intellectual History of Innovation - The Idea of Innovation Over the Centuries, Taylor and Francis, Hoboken, 2015.

Govers, C.P.M., What and how about quality function deployment (QFD), In: International Journal of Production Economics, Nr. 5, 46-47, 1996, S. 575-585.

Granig, P., Innovationsbewertung, 1. Aufl.; Gabler Verlag, s.l., 2007.

Grossklaus, R. H. G., Von der Produktidee zum Markterfolg - Innovationen planen, einführen und erfolgreich managen, 2. Auflage; Springer Gabler, Wiesbaden, 2014.

Grün; Oskar, Entwicklung und Stand der deutschsprachigen betriebswirtschaftlichen Innovationsforschung, In: Burr, W.; Stephan, M. (Hrsg.): Technologie, Strategie und Organisation, Springer Gabler, Wiesbaden, 2017, S. 7-25.

Grunert, K., Means-End Chains - A Means to Which End?, In: Marketing ZFP, Nr. JRM 1, 32. Jg., 2010, S. 30-38.

Grunwald, A., Handbuch Technikethik, Verlag J.B. Metzler, Stuttgart, Weimar, 2013.

Gupta, S., Understanding the feasibility and value of grassroots innovation, In: Journal of the Academy of Marketing Science, Nr. 5, 48. Jg., 2020, S. 941-965.

Gürtler, M.; Lindemann, U., Innovationsmanagement, In: Lindemann, U. (Hrsg.): Handbuch Produktentwicklung, Hanser, München, 2016, S. 483-511.

Gutman, J., A Means-End Chain Model Based on Consumer Categorization Processes, In: Journal of Marketing, Nr. 2, 46. Jg., 1982, S. 60-72.

Haberfellner, R.; Weck, O. L. de; *Fricke, E.; Vössner, S.*, Systems engineering - Fundamentals and applications, Springer International Publishing; Birkhäuser, Cham, 2019.

Hagman, O., Driving Pleasure: A Key Concept in Swedish Car Culture, In: Mobilities, Nr. 1, 5. Jg., 2010, S. 25-39.

Hart, S.; Jan Hultink, E.; Tzokas, N.; Commandeur, H., Industrial Companies' Evaluation Criteria in New Product Development Gates, In: Journal of Product Innovation Management, Nr. 1, 20. Jg., 2003, S. 22-36.

Hauschildt, J.; Salomo, S.; Schultz, C.; Kock, A., Innovationsmanagement, 6., vollst. akt. u. überarb. Aufl.; Franz Vahlen, München, 2016.

Helm, S.; Günter, B.; Eggert, A., Kundenwert - Grundlagen - Innovative Konzepte - Praktische Umsetzungen, 4th ed.; Springer Fachmedien Wiesbaden, Wiesbaden, 2017.

Herper, M. (2016), From $4.5 Billion To Nothing: Forbes Revises Estimated Net Worth Of Theranos Founder Elizabeth Holmes, In: Forbes, 01.06.2016.

Herrmann, A.; Huber, F., Produktmanagement - Grundlagen - Methoden - Beispiele, 2., vollständig überarbeitete und erweiterte Auflage; Gabler Verlag / GWV Fachverlage GmbH Wiesbaden, Wiesbaden, 2009.

Herrmann, A.; Huber, F., Produktmanagement - Grundlagen - Methoden - Beispiele, 3., vollst. überarb. u. erw. Aufl.; Springer Gabler, Wiesbaden, 2013.

Herstatt, C.; Verworn, B., Management der frühen Innovationsphasen - Grundlagen - Methoden - Neue Ansätze, 2., überarbeitete und erweiterte Auflage; Betriebswirtschaftlicher Verlag Dr. Th. Gabler | GWV Fachverlage GmbH Wiesbaden, Wiesbaden, 2007.

Heyde, W.; Laudel, G.; Pleschak, F.; Sabisch, H., Innovationen in Industrieunternehmen - Prozesse, Entscheidungen und Methoden, Gabler Verlag, Wiesbaden, 1991.

Hofbauer, G.; Sangl, A., Innovationsansätze und Kreativitätstechniken zur Ideengenerierung im Produktmanagementprozess, In: Schober, W. (Hrsg.): Arbeitsberichte - Working Papers, Ingolstadt, 2003, S. 1-39.

Hoffmann, K., Handbuch Kundennutzen - Erfolgreich vermarkten und verkaufen,, 2010.

Hohl, N., Nutzen als Basis von Kaufentscheidungen - Die Bedeutung von Bedürfnissen und Ressourcen für das Konsumentenverhalten, 1st, New ed.; Peter Lang GmbH Internationaler Verlag der Wissenschaften, Frankfurt a.M, 2011.

Holbrook, M. B., Consumer value - A framework for analysis and research, Routledge, London, New York, 1999.

Holst, J., Lean Development - Kostengünstige Prozeßgestaltung, Springer, Berlin, Heidelberg, 1996.

Homburg, C., Marketingmanagement - Strategie - Instrumente - Umsetzung - Unternehmensführung, 6., überarbeitete und erweiterte Auflage; Springer Gabler, Wiesbaden, 2017.

Hubka, V., Theorie Technischer Systeme, Springer Berlin Heidelberg, Berlin, Heidelberg, 1984.

International Organization for Standardization, ISO/IEC 9126-1:2001-06 - Software engineering - Product Quality - Part 1: Quality model,, 2001.

Jacobs, S. (2014), The Amazon Fire's Fanciest Features Fail to Impress - The Amazon Fire Phone tries hard to impress but often ends up just being annoying, In: MIT Technology Review, 05.08.2014.

Jahn, T., Portfolio- und Reifegradmanagement für Innovationsprojekte zur Multiprojektsteuerung in der frühen Phase der Produktentwicklung,, 2010.

Jeske, M., Lessons from Theranos: Changing Narratives of Individual Ethics in Science and Engineering, In: Engaging Science, Technology, and Society, 6. Jg., 2020, S. 306-311.

Kartika, S. I., Methodik zur Analyse des Baukastenpotentials bei bestehender Produktvielfalt, Shaker, Aachen, 2010.

Kerka, F., Innovationen entstehen aus Ideen - doch nur wenige Ideen werden zu erfolgreichen Innovationen, In: Kerka, F. (Hrsg.): Auf dem Weg zu einem unternehmerischen Ideen- und Innovationsmanagement - Weniger Innovationsaktionismus wäre mehr, IAI, Bochum, 2011, S. 11-27.

Khurana, A.; Rosenthal, S., Towards Holistic "Front Ends" In New Product Development, In: Journal of Product Innovation Management, Nr. 1, 15. Jg., 1998, S. 57-74.

Kim, J.; Nam, C.; Ryu, M., What do consumers prefer for music streaming services?: A comparative study between Korea and US, In: Telecommunications Policy, Nr. 4, 41. Jg., 2017, S. 263-272.

Knapp, E., Der Ursprung der Logik bei den Griechen, Vandenhoeck & Ruprecht, Göttingen, 1965.

Knorr, J., Digital Mindset zur Steigerung der Wettbewerbsfähigkeit von Unternehmen, In: Dahm, M. H.; Thode, S. (Hrsg.): Digitale Transformation in der Unternehmenspraxis - Mindset - Leadership - Akteure - Technologien, Springer Gabler, Wiesbaden, 2020, S. 45-60.

Koen, P., The Fuzzy Front End for Incremental, Platform, and Breakthrough Products, In: Kahn, K. B. (Hrsg.): The PDMA handbook of new product development, 2nd ed.; Wiley, Hoboken, N.J, 2005, S. 81-91.

Koller, R., Konstruktionslehre für den Maschinenbau: Grundlagen zur Neu- und Weiterentwicklung technischer Produkte mit Beispielen, neubearbeitete und erweiterte Auflage; Springer Berlin Heidelberg, Berlin, Heidelberg, 1998.

Kosasih, W.; Laricha Salomon, L.; Darius Halim, A., Integration of conjoint analysis and QFD for new product development in manufacturing small and medium enterprises (case study: a food company), In: IOP Conference Series: Materials Science and Engineering, 847. Jg., 2020, S. 12017.

Kosfeld, R.; Eckey, H.-F.; Türck, M., Deskriptive Statistik - Grundlagen - Methoden - Beispiele - Aufgaben, 6. Auflage 2016; Springer Gabler, Wiesbaden, 2016.

Kotler, P.; Keller, K. L., Marketing Management, 15. Aufl.; Pearson Education Inc, Boston, 2016.

Kraft, K., Reichweite eines Elektrofahrzeugs auf Autobahnen, In: ATZ - Automobiltechnische Zeitschrift, Nr. 4, 122. Jg., 2020, S. 70-74.

Krämer, A.; Burgartz, T., Customer Value Controlling – Combining Different Value Perspectives, In: Business and Management Studies, Nr. 2, 1. Jg., 2015, S. 11.

Kristensson, P.; Gustafsson, A.; Archer, T., Harnessing the Creative Potential among Users*, In: Journal of Product Innovation Management, Nr. 1, 21. Jg., 2004, S. 4-14.

Kristensson, P.; Magnusson, P.; Witell, L., Service innovation for sustainable business - Stimulating, realizing and capturing the value from service innovation, World Scientific, New Jersey, 2019.

Kroker, M. (2015), Warum Amazons Fire Phone floppte - Das erste Smartphone von Amazon sollte dem iPhone Konkurrenz machen, erwies sich aber als grandioser Flop. Wie konnte Amazon-Chef Jeff Bezos das passieren?, In: Wirtschaftswoche, 07.01.2015.

Kubicek, H., Heuristische Bezugsrahmen und heuristisch angelegte Forschungsdesign als Elemente einer Konstruktionsstrategie empirischer Forschung, Inst. für Unternehmungsführung im Fachbereich Wirtschaftswiss. d. Freien Univ, Berlin, 1976.

Kudrowitz, B.; Wallace, D., Assessing the quality of ideas from prolific, early-stage product ideation, In: Journal of Engineering Design, Nr. 2, 24. Jg., 2013, S. 120-139.

Kuhn, T. S., Die Struktur wissenschaftlicher Revolutionen, Zweite revidierte und um das Postskriptum von 1969 ergänzte Aufl., 24. Auflage; Suhrkamp, Frankfurt am Main, 2014.

Kühn, A., Systematik des Ideenmanagements im Produktentstehungsprozess, Heinz-Nixdorf-Inst, Paderborn, 2003.

Kumar, V., 101 design methods - A structured approach for driving innovation in your organization, Wiley, Hoboken, NJ, 2013.

Lampert, T., Klassische Logik - Einführung mit interaktiven Übungen, De Gruyter, Berlin, 2004.

Landmann, N.; Schat, H.-D., Ideen erfolgreich managen - Neue Perspektiven, aktuelle Branchenbeispiele, wissenschaftliche Grundlagen und Erkenntnisse, 1st ed. 2019, 2019.

Landwehr-Zloch, S., Verhaltensorientiertes Innovations-Controlling, In: Controlling & Management Review, Nr. 2, 63. Jg., 2019, S. 58-63.

Landwehr-Zloch, S.; Vossen, M., Bewertung von Innovationsprojekten in VUCA Welt, In: Landwehr-Zloch, S.; Glaß, J. (Hrsg.): Innovationsmanagement der chemischen Industrie im digitalen Zeitalter - Den digitalen Wandel effektiv gestalten, 1st ed. 2020; Springer Berlin Heidelberg; Imprint: Springer Gabler, Berlin, Heidelberg, 2020, S. 69-85.

Lang, T.; Graffenberger, M.; Vonnahme, L., Innovationsräume, De Gruyter Oldenbourg, Berlin, Boston, 2019.

Leão, A.; Mello, S. de, The means-end approach to understanding customer values of a on-line newspaper, In: BAR - Brazilian Administration Review, Nr. 1, 4. Jg., 2007, S. 1-20.

Lemmon, E. J., Beginning logic, 5. print; Hackett Publ, Indianapolis, IND, 1985.

Leroi-Werelds, S., An update on customer value: state of the art, revised typology, and research agenda, In: Journal of Service Management, Nr. 5, 30. Jg., 2019, S. 650-680.

Leroi-Werelds, S.; Streukens, S.; Brady, M.; Swinnen, G., Assessing the value of commonly used methods for measuring customer value: a multi-setting empirical study, In: Journal of the Academy of Marketing Science, Nr. 4, 42. Jg., 2014, S. 430-451.

Lieder, M.; Asif, F.; Rashid, A.; Mihelič, A.; Kotnik, S., A conjoint analysis of circular economy value propositions for consumers: Using "washing machines in Stockholm" as a case study, In: Journal of Cleaner Production, 172. Jg., 2018, S. 264-273.

Lindemann, U., Methodische Entwicklung technischer Produkte - Methoden flexibel und situationsgerecht anwenden, Springer-Verlag Berlin Heidelberg, Berlin, Heidelberg, 2005.

Lindgreen, A.; Hingley, M.; Grant, D.; Morgan, R., Value in business and industrial marketing: Past, present, and future, In: Industrial Marketing Management, Nr. 1, 41. Jg., 2012, S. 207-214.

Lusch, R., Problem Solving: A Logical and Creative Approach, In: Journal of Business Research, Nr. 3, 11. Jg., 1983, S. 403-405.

Lüthje, C., Kundenorientierung im Innovationsprozess - Eine Untersuchung der Kunden-Hersteller-Interaktion in Konsumgütermärkten, Deutscher Universitätsverlag, Wiesbaden, 2000.

Macharzina, K., Unternehmensführung - Das internationale Managementwissen. Konzepte - Methoden - Praxis, 2., aktualisierte und erweiterte Auflage; Gabler Verlag, Wiesbaden, 1995.

Mahr, B., Gegenstand und Kontext. Eine Theorie der Auffassung, In: Mahr, B.; Robering, K.; Mahr, K. (Hrsg.): Schriften zur Modellforschung, Brill | mentis, 2021, S. 137-160.

Mann, D., Defining 'breakthrough' product design solutions, In: International Journal of Product Development, Nr. 1/2, 4. Jg., 2007, S. 136.

Markides, C., Disruptive Innovation: In Need of Better Theory*, In: Journal of Product Innovation Management, Nr. 1, 23. Jg., 2006, S. 19-25.

Martino, J. P., Research and development project selection, Wiley, New York, NY, 1995.

Martinsuo, M.; Poskela, J., Use of Evaluation Criteria and Innovation Performance in the Front End of Innovation*, In: Journal of Product Innovation Management, Nr. 6, 28. Jg., 2011, S. 896-914.

Mayer-Föll, R.; Kramer, R.; Tochtermann, K.; Jaeschke, A., Anwendung von Electronic Commerce im Umweltinformationssystem Baden-Württemberg,, 2000.

McColl-Kennedy, J.; Schneider, U., Measuring customer satisfaction: Why, what and how, In: Total Quality Management, Nr. 7, 11. Jg., 2000, S. 883-896.

Meffert, H.; Burmann, C.; Kirchgeorg, M.; Eisenbeiß, M., Marketing - Grundlagen marktorientierter Unternehmensführung : Konzepte - Instrumente - Praxisbeispiele, 13., überarbeitete und erweiterte Auflage; Springer Gabler, Wiesbaden, 2019.

Menon, A.; Homburg, C.; Beutin, N., Understanding Customer Value in Business-to-Business Relationships, In: Journal of Business-to-Business Marketing, Nr. 2, 12. Jg., 2005, S. 1-38.

Mensch, G., Das technologische Patt - Innovationen überwinden die Depression, Umschau-Verl., Frankfurt a.M., 1975.

Messerle, M., Methodik zur Identifizierung der erfolgversprechendsten Produktideen in den frühen Phasen des Produktentwicklungsprozesses, Dissertation, Universität Stuttgart, 2016.

Miecznik, B., Ideenmanagement, In: Abele, T. (Hrsg.): Suchfeldbestimmung und Ideenbewertung: Methoden und Prozesse in den frühen Phasen des Innovationsprozesses, Springer Gabler, Wiesbaden, 2013, S. 143-169.

Miller, D.; Friesen, P., Strategy-Making in Context: Ten Empirical Archetypes, In: Journal of Management Studies, Nr. 3, 14. Jg., 1977, S. 253-280.

Möller, K., Role of competences in creating customer value: A value-creation logic approach, In: Industrial Marketing Management, Nr. 8, 35. Jg., 2006, S. 913-924.

Nagy, S.; Piskóti, I., A new customer satisfaction management model (methodology and practice)Economics & Management,, 2009.

Natorp, P., Platos' theory of ideas - An introduction to idealism, 1. Aufl.; Academia Verl., Sankt Augustin, 2004.

Nielsen, L., Personas - user focused design, Springer, London, 2013.

Nielsen, L.; Hansen, K.; Stage, J.; Billestrup, J., A Template for Design Personas, In: International Journal of Sociotechnology and Knowledge Development, Nr. 1, 7. Jg., 2015, S. 45-61.

Nünning, A.; Sommer, R., Handbuch Promotion, J.B. Metzler, Stuttgart, 2007.

Oh, H., Service quality, customer satisfaction, and customer value: A holistic perspective, In: International Journal of Hospitality Management, Nr. 1, 18. Jg., 1999, S. 67-82.

Olson, E.; Bakke, G., Implementing the lead user method in a high technology firm: A longitudinal study of intentions versus actions, In: Journal of Product Innovation Management, Nr. 6, 18. Jg., 2001, S. 388-395.

Osterwalder, A.; Pigneur, Y.; Bernarda, G.; Smith, A.; Papadakos, P., Value proposition design - How to create products and services customers want. Get started with, Wiley, Hoboken, NJ, 2014.

Pahl, G.; Beitz, W.; Feldhusen, J.; Grote, K.-H., Konstruktionslehre - Grundlagen erfolgreicher Produktentwicklung ; Methoden und Anwendung, 7. Aufl.; Springer, Berlin, Heidelberg, 2007.

Paluch, S.; Grube, L., Innovation 4.0 – Die agile Evolution von Innovationen, In: Frenz, W. (Hrsg.): Handbuch Industrie 4.0: Recht, Technik, Gesellschaft, [1. Auflage]; Springer, Berlin, 2020, 1313-1329.

Patel, N. (2015), 90% Of Startups Fail: Here's What You Need To Know About The 10%, In: Forbes, 2015, S. 1.

Patzak, G., Systemtechnik - Planung komplexer innovativer Systeme - Grundlagen, Methoden, Techniken, Springer Berlin Heidelberg, Berlin, Heidelberg, 1982.

Petzka, P., Ideen fördern und schnell zur Marktreife bringen, In: Sales Excellence, Nr. 12, 29. Jg., 2020, S. 26-29.

Pfetsch, F., Zum Stand der Innovationsforschung, In: Gizycki, R. von; Pfetsch, F. R. (Hrsg.): Innovationsforschung als multidisziplinäre Aufgabe - Beiträge zur Theorie und Wirklichkeit von Innovationen im 19. Jahrhundert, Vandenhoeck & Ruprecht, Göttingen, 1975, S. 9-25.

Pilelienė, L.; Grigaliūnaitė, V., Determination of customer satisfaction with supermarkets in Lithuania, In: Management of Organizations: Systematic Research, Nr. 66, 66. Jg., 2013, S. 99-114.

Popova, N.; Kataiev, A.; Nevertii, A.; Kryvoruchko, O.; Skrynkovskyi, R., Marketing Aspects of Innovative Development of Business Organizations in the Sphere of Production, Trade, Transport, and Logistics in VUCA Conditions, In: Studies of Applied Economics, Nr. 4, 38. Jg., 2021.

Popović, M.; Kuzmanović, M.; Savić, G., A comparative empirical study of Analytic Hierarchy Process and Conjoint analysis: Literature review, In: Decision Making: Applications in Management and Engineering, Nr. 2, 1. Jg., 2018.

Porretta, S.; Gere, A.; Radványi, D.; Moskowitz, H., Mind Genomics (Conjoint Analysis): The new concept research in the analysis of consumer behaviour and choice, In: Trends in Food Science & Technology, 84. Jg., 2019, S. 29-33.

Pott, A.; Dietz, T., Industrielle Robotersysteme - Entscheiderwissen für die Planung und Umsetzung wirtschaftlicher Roboterlösungen, Springer Vieweg, Wiesbaden Germany, 2019.

Reichle, M., Bewertungsverfahren zur Bestimmung des Erfolgspotenzials und des Innovationsgrades von Produktideen und Produkten, Univ; KTD, Stuttgart, 2006.

Reichle, M., Bewertungsverfahren zur Bestimmung des Erfolgspotenzials und des Innovationsgrades von Produktideen und Produkten,, 2006.

Reinig, B.; Briggs, R.; Nunamaker, J., On the Measurement of Ideation Quality, In: Journal of Management Information Systems, Nr. 4, 23. Jg., 2007, S. 143-161.

Reynolds, T. J.; Olson, J. C., Understanding consumer decision making - The means-end approach to marketing and advertising strategy, Lawrence Erlbaum, Mahwah, N.J., London, 2001.

Rice, M.; Kelley, D.; Peters, L.; Colarelli O'Connor, G., Radical innovation: triggering initiation of opportunity recognition and evaluation, In: R&D Management, Nr. 4, 31. Jg., 2001, S. 409-420.

Riedl, C.; May, N.; Finzen, J.; Stathel, S.; Kaufman, V.; Krcmar, H., An Idea Ontology for Innovation Management, In: Sheth, A. (Hrsg.): Semantic services, interoperability, and web applications - Emerging concepts, IGI Global (701 E. Chocolate Avenue Hershey Pennsylvania 17033 USA), Hershey, Pa, 2011, S. 303-321.

Ries, E., The lean startup - How today's entrepreneurs use continuous innovation to create radically successful businesses, 1. ed.; Crown Business, New York, NY, 2011.

Rothwell, R., Towards the Fifth-generation Innovation Process, In: International Marketing Review, Nr. 1, 11. Jg., 1994, S. 7-31.

Rudolf-Sipötz, E.; Tomczak, T., Kundenwert in Forschung und Praxis, Verl. THEXIS, St. Gallen, 2000.

Rustler, F., Denkwerkzeuge der Kreativität und Innovation - Das kleine Handbuch der Innovationsmethoden, 9. Auflage; Midas Management Verlag AG, St. Gallen, Zürich, 2019.

Samanlioglu, F.; Ayağ, Z., An intelligent approach for the evaluation of innovation projects, In: Journal of Intelligent & Fuzzy Systems, Nr. 1, 38. Jg., 2020, S. 905-915.

Sandau, J.; Herstatt, C.; Koller, H., Methodische Unterstützung bei der Bewertung und Auswahl von Produktinnovationen unter hoher Marktunsicherheit - Eine empirische Studie in der deutschen Automobil- und Zulieferindustrie, Books on Demand, Norderstedt, 2009.

Sauerwein, E., Das Kano-Modell der Kundenzufriedenheit - Reliabilität und Validität einer Methode zur Klassifizierung von Produkteigenschaften, Deutscher Universitätsverlag, Wiesbaden, 2000.

Schäfer, T., Methodenlehre und Statistik - Einführung in Datenerhebung, deskriptive Statistik und Inferenzstatistik, 1. Aufl. 2016; Springer, Wiesbaden, 2016.

Schäfer, V., Selektion von Innovationsideen - Eine empirische Untersuchung zu erforderlichen Kompetenzen und Möglichkeiten ihrer Aktivierung und Ausrichtung, Kassel Univ. Press, Kassel, 2011.

Schilling, M. A., Strategic management of technological innovation, Fifth edition; McGraw-Hill Education, New York NY, 2017.

Schmookler, J., Invention and Economic Growth, Harvard University Press, s.l., 1966.

Scholz, U.; Pastoors, S.; Becker, J. H.; Hofmann, D.; van Dun, R., Praxishandbuch nachhaltige Produktentwicklung - Ein Leitfaden mit Tipps zur Entwicklung und Vermarktung nachhaltiger Produkte, Springer Gabler, Berlin, 2018.

Schöning, S., Potenzialbasierte Bewertung neuer Technologien, Shaker, Aachen, 2006.

Schuh, G., Innovationsmanagement, Springer Berlin Heidelberg, Berlin, Heidelberg, 2012.

Schuh, G.; Schwarberg, T., Methodology for the determination of the logic of innovation ideas for technical systems, In: Sasinowski, R.; Mindham, D. (Hrsg.): 2020 IEEE Technology & Engineering Management Society Conference (TEMSCON) - Managing the development of connective systems, IEEE, Piscataway, NJ, 2020, S. 1-6.

Schuh, G.; Schwarberg, T., Maturity Oriented Description Model for Innovation Ideas of Technical Systems, In: Kocaoglu, D. F. (Hrsg.): Technology Management and Leadership in Digital Transformation - Looking Ahead to Post-COVID Era - Proceedings : PICMET '22 : Portland International Conference on Management of Engineering and Technology, IEEE, 2022.

Schuh, G.; Schwarberg, T.; Mühlbauer, J.; Yildirim, N., Model for the Logic Determination of Innovation Ideas for Technical Systems, In: Grabis, J. (Hrsg.): 2020 61st International Scientific Conference on Information Technology and Management Science of Riga Technical University (ITMS) - Proceedings : October 15-16, 2020, Riga, Latvia, IEEE, [Piscataway, New Jersey], 2020, S. 1-6.

Schuh, G.; Schwarberg, T.; Rink, N., Description Model for the Realization of Ideas for Technical SystemsISPIM Innovation Conference – Innovating Our Common Future,, 2020.

Schuh, G.; Zeller, P.; Ley, D., Description of Ideas for Radical Product Innovations - A Model for Reducing the Use of Implicit Criteria within the Idea Evaluation and Selection, In: Rao, M. (Hrsg.): Proceedings of the 8th Annual International Conference on Business & Economics, Global Science and Technology Forum, Singapore, 2018, S. 74-80.

Schumpeter, J. A., Business cycles: A theoretical, historical, and statistical analysis of the capitalist process, 1. ed., [reprint]; Bartleby's Books, Chevy Chase, Md., 1939.

Seanehia, J.; Treibich, C.; Holmberg, C.; Müller-Nordhorn, J.; Casin, V.; Raude, J.; Mueller, J., Quantifying population preferences around vaccination against severe but rare diseases: A conjoint analysis among French university students, 2016, In: Vaccine, Nr. 20, 35. Jg., 2017, S. 2676-2684.

Seidel, V.; Fixson, S., Adopting Design Thinking in Novice Multidisciplinary Teams: The Application and Limits of Design Methods and Reflexive Practices, In: Journal of Product Innovation Management, 30. Jg., 2013, S. 19-33.

Setijono, D.; Dahlgaard, J., Customer value as a key performance indicator (KPI) and a key improvement indicator (KII), In: Measuring Business Excellence, Nr. 2, 11. Jg., 2007, S. 44-61.

Shah, J.; Smith, S.; Vargas-Hernandez, N., Metrics for measuring ideation effectiveness, In: Design Studies, Nr. 2, 24. Jg., 2003, S. 111-134.

Sheu, D.; Lee, H.-K., A proposed process for systematic innovation, In: International Journal of Production Research, Nr. 3, 49. Jg., 2011, S. 847-868.

Silverstein, D.; Samuel, P.; DeCarlo, N., The innovator's toolkit - 50+ techniques for predictable and sustainable organic growth, Second edition; Wiley, Hoboken, NJ, 2012.

Sørensen, F.; Lapenta, F., Research Methods in Service Innovation, Edward Elgar Publishing, 2017.

Specht, G.; Beckmann, C.; Amelingmeyer, J., F&E-Management - Kompetenz im Innovationsmanagement, 2., überarb. und erw. Aufl.; Schäffer-Poeschel, Stuttgart, 2002.

Stachowiak, H., Allgemeine Modelltheorie, Vienna Springer, S.l., 1973.

Stampfl, G., The Process of Business Model Innovation, Springer Fachmedien Wiesbaden, Wiesbaden, 2016.

Stern, T., Erfolgreiches Innovationsmanagement, Springer Fachmedien, Wiesbaden, 2010.

Stevanovic, M.; Marjanovic, D.; Storga, M., Idea relevancy assessment in preparation of product development, In: Lindemann, U. (Hrsg.): Design for harmonies - ICED 13, the 19th International Conference on Engineering Design, 19th - 22nd August 2013, Sungkyunkwan University (SKKU), Seoul, Korea, Design Society, Castle Cary, Somerset, 2013, S. 109-118.

Stevanovic, M.; Marjanovic, D.; Storga, M., A model of idea evaluation and selection for product innovation, 2015.

Stevanovic, M.; Marjanovic, D.; Storga, M., Idea assessment and selection in product innovation – the empirical research results, In: Tehnicki vjesnik - Technical Gazette, Nr. 6, 23. Jg., 2016.

Strebel, H., Innovations- und Technologiemanagement, 2. Aufl.; Facultas.wuv, Wien, 2007.

Sukhov, A., The role of perceived comprehension in idea evaluation, In: Creativity and Innovation Management, Nr. 2, 27. Jg., 2018, S. 183-195.

Sure, M., Internationales Management - Grundlagen, Strategien und Konzepte, Springer Gabler, Wiesbaden, 2017.

Sweeney, J.; Soutar, G., Consumer perceived value: The development of a multiple item scale, In: Journal of Retailing, Nr. 2, 77. Jg., 2001, S. 203-220.

Tarski, A.; Tarski, J., Introduction to logic and to the methodology of the deductive sciences, 4th ed.; Oxford University Press, New York, 1994.

Tauberger, A., Controlling für die öffentliche Verwaltung, Oldenbourg Wissenschaftsverlag, 2008.

Thommen, J.-P.; Achleitner, A.-K.; Gilbert, D. U.; Hachmeister, D.; Kaiser, G., Allgemeine Betriebswirtschaftslehre, 8., vollständig überarbeitete Auflage; Springer Gabler, Wiesbaden, 2017.

Tschirk, W., Vom Spiegel des Universums - Eine Geistesgeschichte der Mathematik, 2. Auflage; Springer, Berlin, 2021.

Tzokas, N.; Hultink, E.; Hart, S., Navigating the new product development process, In: Industrial Marketing Management, Nr. 7, 33. Jg., 2004, S. 619-626.

Uebernickel, F.; Jiang, L.; Brenner, W.; Pukall, B.; Naef, T.; Schindlholzer, B., Design thinking - The handbook, WS Professional an imprint of World Scientific Publishing, Singapore, 2020.

Ulaga, W.; Chacour, S., Measuring Customer-Perceived Value in Business Markets, In: Industrial Marketing Management, Nr. 6, 30. Jg., 2001, S. 525-540.

Ulrich, H., Die Unternehmung als produktives soziales System - Grundlagen der allgemeinen Unternehmungslehre, 2., überarb. Aufl.; Haupt, 1970.

Ulrich, H., Management, Haupt, Bern & Stuttgart, 1984.

Ulrich, P.; Baltzer, B., Wertschöpfung in der Betriebswirtschaftslehre - Festschrift für Prof. Dr. habil. Wolfgang Becker zum 65. Geburtstag, Springer Fachmedien Wiesbaden, Wiesbaden, 2019.

Ulrich, P.; Hill, W., Wissenschaftstheoretische Grundfragen der Wirtschaftswissenschaften (Teil I), In: Wirtschaftswissenschaftliches Studium WiSt. 5. Jg., Nr. 7, 5. Jg., 1976, S. 304-309.

Vahs, D.; Brem, A., Innovationsmanagement: Von der Idee zur erfolgreichen Vermarktung, 5., überarbeitete Auflage; Schäffer-Poeschel Verlag, Stuttgart, 2015.

Veitch, J.; Salmon, J.; Deforche, B.; Ghekiere, A.; van Cauwenberg, J.; Bangay, S.; Timperio, A., Park attributes that encourage park visitation among adolescents: A conjoint analysis, In: Landscape and Urban Planning, 161. Jg., 2017, S. 52-58.

Venkatraman, N., The Concept of Fit in Strategy Research: Toward Verbal and Statistical Correspondence, In: Academy of Management Review, Nr. 3, 14. Jg., 1989, S. 423-444.

Verloop, J., Success in Innovation - Improving the Odds by Understanding the Factors for Unsuccess, Elsevier Science, Burlington, 2013.

Vershofen, W., Handbuch der Verbrauchsforschung, Carl Heymanns Verlag, Berlin, 1940.

Versteegen, G., Vorgehensmodelle, In: Versteegen, G. (Hrsg.): Software Management - Beherrschung des Lifecycles, Springer Berlin Heidelberg, Berlin, Heidelberg, s.l., 2002, S. 29-61.

Vetterli, C.; Brenner, W.; Uebernickel, F.; Berger, K., Die Innovationsmethode Design Thinking, In: Lang, M. (Hrsg.): Dynamisches IT-Management - So steigern Sie die Agilität, Flexibilität und Innovationskraft Ihrer IT, 1. Aufl.; Symposion Publ, Düsseldorf, 2012, S. 289-310.

Voehl, F.; Harrington, H. J.; Fernandez, R.; Trusko, B., The framework for innovation: A entrepreneur's guide to the body of innovation knowledge, CRC Press, Boca Raton, FL, 2019.

Voima, P.; Heinonen, K.; Strandvik, T., Exploring customer value formation - A customer dominant logic perspective, Svenska Handelshögskolan, Helsinki, 2010.

Völker, R.; Friesenhahn, A.; Seefeld, D., Innovationsmanagement 4.0, In: Erner, M. (Hrsg.): Management 4.0 - Unternehmensführung im digitalen Zeitalter, Springer Berlin Heidelberg, Berlin, Heidelberg, 2019, S. 209-245.

Wachter, N., Kundenwert aus Kundensicht - Eine empirische Analyse des Kundennutzens aus Sicht der Privat- und Geschäftskunden in der Automobilindustrie, 1. Aufl.; Deutscher Universitäts-Verlag | GWV Fachverlage GmbH Wiesbaden, Wiesbaden, 2006.

Wahren, H.-K., Erfolgsfaktor Innovation - Ideen systematisch generieren, bewerten und umsetzen, Springer, Berlin, 2004.

Walz, G., Lexikon der Mathematik: Band 4 - Moo bis Sch, In: Walz, G. (Hrsg.): Lexikon der Mathematik: Band 4 - Moo bis Sch, 2. Aufl. 2017; Springer Spektrum, Berlin, Heidelberg, 2017.

Wedlin, J.; Tillback, L.-R.; Bane, O., Combining Properties for Driving Pleasure and Driving Safety: A Challenge for the Chassis EngineerSAE Technical Paper Series, SAE International400 Commonwealth Drive, Warrendale, PA, United States, 1992.

Wießner, N., Ermittlung der (Kunden)-nutzenbasierten Zahlungsbereitschaft, Hausarbeit, 2019.

Wilhelms, M.-P.; Henkel, S.; Falk, T., To earn is not enough: A means-end analysis to uncover peer-providers' participation motives in peer-to-peer carsharing, In: Technological Forecasting and Social Change, 125. Jg., 2017, S. 38-47.

Winkler, T.; Ulz, A.; Knöbl, W.; Lercher, H., Frugal innovation in developed markets – Adaption of a criteria-based evaluation model, In: Journal of Innovation & Knowledge, Nr. 4, 5. Jg., 2020, S. 251-259.

Witt, U., What kind of innovations do we need to secure our future?, In: Journal of Open Innovation: Technology, Market, and Complexity, Nr. 1, 2. Jg., 2016.

Wolfgang Zapf, Über soziale Innovation, In: Soziale Welt, Nr. 1/2, 40. Jg., 1989, S. 170-183.

Wood, M.; Mitchell, J., Conjoint Analysis in Entrepreneurship Research: End of the Road or a Bridge to the Future?, In: Katz, J. A.; Corbett, A. C. (Hrsg.): Reflections and Extensions on Key Papers of the First Twenty-Five Years of Advances, First edition; Emerald Publishing Limited, Bingley, UK, 2019, S. 199-217.

Woodruff, R., Customer value: The next source for competitive advantage, In: Journal of the Academy of Marketing Science, Nr. 2, 25. Jg., 1997, S. 139-153.

Woodruff, R. B.; Gardial, S. F., Know your customer - New approaches to understanding customer value and satisfaction, Blackwell Business, Cambridge, Mass., 1996.

Woodside, A.; Golfetto, F.; Gibbert, M., Customer Value: Theory, Research and Practice, In: Woodside, A. G. (Hrsg.): Creating and managing superior customer value, Repr; Emerald/JAI, Bingley, 2009, S. 3-25.

Wörner, R.; Bauer, P.; Schneider, D.; Oncken, M.; Morozova, I.; Kagerbauer, M.; Kostorz, N.; Jochem, P.; Märtz, A.; Blesl, M.; Wiesmeth, M.; Mayer, D.; Körner, C.; Schmalen, J., Elektromobilität im urbanen Raum - Analysen und Prognosen im Spannungsfeld von Elektromobiltät und Energieversorgung am Fallbeispiel Stuttgart,, 2019.

Wühr, D., Innovationsarbeit in der Investitionsgüterindustrie, Springer Fachmedien Wiesbaden, Wiesbaden, 2017.

Zahn, E.; Weidler, A., Integriertes Innovationsmanagement, In: Zahn, E. (Hrsg.): Handbuch Technologiemanagement, Schäffer-Poeschel, Stuttgart, 1995, S. 351-376.

Zairi, M.; Youssef, M., Quality function deployment, In: International Journal of Quality & Reliability Management, Nr. 6, 12. Jg., 1995, S. 9-23.

Zeithaml, V., Consumer Perceptions of Price, Quality, and Value: A Means-End Model and Synthesis of Evidence, In: Journal of Marketing, Nr. 3, 52. Jg., 1988, S. 2-22.

Zohm, F., Management Von Diskontinuitäten - Das Beispiel der Mechatronik in der Automobilzulieferindustrie, Deutscher Universitäts Verlag, Wiesbaden, 2004.

Anhang

A. Übersicht analysierter wissenschaftlicher Ansätze

Nummer	Autor	Objektbereich			Zielbereich			
		Innovations-idee	Technisches System	Kunden-nutzen	Benötigte Informationen	Informations-quellen	Bewertungs-mechanismen	Ø Erfüllungsgrad
[1]	ADAM[416]	1	0	0,25	0,25	0	0	0,250
[2]	ALSTED SØNDERGAARD[417]	0,5	0	0,25	0,25	0	0,25	0,208
[3]	AULET[418]	0,75	0	0,5	0	0	0	0,208
[4]	BIAIS ET AL.[419]	1	0	0	0	0	0	0,167
[5]	BIERMANN ET AL.[420]	0,25	0,25	0	0	0	0	0,083
[6]	BINZ ET AL.[421]	1	1	0,75	0,5	0	0,5	0,625
[7]	BLECHARZ ET AL.[422]	0	0	1	0,25	0	0,25	0,250
[8]	BOTSCHEN ET AL.[423]	0	0	0,25	0,25	0	0,25	0,125

416 Vgl. Adam (2012), Die Bewertung von Innovationsideen
417 Vgl. Alsted Søndergaard (2005), Market-oriented new product development
418 Vgl. Aulet (2013), Disciplined Entrepreneurship
419 Vgl. Biais et al. (2008), Entrepreneurs and new ideas
420 Vgl. Biermann et al. (2020), Nachhaltiges Produktmanagement
421 Vgl. Binz et al. (2007), How to Measure the Success Potential and the Degree of Innovation of Technical Ideas and Products
422 Vgl. Blecharz et al. (2011), Product Quality and Customer Benefit
423 Vgl. Botschen et al. (1999), Using means-end structures for benefit segmentation

Nummer	Autor	Objektbereich: Innovations-idee	Objektbereich: Technisches System	Objektbereich: Kunden-nutzen	Zielbereich: Benötigte Informationen	Zielbereich: Informations-quellen	Zielbereich: Bewertungs-mechanismen	Ø Erfüllungsgrad
[9]	BURKHARDT ET AL.[424]	0,5	0	0	0	1	0	0,250
[10]	BUSACCA ET AL.[425]	0	0	1	0,5	0,25	0,75	0,417
[11]	BUTZ ET AL.[426]	0	0	1	0,25	0	0	0,208
[12]	CALANTONE ET AL.[427]	0,75	0	0	0	0	0	0,125
[13]	CARBONELL-FOULQUIÉ ET AL.[428]	0,5	0	0	0	0	0	0,083
[14]	CARSON ET AL.[429]	0	0,25	0,75	0,25	0	0,25	0,250
[15]	CHAN ET AL.[430]	1	0	0	0	0	0	0,167
[16]	CHRISTOFORAKOS ET AL.[431]	0,75	0	0	0	0	0	0,125
[17]	BLOCKER[432]	0	0	1	0,25	0	0	0,208
[18]	DEAN ET AL.[433]	1	0	0,25	0	0	0	0,208
[19]	DODDS ET AL.[434]	0	0	1	0,75	0	0,5	0,375
[20]	DRACHSLER[435]	1	0,5	0,5	0	0,25	0	0,375

424 Vgl. Burkhardt et al. (2018), Das große Handbuch Innovation
425 Vgl. Busacca et al. (2009), Customer Value Metrics
426 Vgl. Butz et al. (1996), Measuring customer value: Gaining the strategic advantage
427 Vgl. Calantone et al. (1999), Using the Analytic Hierarchy Process in New Product Screening
428 Vgl. Carbonell-Foulquié et al. (2004), Criteria employed for go/no-go decisions when developing successful highly innovative products
429 Vgl. Carson et al. (2018), Formalizing Requirements Verification and Validation
430 Vgl. Chan et al. (2018), Good to Be Novel? Understanding How Idea Feasibility Affects Idea Adoption Decision Making in Crowdsourcing
431 Vgl. Christoforakos et al. (2017), Erfolgreiches Prototyping im Ideenstadium der Produktentwicklung
432 Vgl. Blocker (2011), Modeling customer value perceptions in cross-cultural business markets
433 Vgl. Dean et al. (2006), Identifying Quality, Novel, and Creative Ideas: Constructs and Scales for Idea Evaluation
434 Vgl. Dodds et al. (1991), Effects of Price, Brand, and Store Information on Buyers' Product Evaluations
435 Vgl. Drachsler (2007), Bewertung von Produktideen

Nummer	Autor	Objektbereich: Innovations-idee	Objektbereich: Technisches System	Objektbereich: Kunden-nutzen	Zielbereich: Benötigte Informationen	Zielbereich: Informations-quellen	Zielbereich: Bewertungs-mechanismen	Ø Erfüllungsgrad
[21]	DZIALLAS[436]	1	0,5	0	0	0	0	0,250
[22]	EICHENBERGER[437]	0	0	0	0	0	0	0,000
[23]	ELING ET AL.[438]	1	0	0	0	0,5	0	0,250
[24]	ERIKSSON ET AL.[439]	0	0	1	0	0	0	0,167
[25]	EVANS[440]	0	0	1	0	0	0	0,167
[26]	EVERSHEIM[441]	1	1	0,25	0	0,75	0,25	0,542
[27]	FERIOLI ET AL.[442]	0,75	0,25	0,5	0	0	0	0,250
[28]	FEYZIOĞLU ET AL.[443]	0,5	0	0,25	0	0	0	0,125
[29]	FLOSDORFF[444]	1	0,25	0,25	0	0	0	0,250
[30]	FORDE ET AL.[445]	1	0	0,5	0	0	0	0,250
[31]	FREDERIKSEN ET AL.[446]	1	0	0	0	0	0	0,167
[32]	FREILING ET AL.[447]	0,75	0	0,5	0	0	0	0,208

[436] Vgl. Dziallas (2020), How to evaluate innovative ideas and concepts at the front-end?

[437] Vgl. Eichenberger (1978), Creativity Measurement Through Use of Judgment Criteria in Physics

[438] Vgl. Eling et al. (2017), Managing the Front End of Innovation-Less Fuzzy, Yet Still Not Fully Understood

[439] Vgl. Eriksson et al. (2018), Measuring customer value in commercial experiences

[440] Vgl. Evans (2002), Measuring and managing customer value

[441] Vgl. Eversheim (2009), Innovation Management for Technical Products

[442] Vgl. Ferioli et al. (2008), Evaluation of the potential performance of innovative concepts in the early stages of the new product development process (NPDP)

[443] Vgl. Feyzioğlu et al. (2007), Evaluation Of New Product Development Projects Using Artificial Intelligence And Fuzzy Logic

[444] Vgl. Flosdorff (2019), Identifikation und Evaluation von Bewertungskriterien zur optimalen Auswahl von Ideen während des Innovationsprozesses

[445] Vgl. Forde et al. (2016), A Proposed Approach for Idea Selection in Front End of Innovation Activies

[446] Vgl. Frederiksen et al. (2017), From Creative Ideas to Innovation Performance: The Role of Assessment Criteria

[447] Vgl. Freiling et al. (2019), Entrepreneurship

Nummer	Autor	Objektbereich: Innovations-idee	Objektbereich: Technisches System	Objektbereich: Kunden-nutzen	Zielbereich: Benötigte Informationen	Zielbereich: Informations-quellen	Zielbereich: Bewertungs-mechanismen	Ø Erfüllungsgrad
[33]	FUEGLISTALLER ET AL.[448]	1	0	0,25	0	0	0	0,208
[34]	GALLARZA ET AL.[449]	0	0	1	0	0	0	0,167
[35]	GASSMANN ET AL.[450]	0,75	0,25	0,25	0	0	0	0,208
[36]	GERHARDS[451]	0,75	0,75	0,25	0,5	0	0,5	0,458
[37]	GERL[452]	0,25	0	0,25	0	0	0	0,083
[38]	GRANIG[453]	0,5	0,5	0,25	0,25	0	0,25	0,292
[39]	GROSSKLAUS[454]	1	0,25	0,25	0,25	0	0,25	0,333
[40]	GRUNERT[455]	0	0	1	0,25	0,25	0,75	0,375
[41]	GRUNWALD[456]	0,25	0,25	0	0	0	0	0,083
[42]	GUPTA[457]	0,25	0	0	0	0	0	0,042
[43]	GUTMAN[458]	0	0	0,5	0,5	0	0,5	0,250
[44]	HART ET AL.[459]	0,5	0,5	0	0	0	0	0,167
[45]	HELM ET AL.[460]	0	0	0,5	0	0	0,25	0,125

[448] Vgl. Fueglistaller et al. (2016), Entrepreneurship

[449] Vgl. Gallarza et al. (2017), A multidimensional service-value scale based on Holbrook's typology of customer value

[450] Vgl. Gassmann et al. (2014), Management of the Fuzzy Front End of Innovation

[451] Vgl. Gerhards (2002), Methodik zur Interaktion von F&E und Marketing in den frühen Phasen des Innovationsprozesses

[452] Vgl. Gerl (2020), Innovative Geschäftsmodelle für industrielle Smart Services

[453] Vgl. Granig (2007), Innovationsbewertung

[454] Vgl. Grossklaus (2014), Von der Produktidee zum Markterfolg

[455] Vgl. Grunert (2010), Means-End Chains - A Means to Which End?

[456] Vgl. Grunwald (2013), Handbuch Technikethik

[457] Vgl. Gupta (2020), Understanding the feasibility and value of grassroots innovation

[458] Vgl. Gutman (1982), A Means-End Chain Model Based on Consumer Categorization Processes

[459] Vgl. Hart et al. (2003), Industrial Companies' Evaluation Criteria in New Product Development Gates

[460] Vgl. Helm et al. (2017), Kundenwert

Nummer	Autor	Objektbereich: Innovations-idee	Objektbereich: Technisches System	Objektbereich: Kunden-nutzen	Zielbereich: Benötigte Informationen	Zielbereich: Informations-quellen	Zielbereich: Bewertungs-mechanismen	Ø Erfüllungsgrad
[46]	HOFFMANN[461]	0	0	1	0	0	0	0,167
[47]	HOHL[462]	0	0	1	0,75	0	0,5	0,375
[48]	HOLBROOK[463]	0	0	1	0	0	0	0,167
[49]	HOLST[464]	0	0	1	0,25	0,25	0,5	0,333
[50]	KIM ET AL.[465]	0,25	0	0,5	0,25	0,25	0,5	0,292
[51]	KOSASIH ET AL.[466]	0,5	0,25	0,5	0,25	0,25	0,75	0,417
[52]	KOTLER ET AL.[467]	0	0	1	0,25	0	0,25	0,250
[53]	KRÄMER ET AL.[468]	0	0	1	0,25	0	0,25	0,250
[54]	KRISTENSSON ET AL.[469]	0,25	0	0,5	0,5	0	0	0,208
[55]	KRISTENSSON ET AL.[470]	1	0	0,25	0	0	0	0,208
[56]	KUDROWITZ ET AL.[471]	1	0,75	0,25	0,25	0	0	0,375
[57]	LANDMANN ET AL.[472]	1	0	0	0	0	0	0,167
[58]	LANDWEHR-ZLOCH[473]	0,5	0	0	0	0	0	0,167

461 Vgl. Hoffmann (2010), Handbuch Kundennutzen
462 Vgl. Hohl (2011), Nutzen als Basis von Kaufentscheidungen
463 Vgl. Holbrook (1999), Consumer value
464 Vgl. Holst (1996), Lean Development
465 Vgl. Kim et al. (2017), What do consumers prefer for music streaming services?: A comparative study between Korea and US
466 Vgl. Kosasih et al. (2020), Integration of conjoint analysis and QFD for new product development in manufacturing small and medium enterprises (case study: a food company)
467 Vgl. Kotler et al. (2016), Marketing Management
468 Vgl. Krämer et al. (2015), Customer Value Controlling – Combining Different Value Perspectives
469 Vgl. Kristensson et al. (2019), Service innovation for sustainable business
470 Vgl. Kristensson et al. (2004), Harnessing the Creative Potential among Users*
471 Vgl. Kudrowitz et al. (2013), Assessing the quality of ideas from prolific, early-stage product ideation
472 Vgl. Landmann et al. (2019), Ideen erfolgreich managen
473 Vgl. Landwehr-Zloch (2019), Verhaltensorientiertes Innovations-Controlling

Nummer	Autor	Objektbereich: Innovations-idee	Objektbereich: Technisches System	Objektbereich: Kunden-nutzen	Zielbereich: Benötigte Informationen	Zielbereich: Informations-quellen	Zielbereich: Bewertungs-mechanismen	Ø Erfüllungsgrad
[59]	LANDWEHR-ZLOCH ET AL.[474]	0,5	0,5	0	0	0	0	0,083
[60]	LEAO ET AL.[475]	0	0	0,5	0,25	0,25	0,25	0,208
[61]	LEROI-WERELDS[476]	0	0	1	0	0	0,25	0,208
[62]	LEROI-WERELDS ET AL.[477]	0	0	1	0	0	0	0,167
[63]	LIEDER ET AL.[478]	0,5	0	0,5	0,25	0,25	0,5	0,333
[64]	LINDGREEN ET AL.[479]	0	0	1	0	0	0	0,167
[65]	LUSCH[480]	0	0	0	0	0	0	0,000
[66]	LÜTHJE[481]	0,25	0	0	0	0	0	0,042
[67]	MARTINSUO ET AL.[482]	0,75	0	0,25	0,25	0	0	0,208
[68]	MCCOLL-KENNEDY ET AL.[483]	0	0	0	0	0	0	0,000
[69]	MENON ET AL.[484]	0	0	1	0	0	0,25	0,208

474 Vgl. Landwehr-Zloch et al. (2020), Bewertung von Innovationsprojekten in VUCA Welt

475 Vgl. Leão et al. (2007), The means-end approach to understanding customer values of a on-line newspaper

476 Vgl. Leroi-Werelds (2019), An update on customer value: state of the art, revised typology, and research agenda

477 Vgl. Leroi-Werelds et al. (2014), Assessing the value of commonly used methods for measuring customer value: a multi-setting empirical study

478 Vgl. Lieder et al. (2018), A conjoint analysis of circular economy value propositions for consumers: Using "washing machines in Stockholm" as a case study

479 Vgl. Lindgreen et al. (2012), Value in business and industrial marketing: Past, present, and future

480 Vgl. Lusch (1983), Problem Solving: A Logical and Creative Approach

481 Vgl. Lüthje (2000), Kundenorientierung im Innovationsprozess

482 Vgl. Martinsuo et al. (2011), Use of Evaluation Criteria and Innovation Performance in the Front End of Innovation*

483 Vgl. McColl-Kennedy et al. (2000), Measuring customer satisfaction: Why, what and how

484 Vgl. Menon et al. (2005), Understanding Customer Value in Business-to-Business Relationships

Nummer	Autor	Objektbereich: Innovations-idee	Objektbereich: Technisches System	Objektbereich: Kunden-nutzen	Zielbereich: Benötigte Informationen	Zielbereich: Informations-quellen	Zielbereich: Bewertungs-mechanismen	Ø Erfüllungsgrad
[70]	MENSCH[485]	0	0	0	0	0	0	0,000
[71]	MIECZNIK[486]	0,75	0,5	0,25	0	0	0	0,250
[72]	MÖLLER[487]	0	0	1	0	0	0	0,167
[73]	NAGY ET AL.[488]	0	0	0	0	0	0	0,000
[74]	OH[489]	0	0	1	0,25	0	0,25	0,250
[75]	OLSON ET AL.[490]	0,5	0,5	0	0	0,25	0	0,208
[76]	PILELIENĖ ET AL.[491]	0	0	1	0	0	0,5	0,250
[77]	POPOVIC ET AL.[492]	0	0	0,5	0,25	0	0,5	0,208
[78]	PORRETTA ET AL.[493]	0,25	0	0,5	0,25	0,25	0,25	0,250
[79]	POTT ET AL.[494]	0	0	0	0	0	0	0,000
[80]	REICHLE[495]	0,75	0,75	0,75	0,5	0,25	0,75	0,625
[81]	REINIG ET AL.[496]	1	0	0	0	0	0	0,167

[485] Vgl. Mensch (1975), Das technologische Patt

[486] Vgl. Miecznik (2013), Ideenmanagement

[487] Vgl. Möller (2006), Role of competences in creating customer value: A value-creation logic approach

[488] Vgl. Nagy et al. (2009), A new customer satisfaction management model (methodology and practice)

[489] Vgl. Oh (1999), Service quality, customer satisfaction, and customer value: A holistic perspective

[490] Vgl. Olson et al. (2001), Implementing the lead user method in a high technology firm: A longitudinal study of intentions versus actions

[491] Vgl. Pilelienė et al. (2013), Determination of customer satisfaction with supermarkets in Lithuania

[492] Vgl. Popović et al. (2018), A comparative empirical study of Analytic Hierarchy Process and Conjoint analysis: Literature review

[493] Vgl. Porretta et al. (2019), Mind Genomics (Conjoint Analysis): The new concept research in the analysis of consumer behaviour and choice

[494] Vgl. Pott et al. (2019), Industrielle Robotersysteme

[495] Vgl. Reichle (2006), Bewertungsverfahren zur Bestimmung des Erfolgspotenzials und des Innovationsgrades von Produktideen und Produkten

[496] Vgl. Reinig et al. (2007), On the Measurement of Ideation Quality

Nummer	Autor	Objektbereich			Zielbereich			
		Innovations-idee	Technisches System	Kunden-nutzen	Benötigte Informationen	Informations-quellen	Bewertungs-mechanismen	Ø Erfüllungsgrad
[82]	REYNOLDS ET AL.[497]	0	0	1	0,25	0,25	0,5	0,375
[83]	RICE ET AL.[498]	0,5	0,5	0	0	0	0	0,167
[84]	RIEDL ET AL.[499]	1	0	0	0,25	0	0	0,208
[85]	SAMANLIOĞLU ET AL.[500]	0,5	0	0	0	0	0	0,083
[86]	SCHÄFER[501]	1	0	0	0	0	0	0,167
[87]	SCHOLZ ET AL.[502]	0,5	0,5	0,25	0	0	0	0,208
[88]	SCHUH[503]	0,25	0,25	0,25	0,25	0,25	0,25	0,250
[89]	SCHUH ET AL.[504]	1	1	0	1	0	0	0,667
[90]	SCHUH ET AL.[505]	1	1	0,5	0,25	0,25	0,25	0,542
[91}	SCHUH ET AL.[506]	1	1	0	0,5	0	0	0,500
[92]	SCHUH ET AL.[507]	1	1	0,75	0,25	0	1	0,417
[93]	SCHUH ET AL.[508]	1	0,5	0	0,75	0	0	0,375
[94]	SEANEHIA ET AL.[509]	0	0	0,5	0,25	0,25	0,5	0,250

497 Vgl. Reynolds et al. (2001), Understanding consumer decision making
498 Vgl. Rice et al. (2001), Radical innovation: triggering initiation of opportunity recognition and evaluation
499 Vgl. Riedl et al. (2011), An Idea Ontology for Innovation Management
500 Vgl. Samanlioglu et al. (2020), An intelligent approach for the evaluation of innovation projects
501 Vgl. Schäfer (2011), Selektion von Innovationsideen
502 Vgl. Scholz et al. (2018), Praxishandbuch nachhaltige Produktentwicklung
503 Vgl. Schuh (2012), Innovationsmanagement
504 Vgl. Schuh et al. (2022), Maturity Oriented Description Model for Innovation Ideas of Technical Systems
505 Vgl. Schuh et al. (2020), Methodology for the determination of the logic of innovation ideas for technical systems
506 Vgl. Schuh et al. (2020), Description Model for the Realization of Ideas for Technical Systems
507 Vgl. Schuh et al. (2020), Model for the Logic Determination of Innovation Ideas for Technical Systems
508 Vgl. Schuh et al. (2018), Description of Ideas for Radical Product Innovations
509 Vgl. Seanehia et al. (2017), Quantifying population preferences around vaccination against severe but rare diseases: A conjoint analysis among French university students, 2016

Nummer	Autor	Objektbereich: Innovations-idee	Objektbereich: Technisches System	Objektbereich: Kunden-nutzen	Zielbereich: Benötigte Informationen	Zielbereich: Informations-quellen	Zielbereich: Bewertungs-mechanismen	Ø Erfüllungsgrad
[95]	SEIDEL ET AL.[510]	0,75	0	0	0	0,5	0	0,208
[96]	SETIJONO ET AL.[511]	0,5	0	1	0,5	0	0,75	0,458
[97]	SHAH ET AL.[512]	1	0,75	0,25	0,5	0	0,5	0,500
[98]	SHEU ET AL.[513]	0,5	0,25	0	0	0,75	0	0,292
[99]	SØRENSEN ET AL.[514]	0	0	0,25	0	0,25	0	0,083
[100]	STEVANOVIC ET AL.[515]	1	0,5	0,25	0	0	0	0,333
[101]	STEVANOVIC ET AL.[516]	1	0,5	0,25	0	0	0,25	0,292
[102]	STEVANOVIC ET AL.[517]	1	0	0,25	0	0	0	0,208
[103]	SUKHOV ET AL.[518]	1	0	0	0,25	0	0	0,208
[104]	SWEENEY ET AL.[519]	0	0	1	0,25	0,25	0,5	0,333
[105]	TZOKAS ET AL.[520]	0,5	0	0,25	0	0	0	0,125
[106]	ULAGA ET AL.[521]	0	0	1	0,5	0,25	0,5	0,375
[107]	ULRICH ET AL.[522]	0	0	0,25	0	0	0,25	0,083

[510] Vgl. Seidel et al. (2013), Adopting Design Thinking in Novice Multidisciplinary Teams: The Application and Limits of Design Methods and Reflexive Practices

[511] Vgl. Setijono et al. (2007), Customer value as a key performance indicator (KPI) and a key improvement indicator (KII)

[512] Vgl. Shah et al. (2003), Metrics for measuring ideation effectiveness

[513] Vgl. Sheu et al. (2011), A proposed process for systematic innovation

[514] Vgl. Sørensen et al. (2017), Research Methods in Service Innovation

[515] Vgl. Stevanovic et al. (2015), A model of idea evaluation and selection for product innovation

[516] Vgl. Stevanovic et al. (2013), Idea relevancy assessment in preparation of product development

[517] Vgl. Stevanovic et al. (2016), Idea assessment and selection in product innovation – the empirical research results

[518] Vgl. Sukhov (2018), The role of perceived comprehension in idea evaluation

[519] Vgl. Sweeney et al. (2001), Consumer perceived value: The development of a multiple item scale

[520] Vgl. Tzokas et al. (2004), Navigating the new product development process

[521] Vgl. Ulaga et al. (2001), Measuring Customer-Perceived Value in Business Markets

[522] Vgl. Ulrich et al. (2019), Wertschöpfung in der Betriebswirtschaftslehre

Nummer	Autor	Objektbereich: Innovations-idee	Objektbereich: Technisches System	Objektbereich: Kunden-nutzen	Zielbereich: Benötigte Informationen	Zielbereich: Informations-quellen	Zielbereich: Bewertungs-mechanismen	Ø Erfüllungsgrad
[108]	VAHS ET AL.[523]	1	0	0,25	0,25	0	0,25	0,292
[109]	VEITCH ET AL.[524]	0	0	0,5	0,25	0,25	0,5	0,250
[110]	VERLOOP[525]	0,5	0	0,25	0	0	0	0,125
[111]	VOIMA ET AL.[526]	0	0	1	0,5	0	0	0,250
[112]	VÖLKER ET AL.[527]	0	0	0	0	0	0	0,000
[113]	WACHTER[528]	0	0,25	1	0,75	0,25	0,75	0,500
[114]	WIEẞNER[529]	0	0	1	0,25	0,25	0	0,250
[115]	WILHELMS ET AL.[530]	0,25	0	0,5	0,25	0,25	0,5	0,292
[116]	WINKLER ET AL.[531]	0,5	0	0,25	0	0	0	0,125
[117]	WITT[532]	0,25	0	0,25	0	0	0	0,083
[118]	WOOD ET AL.[533]	0,25	0	0,25	0,25	0,25	0	0,167
[119]	WOODRUFF ET AL.[534]	0	0	1	0,5	0	0,25	0,292

[523] Vgl. Vahs et al. (2015), Innovationsmanagement: Von der Idee zur erfolgreichen Vermarktung

[524] Vgl. Veitch et al. (2017), Park attributes that encourage park visitation among adolescents: A conjoint analysis

[525] Vgl. Verloop (2013), Success in Innovation

[526] Vgl. Voima et al. (2010), Exploring customer value formation

[527] Vgl. Völker et al. (2019), Innovationsmanagement 4.0

[528] Vgl. Wachter (2006), Kundenwert aus Kundensicht

[529] Vgl. Wießner (2019), Ermittlung der (Kunden)-nutzenbasierten Zahlungsbereitschaft

[530] Vgl. Wilhelms et al. (2017), To earn is not enough: A means-end analysis to uncover peer-providers' participation motives in peer-to-peer carsharing

[531] Vgl. Winkler et al. (2020), Frugal innovation in developed markets – Adaption of a criteria-based evaluation model

[532] Vgl. Witt (2016), What kind of innovations do we need to secure our future?

[533] Vgl. Wood et al. (2019), Conjoint Analysis in Entrepreneurship Research: End of the Road or a Bridge to the Future?

[534] Vgl. Woodruff et al. (1996), Know your customer

Nummer	Autor	Objektbereich			Zielbereich			Ø Erfüllungsgrad
		Innovations-idee	Technisches System	Kunden-nutzen	Benötigte Informationen	Informations-quellen	Bewertungs-mechanismen	
[120]	WOODRUFF[535]	0	0	1	0,5	0	0,25	0,292
[121]	WÜHR[536]	0,5	0,75	0	0	0	0	0,208

B. Bewertung der Sammlung von Innovationswerkzeugen

Nr.	Innovationswerkzeug	Zweckge-richtetheit	Unabhängigkeit vom Anwender	Öffentliche Zugänglichkeit
1	10-Minuten-Zeitsprung	1	0	1
2	2x2 Matrix Reflexion	0	1	1
3	3-12-3 Brainstorming Mikro	1	1	1
4	3-2-1 Methode	0	1	1
5	360 Grad Innovation	0	0	1
6	5 Why Methode – Die 5 Warums	0	1	1
7	5-Meter-Blick	0	0	1
8	6-3-5 Methode	0	0	1
9	6-Hüte Methode	1	0	1
10	6-W Methode	0	0	1
11	9 Levels Value System	1	0	1
12	A Kick In The Seat Of The Pants	1	1	1
13	A Whack On The Side Of The Head	1	1	1
14	AAR-Rückblick	0	1	1
15	ABC-Analyse	0	0	1

[535] Vgl. Woodruff (1997), Customer value: The next source for competitive advantage

[536] Vgl. Wühr (2017), Innovationsarbeit in der Investitionsgüterindustrie

Nr.	Innovationswerkzeug	Zweckgerichtetheit	Unabhängigkeit vom Anwender	Öffentliche Zugänglichkeit
16	ABC-Methode	0	1	1
17	Action Painting	0	0	1
18	Advocatus Diaboli	0	0	1
19	AEIOU Technik	1	0	1
20	AIDA-Formel	0	0	1
21	Aktionsbasiertes Lernen	1	0	1
22	Allmacht	1	1	1
23	ALM	1	1	1
24	ALPEN Methode	0	1	1
25	AMA	0	0	1
26	Analogietechnik	0	1	1
27	Analytischer Hierarchieprozess	0	0	1
28	And-also-Methode	0	0	1
29	Anonyme Abstimmung	1	0	1
30	Anonymes Brainstorming	0	0	1
31	Anti-Change-Checkup	1	0	1
32	Antizipierende Fehlererkennung	1	1	1
33	Appreciative Inquiry	1	1	0
34	ARIZ	0	1	0
35	Assembly	0	0	1
36	Asymmetric Clustering	0	1	1
37	Atomisieren	0	0	1
38	Attribute-Listing	0	0	1
39	Aufgabenkarten	1	0	1
40	Ausfallschritt-Technik	0	0	1
41	Axiomatic Design	1	0	0
42	Back-Of-The-Napkin-Modell	1	1	1
43	BAF	1	1	1

Nr.	Innovationswerkzeug	Zweckge-richtetheit	Unabhängigkeit vom Anwender	Öffentliche Zugänglichkeit
44	Balanced Scorecard	0	1	1
45	BAR-Brainstorming	0	0	1
46	Basar der Ideen	0	1	1
47	Bau eine Welt	0	0	1
48	BBB-Methode	0	0	1
49	Beerdigung	1	0	1
50	Benchmarking	0	1	1
51	Best failed Award	1	0	1
52	Betriebliches Vorschlagswesen	0	1	1
53	Beweisführung	0	1	1
54	Bewerten-Diskutieren-Bewerten	0	1	1
55	Bewertungsmatrix	0	0	1
56	Bilder statt Worte	0	1	1
57	Bilderstorming	0	0	1
58	Bild-Text-Potenzierung	0	0	1
59	Bingo	1	0	1
60	Bionik	1	1	0
61	Bisoziation	1	0	1
62	Blue Ocean Strategy	0	1	1
63	Blue Roses	0	1	1
64	Bodystorming	0	1	1
65	Boundary Shifting	0	0	1
66	BrainCharting	0	1	1
67	Brainfloating	0	0	1
68	BrainRace	0	0	1
69	BrainShaping	1	0	1
70	BrainStation	0	0	1
71	Brainstorming	0	0	1

Nr.	Innovationswerkzeug	Zweckgerichtetheit	Unabhängigkeit vom Anwender	Öffentliche Zugänglichkeit
72	Brainwalking	0	1	1
73	Brainwriting	0	1	1
74	Brainwriting Pool	0	1	1
75	Brand Innovation Checkup	0	0	1
76	Brutethink	0	1	1
77	Buchtausch-Club	0	0	1
78	Bull´s Eye Bewertung	0	0	1
79	Buridans Esel	0	1	1
80	Business Model Canvas	0	1	1
81	Business Wargaming	0	1	0
82	Buzz Report	0	1	1
83	Café to Go	0	1	1
84	Case Based Reasoning	0	1	1
85	CATWOE	0	1	1
86	Chancen-Risiken-Analyse	0	1	1
87	Change-Modell These	0	1	1
88	Channel Innovation Checkup	0	1	1
89	Checklistentechnik	0	1	1
90	Cherry Split	0	0	1
91	Chilling Out	0	0	1
92	Circle Of Opportunity	0	1	1
93	Clever Trevor	0	1	1
94	Clusteranalyse	0	1	1
95	Cluster-Methode	0	1	1
96	COCD-Box	0	1	1
97	Collaborative Sketching	0	0	1
98	Communities of Practice	0	1	1
99	Competencies Plan	0	1	1

Nr.	Innovationswerkzeug	Zweckge-richtetheit	Unabhängigkeit vom Anwender	Öffentliche Zugänglichkeit
100	Competitive Product Survey	0	1	1
101	Competitors-Complementors Map	0	1	1
102	Concept Evaluation	0	1	1
103	Concept Grouping Matrix	0	1	1
104	Concept-Generating Matrix	0	1	1
105	Concept-Linking Map	0	1	1
106	Confluence Dynagram	0	1	1
107	**Conjoint Analyse**	**1**	**1**	**1**
108	Consumer Clinic	1	1	1
109	Contextual Research Plan	0	1	1
110	Convergence Map	0	1	1
111	Creative Casting	0	0	1
112	Creative Challenge	0	0	1
113	Creative Collaboration Technique	0	0	1
114	Creative Collages	0	0	1
115	Creative Problem Solving	0	1	1
116	Creative Whack Pack	0	0	1
117	Critical Reading Checklist	0	1	1
118	Cross Industry Prinzip	0	1	1
119	Cross-Impact-Methode	0	1	1
120	Crowd Sourcing Tool	0	1	1
121	Customer Engagement Checkup	0	1	1
122	Da Vinci's Technique	0	0	1
123	Dali's Technique	0	0	1
124	Das 7-Ps-Framework	0	1	1
125	Das Antiproblem	0	1	1
126	Das Gitter-Prinzip	0	0	0

Nr.	Innovationswerkzeug	Zweckgerichtetheit	Unabhängigkeit vom Anwender	Öffentliche Zugänglichkeit
127	Das Kräftedreieck der Innovationsfähigkeit	0	0	1
128	Das Team-Band	0	0	1
129	Das Verkaufsgespräch	0	0	1
130	Das-Pinocchio-Produkt	0	1	1
131	Datenfile-Technik	0	1	1
132	Debriefing	0	0	1
133	Delphi-Methode	0	1	1
134	Der „Specificator“	0	1	1
135	Der 100-Euro-Test	0	0	1
136	Der imaginäre Freund	0	0	1
137	Der springende Punkt	0	0	1
138	Der tote Winkel	0	1	1
139	Design Innovation Process	0	1	0
140	Design Thinking	0	1	0
141	Design Thinking CheckUp	0	1	1
142	Destruktiv-konstruktives Brainstorming	0	0	1
143	Didaktisches Brainstorming	0	0	1
144	Die „1.000 EUR in 24 Stunden“ Challenge	0	0	1
145	Die Ambidextrous Organization	0	0	0
146	Die Augen des Experten	0	0	1
147	Die Pinguin-Geschichte	0	1	1
148	Die Suche nach dem Schlüssel	0	1	1
149	Dilemmagramm	0	1	1
150	Discussion 66	0	0	1
151	Disruptability	0	1	1
152	DNA-Analyse-Methode	0	1	1

Nr.	Innovationswerkzeug	Zweckge-richtetheit	Unabhängigkeit vom Anwender	Öffentliche Zugänglichkeit
153	Doppelkopf	0	0	1
154	Dot-mocrazy	0	1	1
155	Dreamscape	0	0	1
156	Dreh´s um!	0	1	1
157	Drei Gute – Drei Schlechte	0	0	1
158	Dreiklang	0	0	1
159	DRIVE	0	1	1
160	Durchblick	0	1	1
161	EBS – „Erforsche beide Seiten“	0	1	1
162	Edison-Prinzip	0	1	1
163	Effectuation	0	1	1
164	Ein Kind wills wissen	0	0	1
165	Einfacher Fokus	0	1	1
166	Einfachster Ausweg	0	1	1
167	Elementare Umformungen	0	1	1
168	Elevator Pitch	0	0	1
169	**Empathy Map**	**1**	**1**	**1**
170	Entities Position Map	0	1	1
171	Entscheidungsbaum	0	1	1
172	Entscheidungs-Modell (nach Kroge-rus u. Tschäppeler)	0	1	1
173	Entscheidungstorte	0	1	1
174	Entwirf die Schachtel	0	0	1
175	**ERAF Systems Diagram**	**1**	**1**	**1**
176	Eras Map	0	1	1
177	Erfolgspfade	0	0	1
178	Erfolgszonen	0	0	1
179	Escape Training	0	1	0

Nr.	Innovationswerkzeug	Zweckgerichtetheit	Unabhängigkeit vom Anwender	Öffentliche Zugänglichkeit
180	Ethos, Pathos, Logos	0	0	1
181	EUI – „Einigkeit, Uneinigkeit, Irrelevanz“	0	0	1
182	Experience Simulation	0	0	1
183	Extreme User Interview	0	1	1
184	F&K – Folgen und Konsequenzen	0	0	1
185	Factfinding	0	1	1
186	Fake Verkauf	0	0	1
187	False Faces – Masken	0	0	1
188	Fast Finish	0	1	1
189	Feedback Capture Grid	0	1	1
190	Field Notes	0	0	1
191	Five Human Factors	0	0	1
192	FlowBoard	0	1	1
193	FlowTeam-Methode	0	1	1
194	Fluchtmethode	0	1	1
195	Forced-Relationship	0	0	1
196	Force-Fit-Spiel	0	0	1
197	Foresight Scenario	0	0	1
198	Formbildung	0	0	1
199	Framework-Visualisierung	0	0	1
200	Framing und Re-Framing	0	0	1
201	FRIES	0	0	0
202	From ... To Exploration	0	0	1
203	**Function Structure**	**1**	**1**	**1**
204	Fünf-Finger-Check	0	0	1
205	Fünf-Kräfte-Modell nach Porter	0	1	1
206	Fünf-Minuten-Denken	0	0	1

Nr.	Innovationswerkzeug	Zweckgerichtetheit	Unabhängigkeit vom Anwender	Öffentliche Zugänglichkeit
207	Funktionen- oder Wertanalyse	0	1	1
208	Future Fruit	0	0	1
209	Future Quickies	0	1	1
210	Galeriemethode	0	1	1
211	Gamification	0	1	1
212	Geben-und-Nehmen-Tabelle	0	0	1
213	Gehirnintegrationsübung	0	0	1
214	Geschäftsmodell Stresstest	0	1	1
215	Gestaltimpulse	0	0	1
216	Goldfischglas	0	0	1
217	Graphic Recording	0	0	1
218	Guessmap	0	0	1
219	Hall Of Fame	0	1	1
220	Herz, Hand, Kopf	0	0	1
221	HIT Matrix	0	1	1
222	Hit-Liste	0	1	1
223	Hype-Cycle Checkup	0	1	1
224	Hypothesenmatrix	0	1	1
225	Ich mag, ich wünschte, wie wäre es, wenn ...	0	0	1
226	Idea Grid – Ideen-Raster – Ideen - Koordinatennetz	0	1	1
227	Ideallösung	0	1	1
228	Idealog-Prozess	0	1	0
229	Ideatoons – Idea Icons	0	0	1
230	Ideen und Mindset Propaganda-Center	0	0	1
231	Ideenblaupause	0	0	1
232	Ideencluster	0	1	1

Nr.	Innovationswerkzeug	Zweckgerichtetheit	Unabhängigkeit vom Anwender	Öffentliche Zugänglichkeit
233	Ideenkultur	0	0	0
234	Ideenmarathon	0	0	1
235	Ideen-Quartett	0	0	1
236	IdeenSedCard Tool	0	0	1
237	Ideen-Sofort-Hilfe	0	0	1
238	Ideensteckbrief Tool	0	0	1
239	Ideen-Tennis	0	0	1
240	Ideenwettbewerb	0	0	1
241	Identifikationsmethode	0	0	1
242	iLounge	0	0	0
243	Image Sorting	0	0	1
244	Imageination	0	0	1
245	Imaginäres Brainstorming	0	0	1
246	In Bewegung kommen	0	0	1
247	Industry Diagnostics	0	1	1
248	Initial Opportunity Map	0	1	1
249	Innovation Evolution Map	0	1	1
250	Innovation Landscape	0	1	1
251	Innovation Matrix	0	1	1
252	Innovation Performance Radar	0	1	1
253	Innovation Sourcebook	0	1	1
254	innovationCube	0	0	1
255	Innovationdigging	0	1	1
256	Innovationsboutiquen	0	0	0
257	Innovationscoaching – Coaching	0	0	0
258	Innovationskultur – Checkup Tool	0	0	0
259	Innovationsmodell „Inkrementell vs. disruptiv“	0	1	1

Nr.	Innovationswerkzeug	Zweckgerichtetheit	Unabhängigkeit vom Anwender	Öffentliche Zugänglichkeit
260	Inspiration from the Future	0	0	1
261	Intent Statement	0	1	1
262	Interest Groups Discussion	0	0	1
263	Intrinsische Motivation	0	0	1
264	Ishikawa Diagramm	0	1	1
265	Job Scoping	0	1	1
266	John Whitmore CheckUp	0	1	1
267	Kamera Studie	0	1	0
268	**Kano-Modell**	**1**	**1**	**1**
269	Karten-Technik	0	0	1
270	Katalog-Methode	0	0	1
271	KEBA	0	1	1
272	Key Facts	0	1	1
273	Keyword Bibliometrics	0	1	0
274	KJ Methode	0	1	1
275	Klickpfad	0	0	1
276	Knalleffekt	0	0	1
277	Knick-Monster-Technik	0	0	1
278	Knopf-Brainwriting	0	0	1
279	Kollektives Notizbuch	0	0	1
280	KommuniKARTio	0	1	0
281	Kompetenz Jahrmarkt	0	0	1
282	**Komponentenanalyse**	**1**	**1**	**1**
283	Kondratieff-Cycle-Checkup	0	0	1
284	Kontextplan	0	1	1
285	Kontinuierlicher Verbesserungsprozess	0	1	1
286	Konzeptextraktion	0	0	1

Nr.	Innovationswerkzeug	Zweckge-richtetheit	Unabhängigkeit vom Anwender	Öffentliche Zugänglichkeit
287	Konzeptfächer	0	0	1
288	Kopfstandtechnik	0	0	1
289	Kraftfeldanalyse	0	1	1
290	Kreativblock	0	0	1
291	**Kreativitätsschieber**	**1**	**1**	**1**
292	Kreativprozess nach Graham Wallas	0	0	1
293	Kreativroulette	0	0	1
294	Kreativteam – Checkup Tool	0	0	1
295	Kreuzworträtsel Technik	0	0	1
296	KulturRalley	0	0	1
297	Kunde, Mitarbeiter, Aktionär	0	0	1
298	Kundennutzen-Matrix	0	1	1
299	Lagerfeuer	0	0	1
300	Langzeitprognose	0	1	1
301	Lateral Map	0	0	1
302	Laterales Denken – Querdenken	0	0	1
303	Lautmalerei	0	0	1
304	LavaLamping	0	0	1
305	Lead-User-Methode	0	1	1
306	Lean Startup	0	1	1
307	LEGO Serious Play	0	0	1
308	Leitfragensynthese	0	0	1
309	Letter to grandma	0	0	1
310	Lexikon-Methode	0	0	1
311	Lightless Creativity	0	0	1
312	Lobkärtchen Tool	0	0	1
313	Los-Methode	0	0	1
314	Lotus Blossom	0	0	1

Nr.	Innovationswerkzeug	Zweckgerichtetheit	Unabhängigkeit vom Anwender	Öffentliche Zugänglichkeit
315	Low-Tech Social Network	0	1	1
316	Machen, Neumachen & Rückgängigmachen	0	0	1
317	Magic Nails Tool	0	0	1
318	Mal das Problem	0	0	1
319	Manual Thinking	0	0	0
320	Marktplatz	0	0	1
321	Maßnahmenplan	0	1	1
322	Meilensteinplan	0	1	1
323	Meinungs-Blitzlicht	0	0	1
324	Meinungsspektrum	0	0	1
325	Meta-Plan	0	0	1
326	Methusalem Checkup Tool	0	0	1
327	Mind Pumping	0	0	1
328	Mindmapping	0	0	1
329	Mission Impossible	0	0	1
330	Mitarbeiterfragen	0	0	1
331	Mitbringstunde – Show and Tell	0	0	1
332	Momentum-Matrix	0	1	1
333	Moodboard	0	0	1
334	Morphologische Matrix	0	1	1
335	Morphologischer Kasten	0	1	1
336	Motorboot	0	0	1
337	MSI – Multisensorische Ideenentwicklung	0	0	1
338	Multiple Perspektiven	0	0	1
339	Multitasking-Dilemma	0	0	1
340	Murder Board	0	0	1
341	NABC Pitch	0	0	1

Nr.	Innovationswerkzeug	Zweckge-richtetheit	Unabhängigkeit vom Anwender	Öffentliche Zugänglichkeit
342	Negativkonferenz	0	0	1
343	NetScouting	0	1	1
344	Network Innovator Checkup	0	0	1
345	Netz der Abstraktion	0	1	1
346	**Nine Windows**	**1**	**1**	**1**
347	Not Kansas	0	0	1
348	Objekt-Brainstorming	0	0	1
349	Objektivitäts – Checkup	0	1	1
350	Offering-Activity-Culture Map	0	0	1
351	OMIPC	0	0	1
352	Open Hardware	0	1	0
353	Open Innovation	0	0	1
354	Open Space	0	0	1
355	Opportunity Response Modell	0	1	1
356	Opus Methode	0	1	1
357	Osborn Checkliste	0	1	1
358	Paired Comparison Analysis	0	1	1
359	Paper Prototyping	0	0	1
360	Paper Prototyping Templates Tool	0	0	1
361	Pecha Kucha	0	0	1
362	**Persona Template**	**1**	**1**	**1**
363	Perspektive wechseln	0	0	1
364	Perspektivendiagramm	0	0	1
365	PESTEL	0	1	1
366	Phoenix-Checkliste	0	1	1
367	Photoshop Prototypen	0	0	1
368	Pivoting	0	0	1
369	Platform Plan	0	1	1

Nr.	Innovationswerkzeug	Zweckgerichtetheit	Unabhängigkeit vom Anwender	Öffentliche Zugänglichkeit
370	Plus oder Delta	0	0	1
371	PMI	0	1	1
372	POEMS	0	1	1
373	Point of view – Stakeholder-Analyse	0	1	1
374	Poker Planing	0	1	1
375	Popular Media Scan	0	1	1
376	Postersession	0	0	1
377	Post-Up	0	0	1
378	Power of Ten	0	0	1
379	PPCO	0	1	1
380	Präventiv-Obduktion	0	0	1
381	Pre-Mortem	0	1	1
382	Prescriptive Value Web	0	1	1
383	Pretotyping	0	0	1
384	Prinzip der Disruptiven Innovation	0	0	1
385	Pro & Contra	0	1	1
386	Problem Tackler Tool	0	1	1
387	Problemlösungsbaum	0	1	1
388	Problemqualität	0	1	1
389	Problemsicht nach dem Weitwinkel-prinzip	0	0	1
390	Process Innovation Checkup	0	1	1
391	Product Performance Checkup	0	1	1
392	Product System Innovation Checkup	0	1	1
393	Produkt-Markt-Matrix nach Ansoff	0	1	1
394	Profit Model Checkup	0	0	1
395	Progressive Abstraktion	0	0	1
396	Promotorenmodell	0	0	1

Nr.	Innovationswerkzeug	Zweckgerichtetheit	Unabhängigkeit vom Anwender	Öffentliche Zugänglichkeit
397	Prototyping	0	0	1
398	Provocation	0	0	1
399	Publication Research	0	1	1
400	Pugh Matrix	0	1	1
401	**Quality Function Deployment**	**1**	**1**	**1**
402	Quickcheck – „Pseudoinnovationen“	0	1	1
403	Quickcheck – „Sind wir schon Problemfinder?“	0	1	1
404	Quickcheck – „Was macht uns kreativ?“	0	1	1
405	Quickcheck – „Was tun bei nutzlosen Ideen?“	0	1	1
406	Quickcheck – „Was tun wenn uns nichts einfällt?“	0	1	1
407	Random Stimulus	0	0	1
408	Random-Input-Technik	0	0	1
409	Rapid Product Development	0	0	1
410	Rattlesnakes and Roses	0	0	1
411	Redesteinchen	0	0	1
412	Reduce to the max	0	0	1
413	Reframing-Matrix	0	0	1
414	Reizbildpakete von Benno van Aerssen	0	0	1
415	Reiz-Bild-Technik	0	0	1
416	Reiz-Fühl-Technik	0	0	1
417	Reiz-Wort-Bandit	0	0	1
418	Reizworttechnik	0	0	1
419	Relevanzbaumanalyse	0	1	1
420	Research Participant Map	0	1	1

Nr.	Innovationswerkzeug	Zweckge-richtetheit	Unabhängigkeit vom Anwender	Öffentliche Zugänglichkeit
421	Research Planning Survey – Planungs-Schnell-Umfrage	0	1	1
422	Rhizom-Modell	0	1	1
423	Rollenspiele	0	0	1
424	Sammelkarten	0	1	1
425	Sand Tray	0	0	1
426	SCAMPER	0	1	1
427	Scheiterhaufen	0	0	1
428	Schöpferische Pause	0	0	1
429	Schwarmintelligenz-Modell	0	0	1
430	Scoring-Modell	0	1	1
431	Semantische Intuition	0	0	1
432	**Separation Principles**	**1**	**1**	**1**
433	SEPO Analyseraster	0	1	1
434	Septine	0	0	1
435	Sequentielle Morphologie	0	1	1
436	Service Blueprinting	0	1	1
437	Service Innovation Checkup	0	1	1
438	Shadowing	0	1	1
439	SIL-Methode	0	0	1
440	Simulation	0	1	1
441	Simultanaktion	0	0	1
442	SIPOC Map	0	1	1
443	Skalen-Technik	0	1	1
444	Sketches and Scribbles	0	0	1
445	Skizzenpost	0	0	1
446	Skizzenzeichnen	0	0	1
447	Skulptur-Technik	0	0	1

Nr.	Innovationswerkzeug	Zweckge-richtetheit	Unabhängigkeit vom Anwender	Öffentliche Zugänglichkeit
448	Slice and Dice	0	1	1
449	SMART	0	1	1
450	SMS-Methode	0	0	1
451	Solo-Brainstorming	0	0	1
452	Solution Enactment	0	0	1
453	Solution Roadmap	0	1	1
454	Sorgen-Freuden-Schema	0	0	1
455	Sounds Like Innovation	0	0	1
456	Spaghetti Tower	0	0	1
457	Speed-Feedback	0	0	1
458	Spezifischer Fokus	0	0	1
459	Spider Meeting	0	0	1
460	SQUID	0	0	1
461	St. Galler Business Model Navigator	0	1	1
462	Stage-Gate®-Modell	0	0	1
463	Stakeholder-Matrix	0	1	1
464	Startup-Job-Tausch	0	0	1
465	Startup-Skype-Radio	0	0	1
466	Stolperstein-Technik	0	0	1
467	Stone Soup	0	0	1
468	Stop-Technik	0	0	1
469	Story Cubes	0	0	0
470	Storyboarding	0	0	1
471	Stratale	0	0	1
472	Strategy Roadmap	0	0	1
473	Stretch Goals	0	0	1
474	Strichmännchen	0	0	1
475	Structure Innovation Checkup	0	1	1

Nr.	Innovationswerkzeug	Zweckge- richtetheit	Unabhängigkeit vom Anwender	Öffentliche Zugänglichkeit
476	**Structured Abstraction**	**1**	**1**	**1**
477	Stummes Schreibgespräch	0	0	1
478	Subject Matter Experts Interview – Fachexperteninterview	0	1	1
479	Suchfeldauflockerung	0	0	1
480	Sweet Spot	0	0	1
481	SWOT-Analyse	0	1	1
482	Synektik	0	0	1
483	Syntegration	0	1	1
484	Systematic Inventive Thinking – SIT	0	1	1
485	Szenariotechnik	0	1	1
486	Talk Streaming	1	0	1
487	Team In Takt	0	0	1
488	Team Management System – TMS	0	0	0
489	Team-Thermometer	0	0	1
490	Ten Types Of Innovation	0	1	1
491	The Book Of The Dead	0	0	1
492	The Great Transpacific Airline And Storm Door Company	0	0	1
493	The Orange View	0	0	1
494	The perfect prefix	0	0	1
495	The Shadow	0	0	1
496	The Stravinsky Effect	0	0	1
497	The Three B's	0	0	1
498	Tick-Tock	0	0	1
499	TILMAG	0	1	1
500	Titelgeschichte	0	0	1
501	TOP 10 Methode	0	0	1
502	Tortengrafik-Tagesordnung	0	0	1

Nr.	Innovationswerkzeug	Zweckge-richtetheit	Unabhängigkeit vom Anwender	Öffentliche Zugänglichkeit
503	Tour de Idée	0	0	1
504	Trend Prediction	0	1	0
505	Trendbook	0	1	0
506	Trends Expert Interview	0	1	0
507	Trends Matrix	0	1	0
508	Trendscouting	0	1	0
509	Trigger Technik	0	0	1
510	Trittstein-Methode	0	0	1
511	TRIZ Methode	0	1	0
512	True And False	0	0	1
513	Tug-Of-War („Tauziehen“) – Kraft-feldanalyse	0	1	1
514	Tuningfragen für Ideen	0	1	1
515	Umpolung	0	0	1
516	Unique Competing Space	0	0	1
517	Unmögliche Stäbe	0	0	1
518	Unorthodox Bible Study	0	0	1
519	Usability Testing	0	1	1
520	User Research Plan	0	1	1
521	Utensilienkoffer	0	0	1
522	**Value Proposition Canvas**	**1**	**1**	**1**
523	Verwendungszwecke	0	0	1
524	Video Ethnography	0	0	1
525	Vier-Phasen-Model	0	0	1
526	Visuelle Schnellbewertung	0	0	1
527	Visuelle Synektik	0	0	1
528	Visuelle Tagesordnung	0	0	1
529	Walt Disney Methode	0	0	1

Nr.	Innovationswerkzeug	Zweckge-richtetheit	Unabhängigkeit vom Anwender	Öffentliche Zugänglichkeit
530	Waltons-Prinzip	0	0	1
531	Wandspeicher	0	0	1
532	Warm-Up Races	0	0	1
533	Was ist gelb und essbar?	0	0	1
534	Welcome to my World	0	0	1
535	WerTut	0	1	1
536	Wetterkarte	0	0	1
537	Wheelspin Checkup – Innovations-reibungsverluste	0	0	1
538	WhiteBlock	0	0	0
539	Widerstands-Prinzip	0	0	1
540	Wie-Wie-Diagramm	0	1	1
541	Wireframing	0	0	1
542	Wolkentechnik	0	0	1
543	World Café	0	0	1
544	Wörter austauschen	0	0	1
545	Würfelmethode	0	0	1
546	XXL Connection	0	0	0
547	Yes but – Yes and	0	0	1
548	Yogi-Berra-Prinzip	0	0	1
549	You Are Not A Field Of Grass	0	0	1
550	Zeig mir Deine Werte	0	0	1
551	Zeitstrahl	0	0	1
552	Zeitungsartikel aus der Zukunft	0	0	1
553	ZEK-Rahmen	0	0	1
554	Zoom In	0	0	1
555	Zufallstechnik	0	0	1
556	Zukunftswerkstatt	0	0	1

Nr.	Innovationswerkzeug	Zweckgerichtetheit	Unabhängigkeit vom Anwender	Öffentliche Zugänglichkeit
557	Zwangsanalogie	0	0	1

C. Aufnahme verfügbarer Informationen

C.1. Eingabemaske zur Aufnahme hinsichtlich des Referenzszenarios verfügbarer Informationen

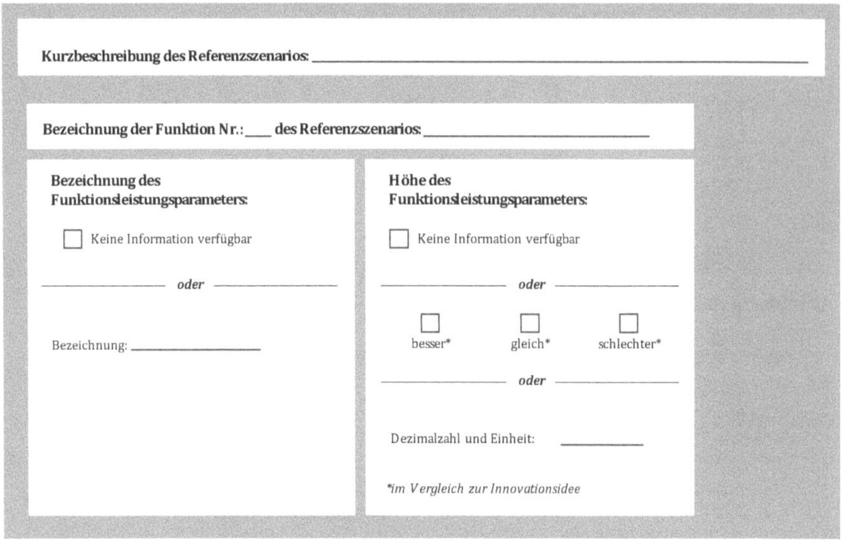

Abbildung A.1 Eingabemaske Funktionen des Referenzszenarios

C.2. Eingabemaske zur Aufnahme hinsichtlich der Innovationsidee verfügbarer Informationen

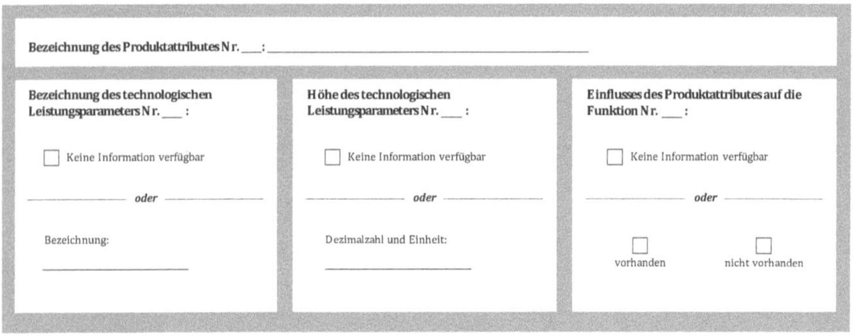

Abbildung A.2 Eingabemaske Baugruppen

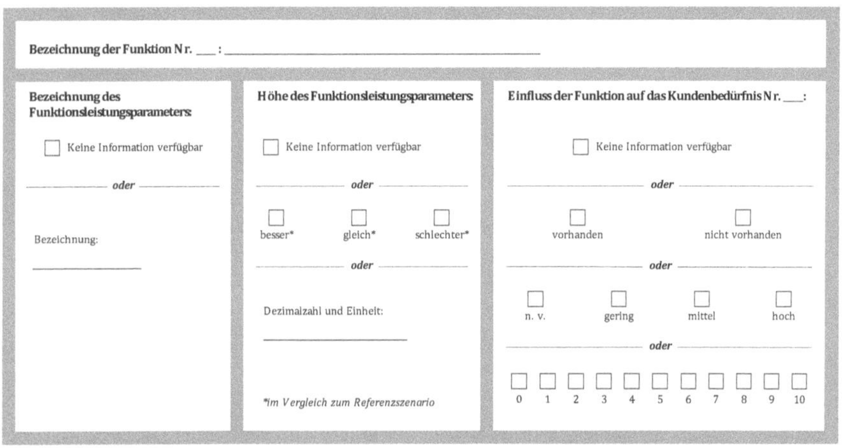

Abbildung A.3 Eingabemaske Funktionen der Innovationsidee

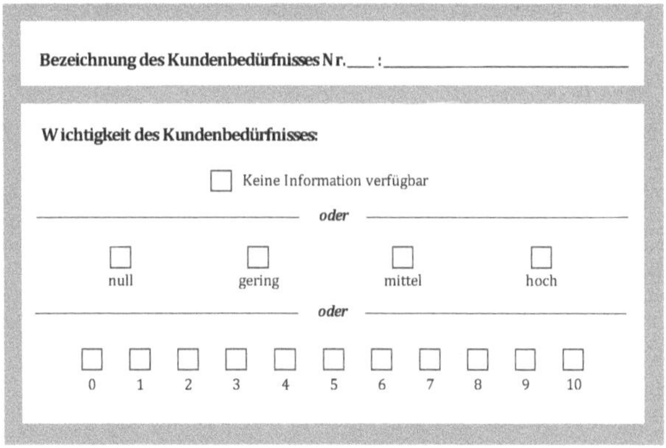

Abbildung A.4 Eingabemaske Kundenbedürfnisse

D. Ermittlung des Entwicklungsstandes der Innovationsidee

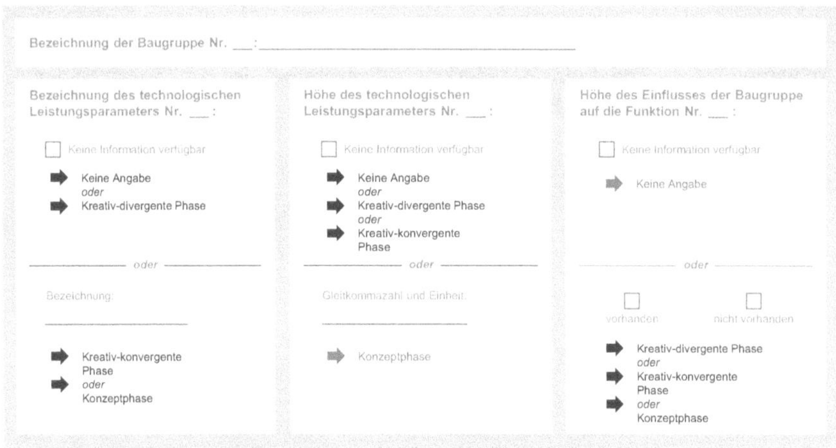

Abbildung A.5 Zuordnung der Merkmalsausprägungen der Baugruppen zu den repräsentativen Entwicklungsphasen

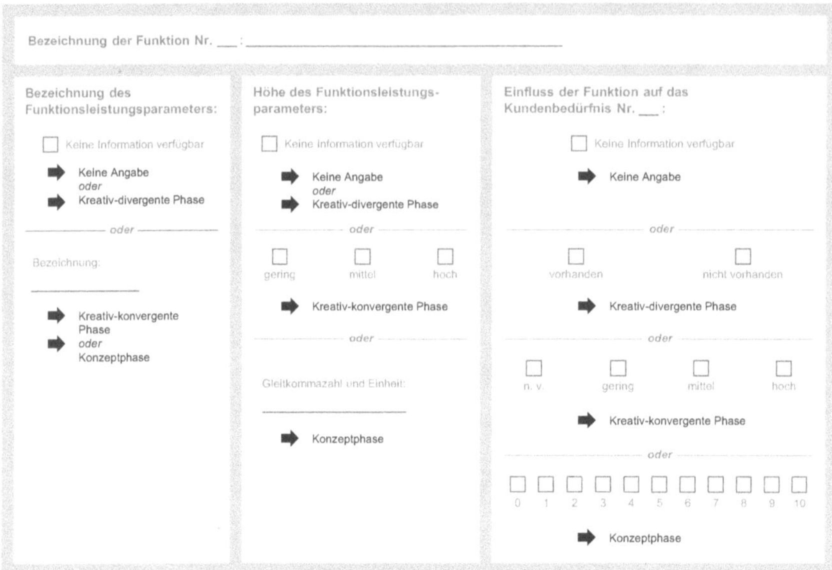

Abbildung A.6 **Zuordnung der Merkmalsausprägungen der Funktionen zu den repräsentativen Entwicklungsphasen**

Abbildung A.7 **Zuordnung der Merkmalsausprägungen der Kundenbedürfnisse zu den repräsentativen Entwicklungsphasen**

E. Ermittlung fehlender Informationen zur Logikbestimmung

Bezeichnung des Kundenbedürfnisses Nr. ___:______________________

Bezeichnung der Funktion Nr. ___ :______________________

Einfluss der Funktion auf das Kundenbedürfnis Nr. ___ :

☐ vorhanden ☐ nicht vorhanden

Bezeichnung der Baugruppe Nr. ___ :______________________

Einflusses der Baugruppe auf die Funktion Nr. ___ :

☐ vorhanden ☐ nicht vorhanden

Abbildung A.8 Merkmalsausprägungen innerhalb der kreativ-divergenten Phase

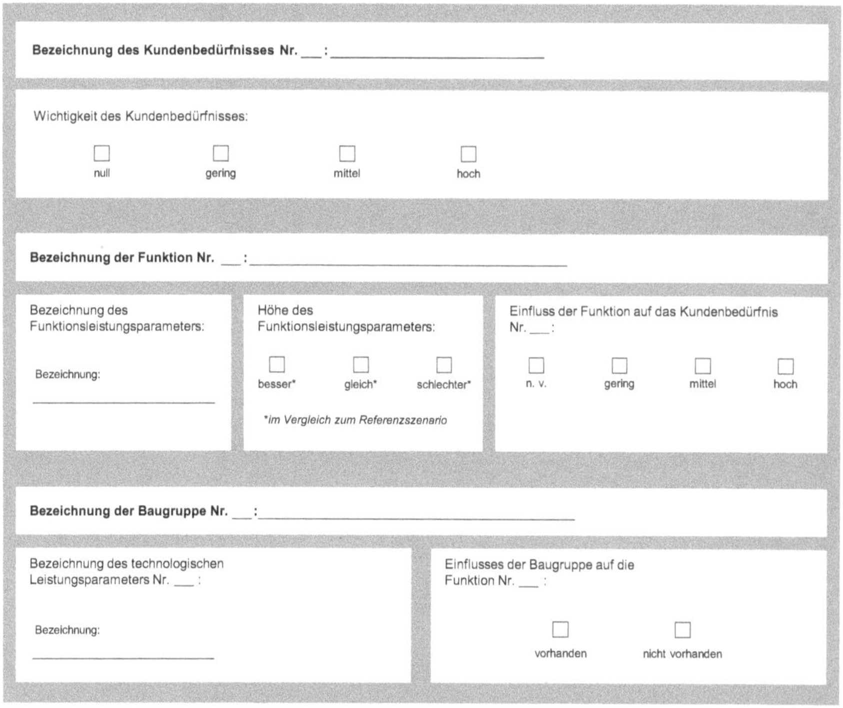

Bezeichnung des Kundenbedürfnisses Nr. ___ : ______________________

Wichtigkeit des Kundenbedürfnisses:

☐ null ☐ gering ☐ mittel ☐ hoch

Bezeichnung der Funktion Nr. ___ : ______________________

Bezeichnung des Funktionsleistungsparameters:

Bezeichnung: ______________________

Höhe des Funktionsleistungsparameters:

☐ besser* ☐ gleich* ☐ schlechter*

im Vergleich zum Referenzszenario

Einfluss der Funktion auf das Kundenbedürfnis Nr. ___ :

☐ n. v. ☐ gering ☐ mittel ☐ hoch

Bezeichnung der Baugruppe Nr. ___ : ______________________

Bezeichnung des technologischen Leistungsparameters Nr. ___ :

Bezeichnung: ______________________

Einflusses der Baugruppe auf die Funktion Nr. ___ :

☐ vorhanden ☐ nicht vorhanden

Abbildung A.9 Merkmalsausprägungen innerhalb der kreativ-konvergenten Phase

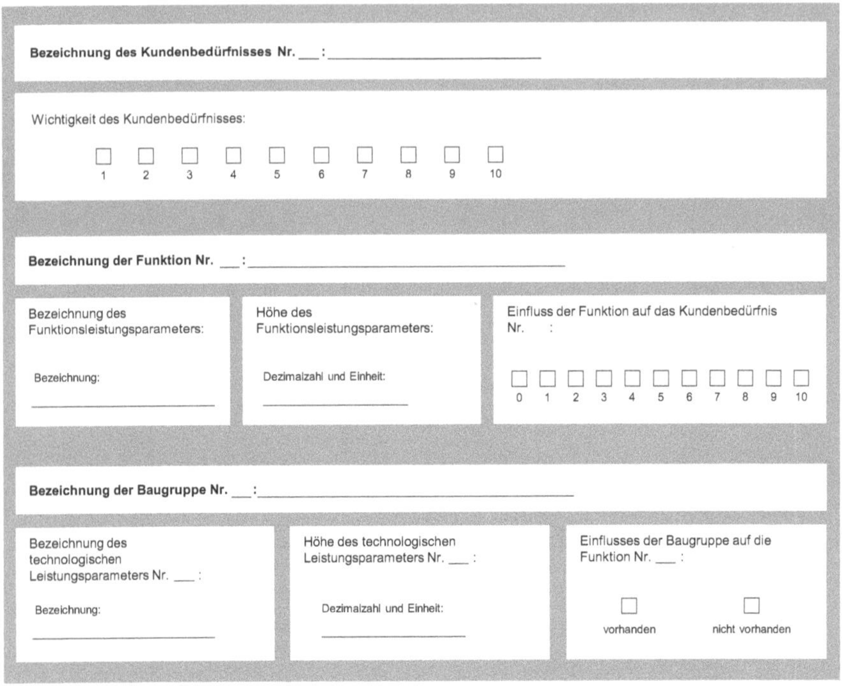

Abbildung A.10 Merkmalsausprägungen innerhalb der Konzeptphase

F. Fallbeispiel der Produktionslogistik GmbH

F.1. Spezifizierte Eingabemasken für den ersten Betrachtungszeitpunkt des Fallbeispiels

Bezeichnung der Baugruppe Nr. _1_ : _Wägezelle_

Bez. des technologischen Leistungsparameters Nr. ___ :

[x] Information n. v.

——— oder ———

____

Höhe des technologischen Leistungsparam. Nr. ___ :

[x] Information n. v.

——— oder ———

Dezimalzahl und Einheit:

____

Einflusses der Baugruppe auf die Funktion Nr. _1_ :	Einflusses der Baugruppe auf die Funktion Nr. _2_ :	Einflusses der Baugruppe auf die Funktion Nr. _3_ :	Einflusses der Baugruppe auf die Funktion Nr. _4_ :	Einflusses der Baugruppe auf die Funktion Nr. _5_ :
[ ] Information n. v.	[ ] Information n. v.	[ ] Information n. v.	[ ] Information n. v.	[ ] Information n. v.
— oder —	— oder —	— oder —	— oder —	— oder —
[ ] vorhanden	[ ] vorhanden	[x] vorhanden	[ ] vorhanden	[x] vorhanden
[x] nicht vorhanden	[x] nicht vorhanden	[ ] nicht vorhanden	[x] nicht vorhanden	[ ] nicht vorhanden

Bezeichnung der Baugruppe Nr. 2 **:** Microcontroller

Bez. des technologischen Leistungsparameters Nr. ___ :

☒ Information n. v.

— oder —

____

Höhe des technologischen Leistungsparam. Nr. ___ :

☒ Information n. v.

— oder —

Dezimalzahl und Einheit:

____

Einflusses der Baugruppe auf die Funktion Nr. 1 :	Einflusses der Baugruppe auf die Funktion Nr. 2 :	Einflusses der Baugruppe auf die Funktion Nr. 3 :	Einflusses der Baugruppe auf die Funktion Nr. 4 :	Einflusses der Baugruppe auf die Funktion Nr. 5 :
☐ Information n. v.	☐ Information n. v.	☐ Information n. v.	☐ Information n. v.	☐ Information n. v.
oder	oder	oder	oder	oder
☐ vorhanden	☒ vorhanden	☐ vorhanden	☒ vorhanden	☒ vorhanden
☒ nicht vorhanden	☐ nicht vorhanden	☒ nicht vorhanden	☐ nicht vorhanden	☐ nicht vorhanden

Bezeichnung der Baugruppe Nr. 3 **:** W-LAN Modul

Bez. des technologischen Leistungsparameters Nr. ___ :

☒ Information n. v.

— oder —

____

Höhe des technologischen Leistungsparam. Nr. ___ :

☒ Information n. v.

— oder —

Dezimalzahl und Einheit:

____

Einflusses der Baugruppe auf die Funktion Nr. 1 :	Einflusses der Baugruppe auf die Funktion Nr. 2 :	Einflusses der Baugruppe auf die Funktion Nr. 3 :	Einflusses der Baugruppe auf die Funktion Nr. 4 :	Einflusses der Baugruppe auf die Funktion Nr. 5 :
☐ Information n. v.	☐ Information n. v.	☐ Information n. v.	☐ Information n. v.	☐ Information n. v.
oder	oder	oder	oder	oder
☐ vorhanden	☒ vorhanden	☐ vorhanden	☒ vorhanden	☒ vorhanden
☒ nicht vorhanden	☐ nicht vorhanden	☒ nicht vorhanden	☐ nicht vorhanden	☐ nicht vorhanden

Bezeichnung der Baugruppe Nr. 4 : RFID Scanner + Tag

Bez. des technologischen Leistungsparameters Nr. ___ :

☒ Information n. v.

— oder —

____

Höhe des technologischen Leistungsparam. Nr. ___ :

☒ Information n. v.

— oder —

Dezimalzahl und Einheit:

____

Einflusses der Baugruppe auf die Funktion Nr. 1 :	Einflusses der Baugruppe auf die Funktion Nr. 2 :	Einflusses der Baugruppe auf die Funktion Nr. 3 :	Einflusses der Baugruppe auf die Funktion Nr. 4 :	Einflusses der Baugruppe auf die Funktion Nr. 5 :
☐ Information n. v.	☐ Information n. v.	☐ Information n. v.	☐ Information n. v.	☐ Information n. v.
— oder —	— oder —	— oder —	— oder —	— oder —
☒ vorhanden	☐ vorhanden	☐ vorhanden	☐ vorhanden	☒ vorhanden
☐ nicht vorhanden	☒ nicht vorhanden	☒ nicht vorhanden	☒ nicht vorhanden	☐ nicht vorhanden

Bezeichnung der Baugruppe Nr. 5 : Verkabelung & Gehäuse

Bez. des technologischen Leistungsparameters Nr. ___ :

☒ Information n. v.

— oder —

____

Höhe des technologischen Leistungsparam. Nr. ___ :

☒ Information n. v.

— oder —

Dezimalzahl und Einheit:

____

Einflusses der Baugruppe auf die Funktion Nr. 1 :	Einflusses der Baugruppe auf die Funktion Nr. 2 :	Einflusses der Baugruppe auf die Funktion Nr. 3 :	Einflusses der Baugruppe auf die Funktion Nr. 4 :	Einflusses der Baugruppe auf die Funktion Nr. 5 :
☐ Information n. v.	☐ Information n. v.	☐ Information n. v.	☐ Information n. v.	☐ Information n. v.
— oder —	— oder —	— oder —	— oder —	— oder —
☐ vorhanden	☐ vorhanden	☐ vorhanden	☐ vorhanden	☒ vorhanden
☒ nicht vorhanden	☒ nicht vorhanden	☒ nicht vorhanden	☒ nicht vorhanden	☐ nicht vorhanden

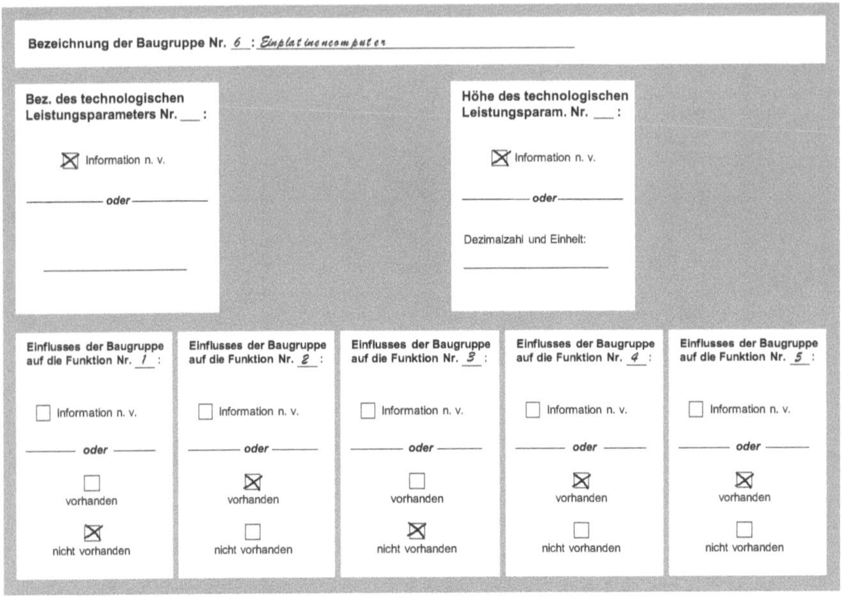

Abbildung A.11 **Spezifizierte Eingabemasken „Baugruppen“ zum ersten Betrachtungszeitpunkt**

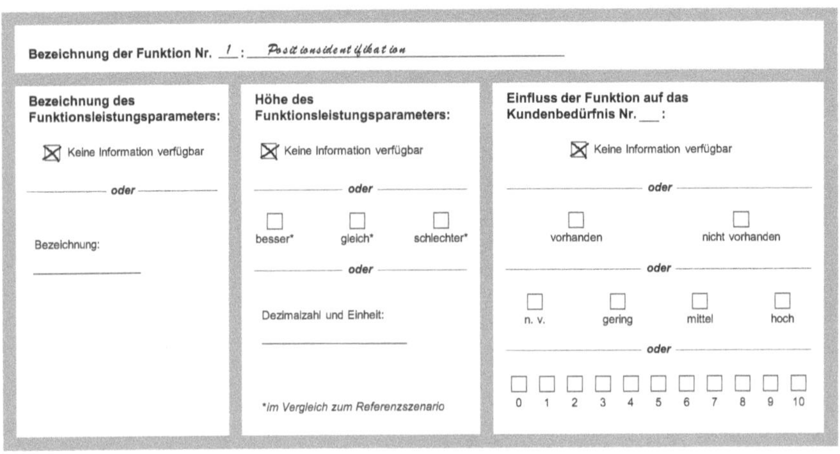

Bezeichnung der Funktion Nr. 2 : Positionsaktualisierung

Bezeichnung des Funktionsleistungsparameters:

☒ Keine Information verfügbar

oder

Bezeichnung: ____

Höhe des Funktionsleistungsparameters:

☒ Keine Information verfügbar

oder

☐ besser* ☐ gleich* ☐ schlechter*

oder

Dezimalzahl und Einheit: ____

im Vergleich zum Referenzszenario

Einfluss der Funktion auf das Kundenbedürfnis Nr. ___ :

☒ Keine Information verfügbar

oder

☐ vorhanden ☐ nicht vorhanden

oder

☐ n. v. ☐ gering ☐ mittel ☐ hoch

oder

☐ 0 ☐ 1 ☐ 2 ☐ 3 ☐ 4 ☐ 5 ☐ 6 ☐ 7 ☐ 8 ☐ 9 ☐ 10

Bezeichnung der Funktion Nr. 3 : Füllstandsüberprüfung

Bezeichnung des Funktionsleistungsparameters:

☒ Keine Information verfügbar

oder

Bezeichnung: ____

Höhe des Funktionsleistungsparameters:

☒ Keine Information verfügbar

oder

☐ besser* ☐ gleich* ☐ schlechter*

oder

Dezimalzahl und Einheit: ____

im Vergleich zum Referenzszenario

Einfluss der Funktion auf das Kundenbedürfnis Nr. ___ :

☒ Keine Information verfügbar

oder

☐ vorhanden ☐ nicht vorhanden

oder

☐ n. v. ☐ gering ☐ mittel ☐ hoch

oder

☐ 0 ☐ 1 ☐ 2 ☐ 3 ☐ 4 ☐ 5 ☐ 6 ☐ 7 ☐ 8 ☐ 9 ☐ 10

Bezeichnung der Funktion Nr. 4 : Füllstandsaktualisierung

Bezeichnung des Funktionsleistungsparameters:

☒ Keine Information verfügbar

oder

Bezeichnung: ____________

Höhe des Funktionsleistungsparameters:

☒ Keine Information verfügbar

oder

☐ besser* ☐ gleich* ☐ schlechter*

oder

Dezimalzahl und Einheit: ____________

im Vergleich zum Referenzszenario

Einfluss der Funktion auf das Kundenbedürfnis Nr. ___:

☒ Keine Information verfügbar

oder

☐ vorhanden ☐ nicht vorhanden

oder

☐ n. v. ☐ gering ☐ mittel ☐ hoch

oder

☐ 0 ☐ 1 ☐ 2 ☐ 3 ☐ 4 ☐ 5 ☐ 6 ☐ 7 ☐ 8 ☐ 9 ☐ 10

Bezeichnung der Funktion Nr. 5 : Kostenersparnis

Bezeichnung des Funktionsleistungsparameters:

☒ Keine Information verfügbar

oder

Bezeichnung: ____________

Höhe des Funktionsleistungsparameters:

☒ Keine Information verfügbar

oder

☐ besser* ☐ gleich* ☐ schlechter*

oder

Dezimalzahl und Einheit: ____________

im Vergleich zum Referenzszenario

Einfluss der Funktion auf das Kundenbedürfnis Nr. ___:

☒ Keine Information verfügbar

oder

☐ vorhanden ☐ nicht vorhanden

oder

☐ n. v. ☐ gering ☐ mittel ☐ hoch

oder

☐ 0 ☐ 1 ☐ 2 ☐ 3 ☐ 4 ☐ 5 ☐ 6 ☐ 7 ☐ 8 ☐ 9 ☐ 10

Abbildung A.12 Spezifizierte Eingabemasken „Funktionen der Innovationsidee“ zum ersten Betrachtungszeitpunkt

Kurzbeschreibung des Referenzszenarios: Festangestellter Lagerist in der Produktionslogistik

Bezeichnung der Funktion Nr.: 1 **des Referenzszenarios:** Positionsidentifikation

Bezeichnung des Funktionsleistungsparameters:	**Höhe des Funktionsleistungsparameters:**
☒ Keine Information verfügbar	☒ Keine Information verfügbar
oder	*oder*
Bezeichnung:________	☐ besser* ☐ gleich* ☐ schlechter*
	oder
	Dezimalzahl und Einheit: ________
	**im Vergleich zur Innovationsidee*

Kurzbeschreibung des Referenzszenarios: Festangestellter Lagerist in der Produktionslogistik

Bezeichnung der Funktion Nr.: 2 **des Referenzszenarios:** Positionsaktualisierung

Bezeichnung des Funktionsleistungsparameters:	**Höhe des Funktionsleistungsparameters:**
☒ Keine Information verfügbar	☒ Keine Information verfügbar
oder	*oder*
Bezeichnung:________	☐ besser* ☐ gleich* ☐ schlechter*
	oder
	Dezimalzahl und Einheit: ________
	**im Vergleich zur Innovationsidee*

Kurzbeschreibung des Referenzszenarios: Festangestellter Lagerist in der Produktionslogistik

Bezeichnung der Funktion Nr.: 3 **des Referenzszenarios:** Füllstandsüberprüfung

Bezeichnung des Funktionsleistungsparameters:

☒ Keine Information verfügbar

oder

Bezeichnung: ____________

Höhe des Funktionsleistungsparameters:

☒ Keine Information verfügbar

oder

☐ besser* ☐ gleich* ☐ schlechter*

oder

Dezimalzahl und Einheit: ________

**im Vergleich zur Innovationsidee*

Kurzbeschreibung des Referenzszenarios: Festangestellter Lagerist in der Produktionslogistik

Bezeichnung der Funktion Nr.: 4 **des Referenzszenarios:** Füllstandsaktualisierung

Bezeichnung des Funktionsleistungsparameters:

☒ Keine Information verfügbar

oder

Bezeichnung: ____________

Höhe des Funktionsleistungsparameters:

☒ Keine Information verfügbar

oder

☐ besser* ☐ gleich* ☐ schlechter*

oder

Dezimalzahl und Einheit: ________

**im Vergleich zur Innovationsidee*

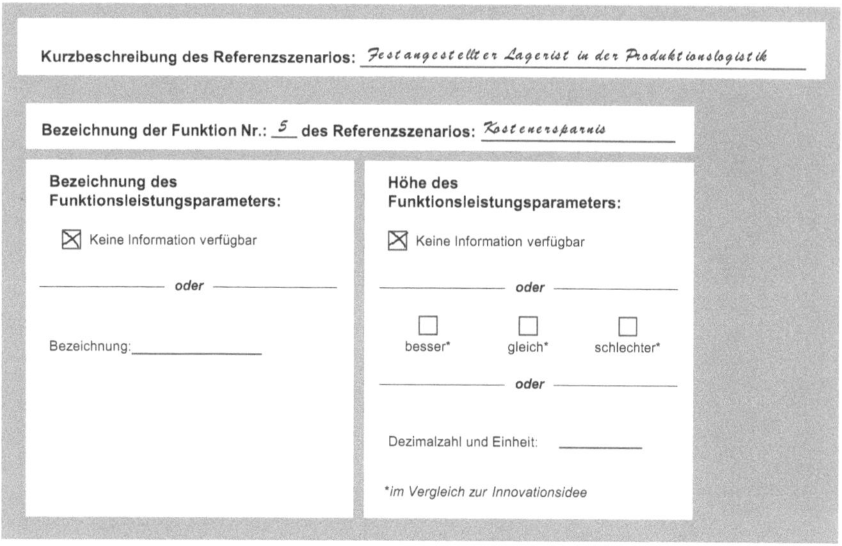

Kurzbeschreibung des Referenzszenarios: Festangestellter Lagerist in der Produktionslogistik

Bezeichnung der Funktion Nr.: 5 des Referenzszenarios: Kostenersparnis

Bezeichnung des Funktionsleistungsparameters:

☒ Keine Information verfügbar

oder

Bezeichnung: ____________

Höhe des Funktionsleistungsparameters:

☒ Keine Information verfügbar

oder

☐ besser* ☐ gleich* ☐ schlechter*

oder

Dezimalzahl und Einheit: ____________

**im Vergleich zur Innovationsidee*

Abbildung A.13 **Spezifizierte Eingabemasken „Funktionen des Referenzszenarios" zum ersten Betrachtungszeitpunkt**

F.2. Zwischenergebnisse der Logikbestimmung zum ersten Betrachtungszeitpunkt

Berechnungsmechanismus $RI_k = \sum_{j=1}^{o} e_{BG\ j \to F\ k}$	
Berechnungsgrundlage	**Berechnungsergebnis**
$e_{BG\ 1 \to F\ 1} = 0$, $e_{BG\ 2 \to F\ 1} = 0$, $e_{BG\ 3 \to F\ 1} = 0$, $e_{BG\ 4 \to F\ 1} = 1$, $e_{BG\ 5 \to F\ 1} = 0$, $e_{BG\ 6 \to F\ 1} = 0$	$RI_1 = 1$
$e_{BG\ 1 \to F\ 2} = 0$, $e_{BG\ 2 \to F\ 2} = 1$, $e_{BG\ 3 \to F\ 2} = 1$, $e_{BG\ 4 \to F\ 2} = 0$, $e_{BG\ 5 \to F\ 2} = 0$, $e_{BG\ 6 \to F\ 2} = 1$	$RI_2 = 3$
$e_{BG\ 1 \to F\ 3} = 1$, $e_{BG\ 2 \to F\ 3} = 0$, $e_{BG\ 3 \to F\ 3} = 0$, $e_{BG\ 4 \to F\ 3} = 0$, $e_{BG\ 5 \to F\ 3} = 0$, $e_{BG\ 6 \to F\ 3} = 0$	$RI_3 = 1$
$e_{BG\ 1 \to F\ 4} = 0$, $e_{BG\ 2 \to F\ 4} = 1$, $e_{BG\ 3 \to F\ 4} = 1$, $e_{BG\ 4 \to F\ 4} = 0$, $e_{BG\ 5 \to F\ 4} = 0$, $e_{BG\ 6 \to F\ 4} = 1$	$RI_4 = 3$
$e_{BG\ 1 \to F\ 5} = 1$, $e_{BG\ 2 \to F\ 5} = 1$, $e_{BG\ 3 \to F\ 5} = 1$, $e_{BG\ 4 \to F\ 5} = 1$, $e_{BG\ 5 \to F\ 5} = 1$, $e_{BG\ 6 \to F\ 5} = 1$	$RI_5 = 6$

Abbildung A.14 Höhe der Realisierbarkeitsindikatoren der Funktionen

F.3. Spezifizierte Eingabemasken für den zweiten Betrachtungszeitpunkt des Fallbeispiels

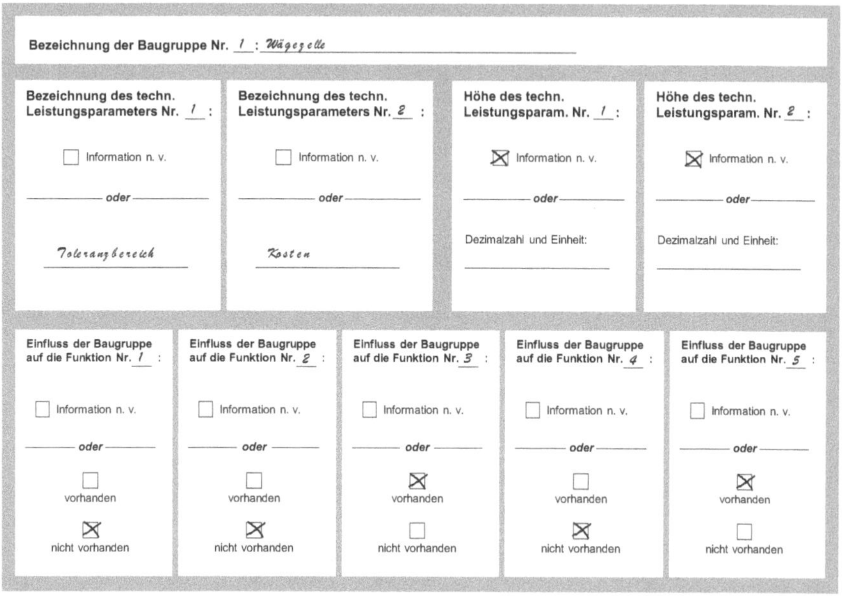

Bezeichnung der Baugruppe Nr. 1 : Wägezelle

Bezeichnung des techn. Leistungsparameters Nr. 1 :	Bezeichnung des techn. Leistungsparameters Nr. 2 :	Höhe des techn. Leistungsparam. Nr. 1 :	Höhe des techn. Leistungsparam. Nr. 2 :
☐ Information n. v.	☐ Information n. v.	☒ Information n. v.	☒ Information n. v.
oder	oder	oder	oder
Toleranzbereich	Kosten	Dezimalzahl und Einheit:	Dezimalzahl und Einheit:

Einfluss der Baugruppe auf die Funktion Nr. 1 :	Einfluss der Baugruppe auf die Funktion Nr. 2 :	Einfluss der Baugruppe auf die Funktion Nr. 3 :	Einfluss der Baugruppe auf die Funktion Nr. 4 :	Einfluss der Baugruppe auf die Funktion Nr. 5 :
☐ Information n. v.	☐ Information n. v.	☐ Information n. v.	☐ Information n. v.	☐ Information n. v.
oder	oder	oder	oder	oder
☐ vorhanden	☐ vorhanden	☒ vorhanden	☐ vorhanden	☒ vorhanden
☒ nicht vorhanden	☒ nicht vorhanden	☐ nicht vorhanden	☒ nicht vorhanden	☐ nicht vorhanden

Bezeichnung der Baugruppe Nr. 2 **:** Mikrocontroller

Bezeichnung des techn. Leistungsparameters Nr. 1 **:**

[ ] Information n. v.

oder

Kosten

Höhe des techn. Leistungsparam. Nr. 1 **:**

[x] Information n. v.

oder

Dezimalzahl und Einheit:

Einfluss der Baugruppe auf die Funktion Nr. 1 :	Einfluss der Baugruppe auf die Funktion Nr. 2 :	Einfluss der Baugruppe auf die Funktion Nr. 3 :	Einfluss der Baugruppe auf die Funktion Nr. 4 :	Einfluss der Baugruppe auf die Funktion Nr. 5 :
[ ] Information n. v.	[ ] Information n. v.	[ ] Information n. v.	[ ] Information n. v.	[ ] Information n. v.
oder	*oder*	*oder*	*oder*	*oder*
[ ] vorhanden	[x] vorhanden	[ ] vorhanden	[x] vorhanden	[x] vorhanden
[x] nicht vorhanden	[ ] nicht vorhanden	[x] nicht vorhanden	[ ] nicht vorhanden	[ ] nicht vorhanden

Bezeichnung der Baugruppe Nr. 3 **:** W-LAN Modul

Bezeichnung des techn. Leistungsparameters Nr. 1 **:**

[ ] Information n. v.

oder

Kosten

Höhe des techn. Leistungsparam. Nr. 1 **:**

[x] Information n. v.

oder

Dezimalzahl und Einheit:

Einfluss der Baugruppe auf die Funktion Nr. 1 :	Einfluss der Baugruppe auf die Funktion Nr. 2 :	Einfluss der Baugruppe auf die Funktion Nr. 3 :	Einfluss der Baugruppe auf die Funktion Nr. 4 :	Einfluss der Baugruppe auf die Funktion Nr. 5 :
[ ] Information n. v.	[ ] Information n. v.	[ ] Information n. v.	[ ] Information n. v.	[ ] Information n. v.
oder	*oder*	*oder*	*oder*	*oder*
[ ] vorhanden	[x] vorhanden	[ ] vorhanden	[x] vorhanden	[x] vorhanden
[x] nicht vorhanden	[ ] nicht vorhanden	[x] nicht vorhanden	[ ] nicht vorhanden	[ ] nicht vorhanden

Bezeichnung der Baugruppe Nr. 4 : RFID Scanner + Tag

Bezeichnung des techn. Leistungsparameters Nr. 1 :

☐ Information n. v.

— oder —

Kosten

Höhe des techn. Leistungsparam. Nr. 1 :

☒ Information n. v.

— oder —

Dezimalzahl und Einheit: ______

Einfluss der Baugruppe auf die Funktion Nr. 1 :	Einfluss der Baugruppe auf die Funktion Nr. 2 :	Einfluss der Baugruppe auf die Funktion Nr. 3 :	Einfluss der Baugruppe auf die Funktion Nr. 4 :	Einfluss der Baugruppe auf die Funktion Nr. 5 :
☐ Information n. v.	☐ Information n. v.	☐ Information n. v.	☐ Information n. v.	☐ Information n. v.
— oder —	— oder —	— oder —	— oder —	— oder —
☒ vorhanden	☐ vorhanden	☐ vorhanden	☐ vorhanden	☒ vorhanden
☐ nicht vorhanden	☒ nicht vorhanden	☒ nicht vorhanden	☒ nicht vorhanden	☐ nicht vorhanden

Bezeichnung der Baugruppe Nr. 5 : Verkabelung & Gehäuse

Bezeichnung des techn. Leistungsparameters Nr. 1 :

☐ Information n. v.

— oder —

Kosten

Höhe des techn. Leistungsparam. Nr. 1 :

☒ Information n. v.

— oder —

Dezimalzahl und Einheit: ______

Einfluss der Baugruppe auf die Funktion Nr. 1 :	Einfluss der Baugruppe auf die Funktion Nr. 2 :	Einfluss der Baugruppe auf die Funktion Nr. 3 :	Einfluss der Baugruppe auf die Funktion Nr. 4 :	Einfluss der Baugruppe auf die Funktion Nr. 5 :
☐ Information n. v.	☐ Information n. v.	☐ Information n. v.	☐ Information n. v.	☐ Information n. v.
— oder —	— oder —	— oder —	— oder —	— oder —
☐ vorhanden	☐ vorhanden	☐ vorhanden	☐ vorhanden	☒ vorhanden
☒ nicht vorhanden	☒ nicht vorhanden	☒ nicht vorhanden	☒ nicht vorhanden	☐ nicht vorhanden

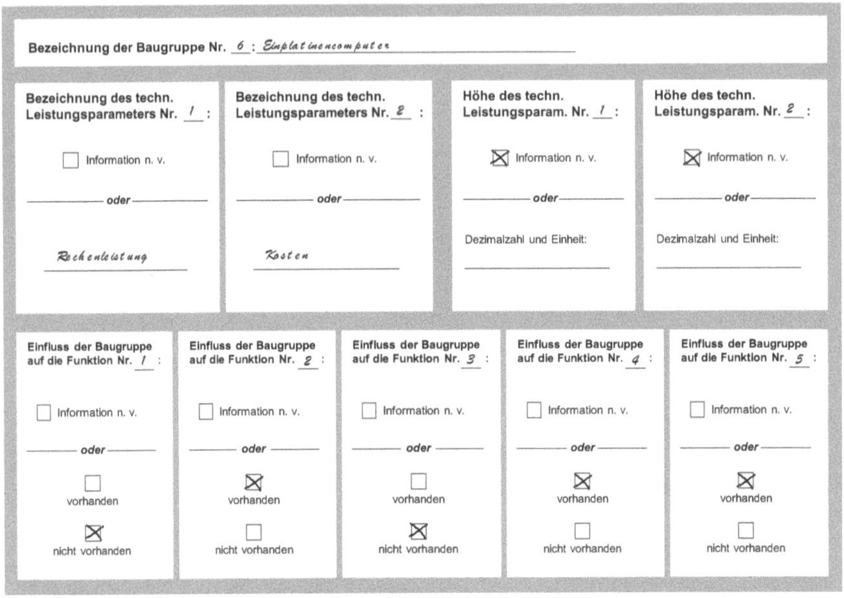

Bezeichnung der Baugruppe Nr. 6 : Einplatinencomputer

Bezeichnung des techn. Leistungsparameters Nr. 1 :	Bezeichnung des techn. Leistungsparameters Nr. 2 :	Höhe des techn. Leistungsparam. Nr. 1 :	Höhe des techn. Leistungsparam. Nr. 2 :
[ ] Information n. v.	[ ] Information n. v.	[x] Information n. v.	[x] Information n. v.
oder	oder	oder	oder
Rechenleistung	Kosten	Dezimalzahl und Einheit:	Dezimalzahl und Einheit:

Einfluss der Baugruppe auf die Funktion Nr. 1 :	Einfluss der Baugruppe auf die Funktion Nr. 2 :	Einfluss der Baugruppe auf die Funktion Nr. 3 :	Einfluss der Baugruppe auf die Funktion Nr. 4 :	Einfluss der Baugruppe auf die Funktion Nr. 5 :
[ ] Information n. v.	[ ] Information n. v.	[ ] Information n. v.	[ ] Information n. v.	[ ] Information n. v.
oder	oder	oder	oder	oder
[ ] vorhanden	[x] vorhanden	[ ] vorhanden	[x] vorhanden	[x] vorhanden
[x] nicht vorhanden	[ ] nicht vorhanden	[x] nicht vorhanden	[ ] nicht vorhanden	[ ] nicht vorhanden

Abbildung A.15 Spezifizierte Eingabemasken „Baugruppen“ zum zweiten Betrachtungszeitpunkt

Bezeichnung der Funktion Nr. 1 : Positionsidentifikation

Bezeichnung des Funktionsleistungsparameters:

☐ Keine Information verfügbar

oder

Bezeichnung: Genauigkeit

Höhe des Funktionsleistungsparameters:

☐ Keine Information verfügbar

oder

☐ besser* ☒ gleich* ☐ schlechter*

oder

Dezimalzahl und Einheit: ______

*im Vergleich zum Referenzszenario

Einfluss der Funktion auf das Kundenbedürfnis Nr. 2 **:**

☐ Keine Information verfügbar

oder

☐ vorhanden ☐ nicht vorhanden

oder

☐ n. v. ☐ gering ☐ mittel ☒ hoch

oder

☐ 0 ☐ 1 ☐ 2 ☐ 3 ☐ 4 ☐ 5 ☐ 6 ☐ 7 ☐ 8 ☐ 9 ☐ 10

Bezeichnung der Funktion Nr. 2 : Positionsaktualisierung

Bezeichnung des Funktionsleistungsparameters:

☐ Keine Information verfügbar

oder

Bezeichnung: Genauigkeit

Höhe des Funktionsleistungsparameters:

☐ Keine Information verfügbar

oder

☒ besser* ☐ gleich* ☐ schlechter*

oder

Dezimalzahl und Einheit: ____

**im Vergleich zum Referenzszenario*

Einfluss der Funktion auf das Kundenbedürfnis Nr. 1 **:**

☐ Keine Information verfügbar

oder

☐ vorhanden ☐ nicht vorhanden

oder

☐ n. v. ☐ gering ☐ mittel ☒ hoch

oder

☐ 0 ☐ 1 ☐ 2 ☐ 3 ☐ 4 ☐ 5 ☐ 6 ☐ 7 ☐ 8 ☐ 9 ☐ 10

Einfluss der Funktion auf das Kundenbedürfnis Nr. 2 **:**

☐ Keine Information verfügbar

oder

☐ vorhanden ☐ nicht vorhanden

oder

☐ n. v. ☐ gering ☒ mittel ☐ hoch

oder

☐ 0 ☐ 1 ☐ 2 ☐ 3 ☐ 4 ☐ 5 ☐ 6 ☐ 7 ☐ 8 ☐ 9 ☐ 10

Bezeichnung der Funktion Nr. 3 : Füllstandsüberprüfung

Bezeichnung des Funktionsleistungsparameters:

☐ Keine Information verfügbar

oder

Bezeichnung: Genauigkeit

Höhe des Funktionsleistungsparameters:

☐ Keine Information verfügbar

oder

☒ besser* ☐ gleich* ☐ schlechter*

oder

Dezimalzahl und Einheit: ______

**im Vergleich zum Referenzszenario*

Einfluss der Funktion auf das Kundenbedürfnis Nr. 2 **:**

☐ Keine Information verfügbar

oder

☐ vorhanden ☐ nicht vorhanden

oder

☐ n. v. ☐ gering ☐ mittel ☒ hoch

oder

☐ 0 ☐ 1 ☐ 2 ☐ 3 ☐ 4 ☐ 5 ☐ 6 ☐ 7 ☐ 8 ☐ 9 ☐ 10

Bezeichnung der Funktion Nr. 4 : Füllstandsaktualisierung

Bezeichnung des Funktionsleistungsparameters:

☐ Keine Information verfügbar

oder

Bezeichnung: Zeit

Höhe des Funktionsleistungsparameters:

☐ Keine Information verfügbar

oder

☒ besser* ☐ gleich* ☐ schlechter*

oder

Dezimalzahl und Einheit: ____

*im Vergleich zum Referenzszenario

Einfluss der Funktion auf das Kundenbedürfnis Nr. 1 :

☐ Keine Information verfügbar

oder

☐ vorhanden ☐ nicht vorhanden

oder

☐ n. v. ☐ gering ☐ mittel ☒ hoch

oder

☐ 0 ☐ 1 ☐ 2 ☐ 3 ☐ 4 ☐ 5 ☐ 6 ☐ 7 ☐ 8 ☐ 9 ☐ 10

Einfluss der Funktion auf das Kundenbedürfnis Nr. 2 :

☐ Keine Information verfügbar

oder

☐ vorhanden ☐ nicht vorhanden

oder

☐ n. v. ☐ gering ☒ mittel ☐ hoch

oder

☐ 0 ☐ 1 ☐ 2 ☐ 3 ☐ 4 ☐ 5 ☐ 6 ☐ 7 ☐ 8 ☐ 9 ☐ 10

Bezeichnung der Funktion Nr. 5 : Kostenersparnis

Bezeichnung des Funktionsleistungsparameters:

☐ Keine Information verfügbar

oder

Bezeichnung: Gesamtkosten

Höhe des Funktionsleistungsparameters:

☐ Keine Information verfügbar

oder

☐ besser* ☐ gleich* ☒ schlechter*

oder

Dezimalzahl und Einheit: ____

im Vergleich zum Referenzszenario

Einfluss der Funktion auf das Kundenbedürfnis Nr. 3 :

☐ Keine Information verfügbar

oder

☐ vorhanden ☐ nicht vorhanden

oder

☐ n. v. ☐ gering ☐ mittel ☒ hoch

oder

☐ 0 ☐ 1 ☐ 2 ☐ 3 ☐ 4 ☐ 5 ☐ 6 ☐ 7 ☐ 8 ☐ 9 ☐ 10

Abbildung A.16 Spezifizierte Eingabemasken „Funktionen der Innovationsidee" zum zweiten Betrachtungszeitpunkt

Kurzbeschreibung des Referenzszenarios: Festangestellter Lagerist in der Produktionslogistik

Bezeichnung der Funktion Nr.: 1 **des Referenzszenarios:** Positionsidentifikation

Bezeichnung des Funktionsleistungsparameters:

☐ Keine Information verfügbar

oder

Bezeichnung: Genauigkeit

Höhe des Funktionsleistungsparameters:

☐ Keine Information verfügbar

oder

☐ besser* ☒ gleich* ☐ schlechter*

oder

Dezimalzahl und Einheit: ______

**im Vergleich zur Innovationsidee*

Kurzbeschreibung des Referenzszenarios: Festangestellter Lagerist in der Produktionslogistik

Bezeichnung der Funktion Nr.: 2 **des Referenzszenarios:** Positionsaktualisierung

Bezeichnung des Funktionsleistungsparameters:

☐ Keine Information verfügbar

oder

Bezeichnung: Zeit

Höhe des Funktionsleistungsparameters:

☐ Keine Information verfügbar

oder

☐ besser* ☐ gleich* ☒ schlechter*

oder

Dezimalzahl und Einheit: ______

**im Vergleich zur Innovationsidee*

Kurzbeschreibung des Referenzszenarios: Festangestellter Lagerist in der Produktionslogistik

Bezeichnung der Funktion Nr.: 3 **des Referenzszenarios:** Füllstandsüberprüfung

Bezeichnung des Funktionsleistungsparameters:	**Höhe des Funktionsleistungsparameters:**
☐ Keine Information verfügbar	☐ Keine Information verfügbar
oder	oder
Bezeichnung: Genauigkeit	☐ besser* ☐ gleich* ☒ schlechter*
	oder
	Dezimalzahl und Einheit: ______
	*im Vergleich zur Innovationsidee

Kurzbeschreibung des Referenzszenarios: Festangestellter Lagerist in der Produktionslogistik

Bezeichnung der Funktion Nr.: 4 **des Referenzszenarios:** Füllstandsaktualisierung

Bezeichnung des Funktionsleistungsparameters:	**Höhe des Funktionsleistungsparameters:**
☐ Keine Information verfügbar	☐ Keine Information verfügbar
oder	oder
Bezeichnung: Zeit	☐ besser* ☐ gleich* ☒ schlechter*
	oder
	Dezimalzahl und Einheit: ______
	*im Vergleich zur Innovationsidee

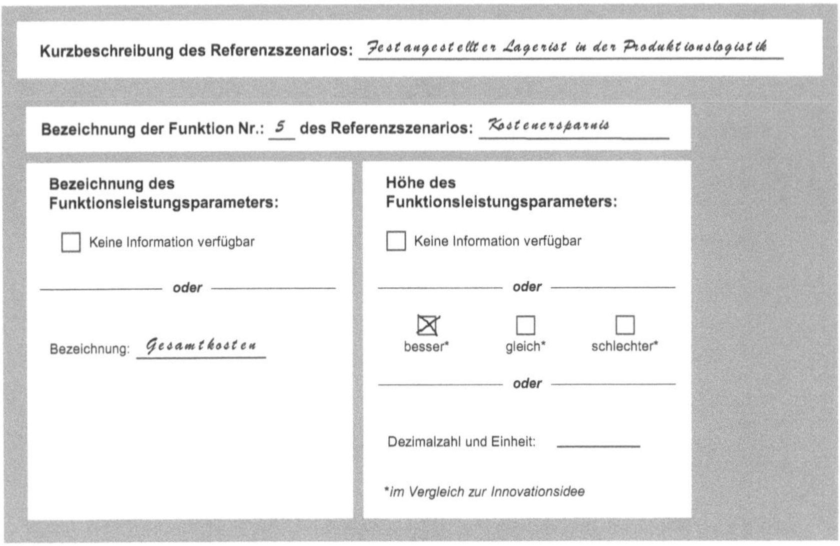

Kurzbeschreibung des Referenzszenarios: Festangestellter Lagerist in der Produktionslogistik

Bezeichnung der Funktion Nr.: 5 des Referenzszenarios: Kostenersparnis

Bezeichnung des Funktionsleistungsparameters:

☐ Keine Information verfügbar

oder

Bezeichnung: Gesamtkosten

Höhe des Funktionsleistungsparameters:

☐ Keine Information verfügbar

oder

☒ besser* ☐ gleich* ☐ schlechter*

oder

Dezimalzahl und Einheit: ____

*im Vergleich zur Innovationsidee

Abbildung A.17 Spezifizierte Eingabemasken „Funktionen des Referenzszenarios" zum zweiten Betrachtungszeitpunkt

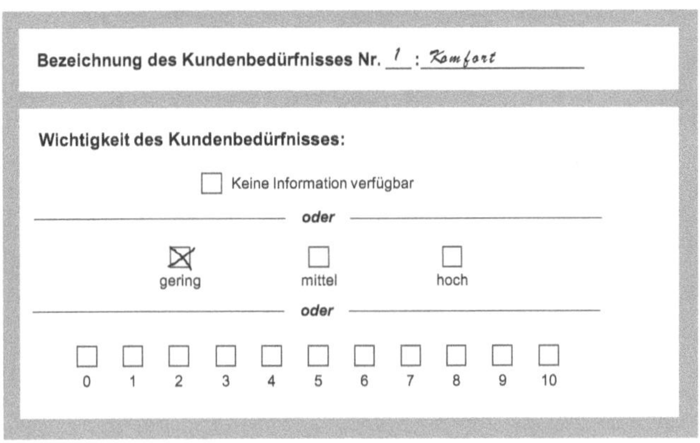

Bezeichnung des Kundenbedürfnisses Nr. 1 : Komfort

Wichtigkeit des Kundenbedürfnisses:

☐ Keine Information verfügbar

oder

☒ gering ☐ mittel ☐ hoch

oder

☐ 0 ☐ 1 ☐ 2 ☐ 3 ☐ 4 ☐ 5 ☐ 6 ☐ 7 ☐ 8 ☐ 9 ☐ 10

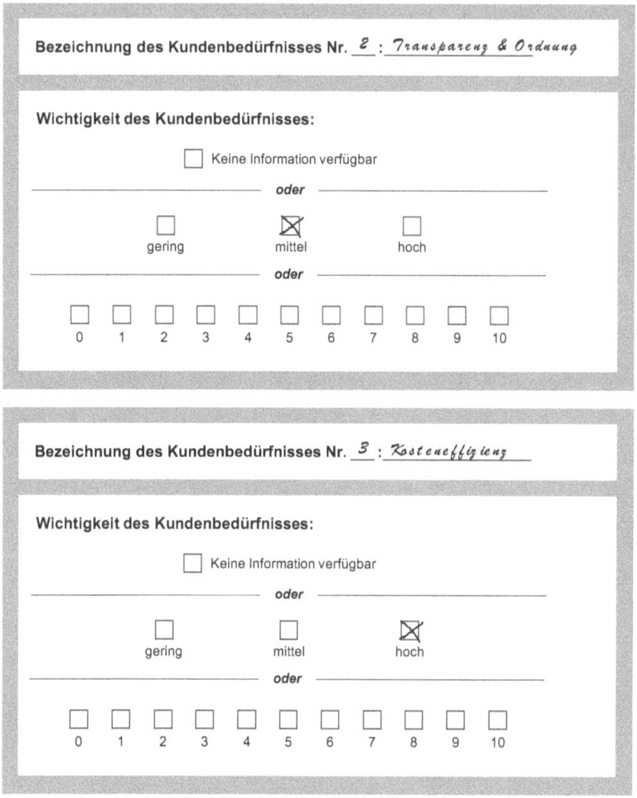

Bezeichnung des Kundenbedürfnisses Nr. 2 : Transparenz & Ordnung

Wichtigkeit des Kundenbedürfnisses:

☐ Keine Information verfügbar

oder

☐ gering ☒ mittel ☐ hoch

oder

☐ 0 ☐ 1 ☐ 2 ☐ 3 ☐ 4 ☐ 5 ☐ 6 ☐ 7 ☐ 8 ☐ 9 ☐ 10

Bezeichnung des Kundenbedürfnisses Nr. 3 : Kosteneffizienz

Wichtigkeit des Kundenbedürfnisses:

☐ Keine Information verfügbar

oder

☐ gering ☐ mittel ☒ hoch

oder

☐ 0 ☐ 1 ☐ 2 ☐ 3 ☐ 4 ☐ 5 ☐ 6 ☐ 7 ☐ 8 ☐ 9 ☐ 10

Abbildung A.18 Spezifizierte Eingabemasken „Kundenbedürfnisse" zum zweiten Betrachtungszeitpunkt

F.4. Erarbeitung fehlender Informationen zum zweiten Betrachtungszeitpunkt

Kundenbedürfnisse	Wichtigkeit	Positionsidentifikation	Positionsaktualisierung	Füllstandsüberprüfung	Füllstandsaktualisierung	Kostenreduzierung	
		Funktionen					
Komfort	g	h		h			
Transparenz und Ordnung	m	m	h	g	h		
Kosteneffizienz	h					m	

h: hoch m: mittel g: gering

Abbildung A.19 Anwendungsergebnis des Innovationswerkzeugs „Quality Function Deployment“

F.5. Zwischenergebnisse der Logikbestimmung zum zweiten Betrachtungszeitpunkt

Berechnungsmechanismus $e_{F\,k \to KB\,i,normiert} = \frac{e_{F\,k \to KB\,i}}{\sum_{k=1}^{p} e_{F\,k \to KB\,i}}$		
Berechnungsgrundlage (qualitativ)	**Berechnungsgrundlage (quantifiziert)**	**Berechnungsergebnis**
$e_{F\,1 \to KB\,1} = n.v.$, $e_{F\,2 \to KB\,1} = hoch$, $e_{F\,3 \to KB\,1} = n.v.$, $e_{F\,4 \to KB\,1} = hoch$, $e_{F\,5 \to KB\,1} = n.v.$	$e_{F\,1 \to KB\,1} = 0$, $e_{F\,2 \to KB\,1} = 3$, $e_{F\,3 \to KB\,1} = 0$, $e_{F\,4 \to KB\,1} = 3$, $e_{F\,5 \to KB\,1} = 0$	$e_{F\,1 \to KB\,1,normiert} = 0$, $e_{F\,2 \to KB\,1,normiert} = 0{,}5$, $e_{F\,3 \to KB\,1,normiert} = 0$, $e_{F\,4 \to KB\,1,normiert} = 0{,}5$, $e_{F\,5 \to KB\,1,normiert} = 0$
$e_{F\,1 \to KB\,2} = hoch$, $e_{F\,2 \to KB\,2} = mittel$, $e_{F\,3 \to KB\,2} = hoch$, $e_{F\,4 \to KB\,2} = mittel$, $e_{F\,5 \to KB\,2} = n.v.$	$e_{F\,1 \to KB\,2} = 3$, $e_{F\,2 \to KB\,2} = 2$, $e_{F\,3 \to KB\,2} = 3$, $e_{F\,4 \to KB\,2} = 2$, $e_{F\,5 \to KB\,2} = 0$	$e_{F\,1 \to KB\,2,normiert} = 0{,}3$, $e_{F\,2 \to KB\,2,normiert} = 0{,}2$, $e_{F\,3 \to KB\,2,normiert} = 0{,}3$, $e_{F\,4 \to KB\,2,normiert} = 0{,}2$, $e_{F\,5 \to KB\,2,normiert} = 0$
$e_{F\,1 \to KB\,3} = n.v.$, $e_{F\,2 \to KB\,3} = n.v.$, $e_{F\,3 \to KB\,3} = n.v.$, $e_{F\,4 \to KB\,3} = n.v.$, $e_{F\,5 \to KB\,3} = hoch$	$e_{F\,1 \to KB\,3} = 0$, $e_{F\,2 \to KB\,3} = 0$, $e_{F\,3 \to KB\,3} = 0$, $e_{F\,4 \to KB\,3} = 0$, $e_{F\,5 \to KB\,3} = 3$	$e_{F\,1 \to KB\,3,normiert} = 0$, $e_{F\,2 \to KB\,3,normiert} = 0$, $e_{F\,3 \to KB\,3,normiert} = 0$, $e_{F\,4 \to KB\,3,normiert} = 0$, $e_{F\,5 \to KB\,3,normiert} = 1$

Abbildung A.20 Berechnungsgrundlage und -ergebnis der genormten Einflüsse der Funktionen auf die Kundenbedürfnisse

Berechnungsmechanismus $W_{i,normiert} = \frac{W_i}{\sum_{i=1}^{n} W_i}$		
Berechnungsgrundlage (qualitativ)	Berechnungsgrundlage (quantifiziert)	Berechnungsergebnis
$W_1 = gering$	$W_1 = 1$	$W_{1,normiert} = 0{,}167$
$W_2 = mittel$	$W_2 = 2$	$W_{2,normiert} = 0{,}333$
$W_3 = hoch$	$W_3 = 3$	$W_{3,normiert} = 0{,}500$

Abbildung A.21 Berechnungsgrundlage und -ergebnis der genormten Wichtigkeiten der Kundenbedürfnisse

F.6. Spezifizierte Eingabemasken für den dritten Betrachtungszeitpunkt des Fallbeispiels

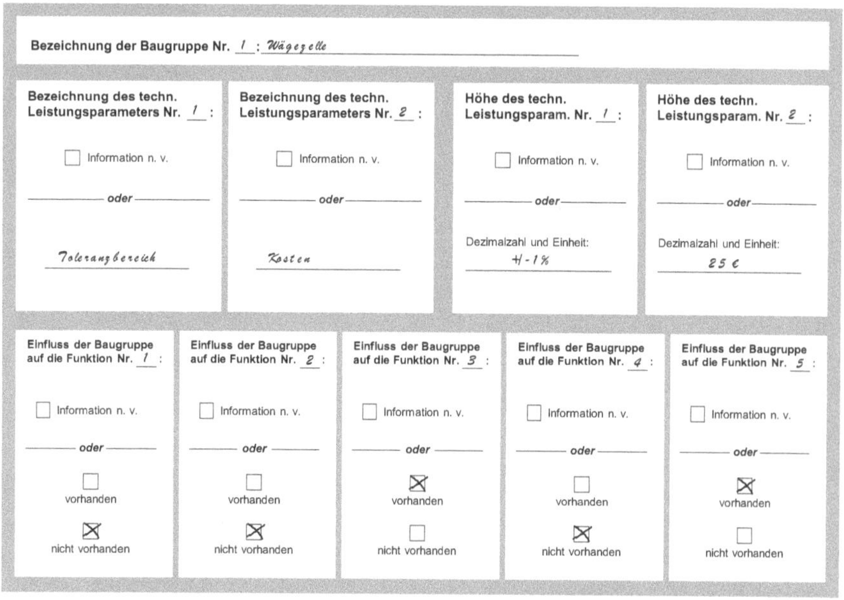
Bezeichnung der Baugruppe Nr. 1 : Wägezelle

Bezeichnung des techn. Leistungsparameters Nr. 1 :	Bezeichnung des techn. Leistungsparameters Nr. 2 :	Höhe des techn. Leistungsparam. Nr. 1 :	Höhe des techn. Leistungsparam. Nr. 2 :
☐ Information n. v.	☐ Information n. v.	☐ Information n. v.	☐ Information n. v.
oder	oder	oder	oder
Toleranzbereich	Kosten	Dezimalzahl und Einheit: +/- 1%	Dezimalzahl und Einheit: 25 €

Einfluss der Baugruppe auf die Funktion Nr. 1 :	Einfluss der Baugruppe auf die Funktion Nr. 2 :	Einfluss der Baugruppe auf die Funktion Nr. 3 :	Einfluss der Baugruppe auf die Funktion Nr. 4 :	Einfluss der Baugruppe auf die Funktion Nr. 5 :
☐ Information n. v.	☐ Information n. v.	☐ Information n. v.	☐ Information n. v.	☐ Information n. v.
oder	oder	oder	oder	oder
☐ vorhanden	☐ vorhanden	☒ vorhanden	☐ vorhanden	☒ vorhanden
☒ nicht vorhanden	☒ nicht vorhanden	☐ nicht vorhanden	☒ nicht vorhanden	☐ nicht vorhanden

Bezeichnung der Baugruppe Nr. 2 **:** Mikrocontroller

Bezeichnung des techn. Leistungsparameters Nr. 1 **:**

☐ Information n. v.

— oder —

Kosten

Höhe des techn. Leistungsparam. Nr. 1 **:**

☐ Information n. v.

— oder —

Dezimalzahl und Einheit: 12 €

Einfluss der Baugruppe auf die Funktion Nr. 1 **:**	**Einfluss der Baugruppe auf die Funktion Nr.** 2 **:**	**Einfluss der Baugruppe auf die Funktion Nr.** 3 **:**	**Einfluss der Baugruppe auf die Funktion Nr.** 4 **:**	**Einfluss der Baugruppe auf die Funktion Nr.** 5 **:**
☐ Information n. v.	☐ Information n. v.	☐ Information n. v.	☐ Information n. v.	☐ Information n. v.
— oder —	— oder —	— oder —	— oder —	— oder —
☐ vorhanden	☒ vorhanden	☐ vorhanden	☒ vorhanden	☒ vorhanden
☒ nicht vorhanden	☐ nicht vorhanden	☒ nicht vorhanden	☐ nicht vorhanden	☐ nicht vorhanden

Bezeichnung der Baugruppe Nr. 3 **:** W-LAN Modul

Bezeichnung des techn. Leistungsparameters Nr. 1 **:**

☐ Information n. v.

— oder —

Kosten

Höhe des techn. Leistungsparam. Nr. 1 **:**

☐ Information n. v.

— oder —

Dezimalzahl und Einheit: 12 €

Einfluss der Baugruppe auf die Funktion Nr. 1 **:**	**Einfluss der Baugruppe auf die Funktion Nr.** 2 **:**	**Einfluss der Baugruppe auf die Funktion Nr.** 3 **:**	**Einfluss der Baugruppe auf die Funktion Nr.** 4 **:**	**Einfluss der Baugruppe auf die Funktion Nr.** 5 **:**
☐ Information n. v.	☐ Information n. v.	☐ Information n. v.	☐ Information n. v.	☐ Information n. v.
— oder —	— oder —	— oder —	— oder —	— oder —
☐ vorhanden	☒ vorhanden	☐ vorhanden	☒ vorhanden	☒ vorhanden
☒ nicht vorhanden	☐ nicht vorhanden	☒ nicht vorhanden	☐ nicht vorhanden	☐ nicht vorhanden

Bezeichnung der Baugruppe Nr. 4 : IoT Kamera

Bezeichnung des techn. Leistungsparameters Nr. 1 :

☐ Information n. v.

— *oder* —

Kosten

Höhe des techn. Leistungsparam. Nr. 1 :

☐ Information n. v.

— *oder* —

Dezimalzahl und Einheit: 25 €

Einfluss der Baugruppe auf die Funktion Nr. 1 :	**Einfluss der Baugruppe auf die Funktion Nr.** 2 :	**Einfluss der Baugruppe auf die Funktion Nr.** 3 :	**Einfluss der Baugruppe auf die Funktion Nr.** 4 :	**Einfluss der Baugruppe auf die Funktion Nr.** 5 :
☐ Information n. v.	☐ Information n. v.	☐ Information n. v.	☐ Information n. v.	☐ Information n. v.
oder	*oder*	*oder*	*oder*	*oder*
☒ vorhanden	☐ vorhanden	☐ vorhanden	☐ vorhanden	☒ vorhanden
☐ nicht vorhanden	☒ nicht vorhanden	☒ nicht vorhanden	☒ nicht vorhanden	☐ nicht vorhanden

Bezeichnung der Baugruppe Nr. 5 : Verkabelung & Gehäuse

Bezeichnung des techn. Leistungsparameters Nr. 1 :

☐ Information n. v.

— *oder* —

Kosten

Höhe des techn. Leistungsparam. Nr. 1 :

☐ Information n. v.

— *oder* —

Dezimalzahl und Einheit: 15 €

Einfluss der Baugruppe auf die Funktion Nr. 1 :	**Einfluss der Baugruppe auf die Funktion Nr.** 2 :	**Einfluss der Baugruppe auf die Funktion Nr.** 3 :	**Einfluss der Baugruppe auf die Funktion Nr.** 4 :	**Einfluss der Baugruppe auf die Funktion Nr.** 5 :
☐ Information n. v.	☐ Information n. v.	☐ Information n. v.	☐ Information n. v.	☐ Information n. v.
oder	*oder*	*oder*	*oder*	*oder*
☐ vorhanden	☐ vorhanden	☐ vorhanden	☐ vorhanden	☒ vorhanden
☒ nicht vorhanden	☒ nicht vorhanden	☒ nicht vorhanden	☒ nicht vorhanden	☐ nicht vorhanden

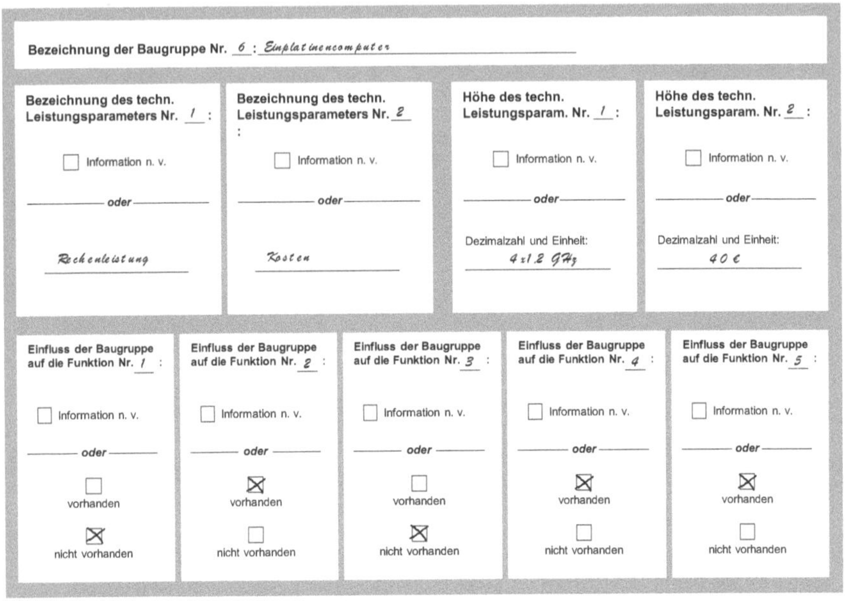

Bezeichnung der Baugruppe Nr. 6 : Einplatinencomputer

Bezeichnung des techn. Leistungsparameters Nr. 1 :	Bezeichnung des techn. Leistungsparameters Nr. 2 :	Höhe des techn. Leistungsparam. Nr. 1 :	Höhe des techn. Leistungsparam. Nr. 2 :
☐ Information n. v.	☐ Information n. v.	☐ Information n. v.	☐ Information n. v.
oder	oder	oder	oder
Rechenleistung	Kosten	Dezimalzahl und Einheit: 4 x 1.2 GHz	Dezimalzahl und Einheit: 40 €

Einfluss der Baugruppe auf die Funktion Nr. 1 :	Einfluss der Baugruppe auf die Funktion Nr. 2 :	Einfluss der Baugruppe auf die Funktion Nr. 3 :	Einfluss der Baugruppe auf die Funktion Nr. 4 :	Einfluss der Baugruppe auf die Funktion Nr. 5 :
☐ Information n. v.	☐ Information n. v.	☐ Information n. v.	☐ Information n. v.	☐ Information n. v.
oder	oder	oder	oder	oder
☐ vorhanden	☒ vorhanden	☐ vorhanden	☒ vorhanden	☒ vorhanden
☒ nicht vorhanden	☐ nicht vorhanden	☒ nicht vorhanden	☐ nicht vorhanden	☐ nicht vorhanden

Abbildung A.22 Spezifizierte Eingabemasken „Baugruppen" zum dritten Betrachtungszeitpunkt

Bezeichnung der Funktion Nr. 1 **:** Positionsidentifikation

Bezeichnung des Funktionsleistungsparameters:

☐ Keine Information verfügbar

oder

Bezeichnung: Genauigkeit

Höhe des Funktionsleistungsparameters:

☐ Keine Information verfügbar

oder

☐ besser* ☐ gleich* ☐ schlechter*

oder

Dezimalzahl und Einheit: 100 %

**im Vergleich zum Referenzszenario*

Einfluss der Funktion auf das Kundenbedürfnis Nr. 2 **:**

☐ Keine Information verfügbar

oder

☐ vorhanden ☐ nicht vorhanden

oder

☐ n. v. ☐ gering ☐ mittel ☐ hoch

oder

☐ 0 ☐ 1 ☐ 2 ☐ 3 ☐ 4 ☐ 5 ☐ 6 ☐ 7 ☐ 8 ☐ 9 ☒ 10

Bezeichnung der Funktion Nr. 2 : Positionsaktualisierung

Bezeichnung des Funktionsleistungsparameters:

☐ Keine Information verfügbar

oder

Bezeichnung: Genauigkeit

Höhe des Funktionsleistungsparameters:

☐ Keine Information verfügbar

oder

☐ besser* ☐ gleich* ☐ schlechter*

oder

Dezimalzahl und Einheit: 30 min/d

*im Vergleich zum Referenzszenario

Einfluss der Funktion auf das Kundenbedürfnis Nr. 1 **:**

☐ Keine Information verfügbar

oder

☐ vorhanden ☐ nicht vorhanden

oder

☐ n. v. ☐ gering ☐ mittel ☐ hoch

oder

☐ 0 ☐ 1 ☐ 2 ☐ 3 ☐ 4 ☐ 5 ☐ 6 ☐ 7 ☐ 8 ☐ 9 ☒ 10

Einfluss der Funktion auf das Kundenbedürfnis Nr. 2 **:**

☐ Keine Information verfügbar

oder

☐ vorhanden ☐ nicht vorhanden

oder

☐ n. v. ☐ gering ☐ mittel ☐ hoch

oder

☐ 0 ☐ 1 ☐ 2 ☐ 3 ☒ 4 ☐ 5 ☐ 6 ☐ 7 ☐ 8 ☐ 9 ☐ 10

Bezeichnung der Funktion Nr. 3 **:** Füllstandsüberprüfung

Bezeichnung des Funktionsleistungsparameters:

☐ Keine Information verfügbar

oder

Bezeichnung: Genauigkeit

Höhe des Funktionsleistungsparameters:

☐ Keine Information verfügbar

oder

☐ besser* ☐ gleich* ☐ schlechter*

oder

Dezimalzahl und Einheit: 99 %

**im Vergleich zum Referenzszenario*

Einfluss der Funktion auf das Kundenbedürfnis Nr. 2 **:**

☐ Keine Information verfügbar

oder

☐ vorhanden ☐ nicht vorhanden

oder

☐ n. v. ☐ gering ☐ mittel ☐ hoch

oder

☐ 0 ☐ 1 ☐ 2 ☐ 3 ☐ 4 ☐ 5 ☐ 6 ☐ 7 ☒ 8 ☐ 9 ☐ 10

Bezeichnung der Funktion Nr. 4 : Füllstandsaktualisierung

Bezeichnung des Funktionsleistungsparameters:

☐ Keine Information verfügbar

oder

Bezeichnung: Zeit

Höhe des Funktionsleistungsparameters:

☐ Keine Information verfügbar

oder

☐ besser* ☐ gleich* ☐ schlechter*

oder

Dezimalzahl und Einheit: 30 min/d

im Vergleich zum Referenzszenario

Einfluss der Funktion auf das Kundenbedürfnis Nr. 1 **:**

☐ Keine Information verfügbar

oder

☐ vorhanden ☐ nicht vorhanden

oder

☐ n. v. ☐ gering ☐ mittel ☐ hoch

oder

☐ 0 ☐ 1 ☐ 2 ☐ 3 ☐ 4 ☐ 5 ☐ 6 ☐ 7 ☐ 8 ☐ 9 ☒ 10

Einfluss der Funktion auf das Kundenbedürfnis Nr. 2 **:**

☐ Keine Information verfügbar

oder

☐ vorhanden ☐ nicht vorhanden

oder

☐ n. v. ☐ gering ☐ mittel ☐ hoch

oder

☐ 0 ☐ 1 ☐ 2 ☐ 3 ☒ 4 ☐ 5 ☐ 6 ☐ 7 ☐ 8 ☐ 9 ☐ 10

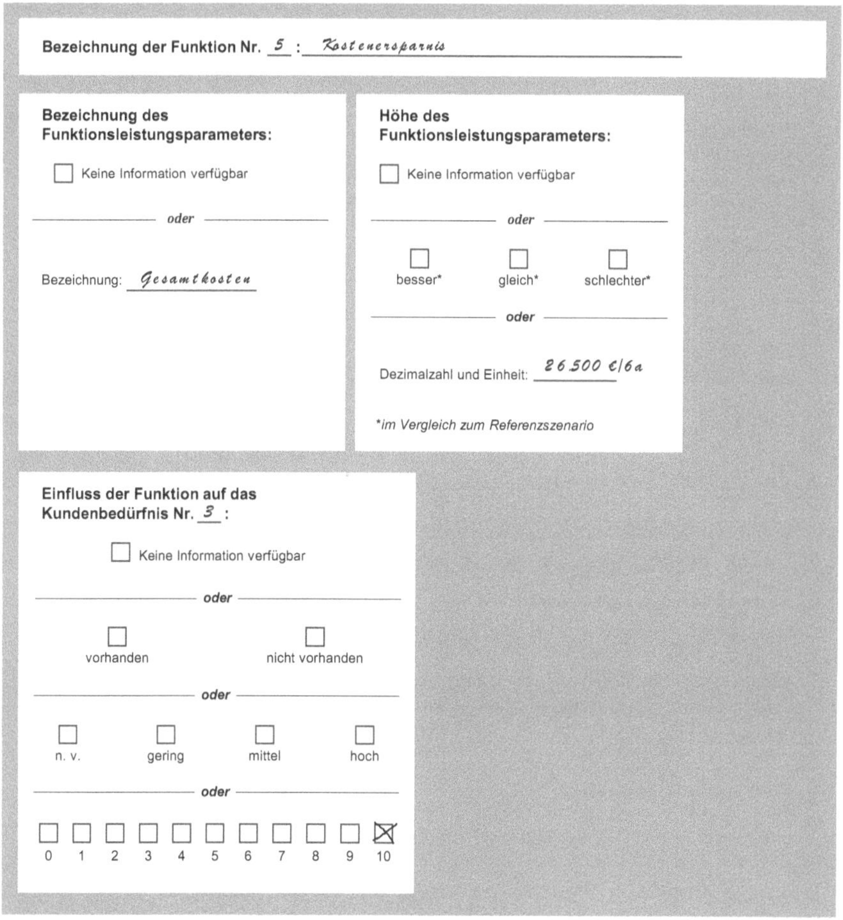

Bezeichnung der Funktion Nr. 5 : Kostenersparnis

Bezeichnung des Funktionsleistungsparameters:

☐ Keine Information verfügbar

oder

Bezeichnung: Gesamtkosten

Höhe des Funktionsleistungsparameters:

☐ Keine Information verfügbar

oder

☐ besser* ☐ gleich* ☐ schlechter*

oder

Dezimalzahl und Einheit: 26.500 €/6a

*im Vergleich zum Referenzszenario

Einfluss der Funktion auf das Kundenbedürfnis Nr. 3 :

☐ Keine Information verfügbar

oder

☐ vorhanden ☐ nicht vorhanden

oder

☐ n. v. ☐ gering ☐ mittel ☐ hoch

oder

☐ 0 ☐ 1 ☐ 2 ☐ 3 ☐ 4 ☐ 5 ☐ 6 ☐ 7 ☐ 8 ☐ 9 ☒ 10

Abbildung A.23 Spezifizierte Eingabemasken „Funktionen der Innovationsidee“ zum dritten Betrachtungszeitpunkt

Kurzbeschreibung des Referenzszenarios: Festangestellter Lagerist in der Produktionslogistik

Bezeichnung der Funktion Nr.: 1 **des Referenzszenarios:** Positionsidentifikation

Bezeichnung des Funktionsleistungsparameters:	**Höhe des Funktionsleistungsparameters:**
☐ Keine Information verfügbar	☐ Keine Information verfügbar
oder	*oder*
Bezeichnung: Genauigkeit	☐ besser* ☐ gleich* ☐ schlechter*
	oder
	Dezimalzahl und Einheit: 100%
	*im Vergleich zur Innovationsidee

Kurzbeschreibung des Referenzszenarios: Festangestellter Lagerist in der Produktionslogistik

Bezeichnung der Funktion Nr.: 2 **des Referenzszenarios:** Positionsaktualisierung

Bezeichnung des Funktionsleistungsparameters:	**Höhe des Funktionsleistungsparameters:**
☐ Keine Information verfügbar	☐ Keine Information verfügbar
oder	*oder*
Bezeichnung: Zeit	☐ besser* ☐ gleich* ☐ schlechter*
	oder
	Dezimalzahl und Einheit: 240 min/d
	*im Vergleich zur Innovationsidee

Kurzbeschreibung des Referenzszenarios: *Festangestellter Lagerist in der Produktionslogistik*

Bezeichnung der Funktion Nr.: *3* **des Referenzszenarios:** *Füllstandsüberprüfung*

Bezeichnung des Funktionsleistungsparameters:

☐ Keine Information verfügbar

oder

Bezeichnung: *Genauigkeit*

Höhe des Funktionsleistungsparameters:

☐ Keine Information verfügbar

oder

☐ besser* ☐ gleich* ☒ schlechter*

oder

Dezimalzahl und Einheit: *75 %*

**im Vergleich zur Innovationsidee*

Kurzbeschreibung des Referenzszenarios: *Festangestellter Lagerist in der Produktionslogistik*

Bezeichnung der Funktion Nr.: *4* **des Referenzszenarios:** *Füllstandsaktualisierung*

Bezeichnung des Funktionsleistungsparameters:

☐ Keine Information verfügbar

oder

Bezeichnung: *Zeit*

Höhe des Funktionsleistungsparameters:

☐ Keine Information verfügbar

oder

☐ besser* ☐ gleich* ☐ schlechter*

oder

Dezimalzahl und Einheit: *240 min/d*

**im Vergleich zur Innovationsidee*

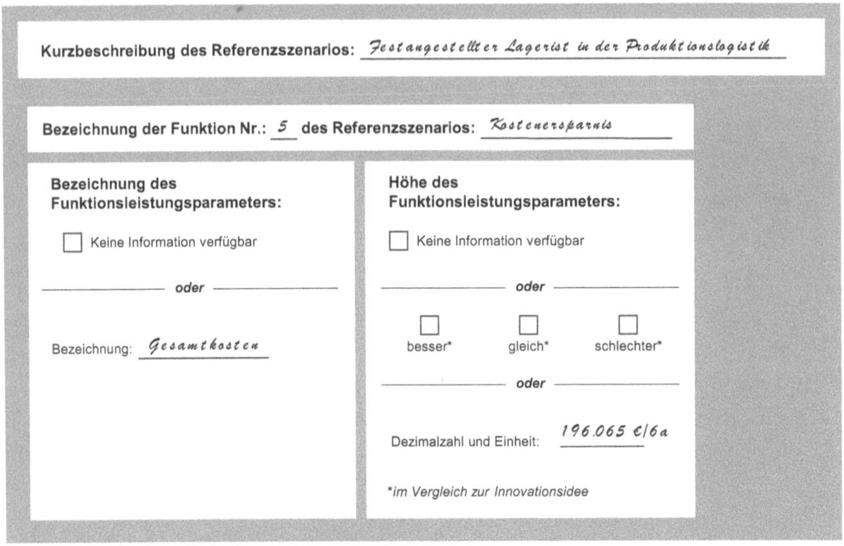
Kurzbeschreibung des Referenzszenarios: Festangestellter Lagerist in der Produktionslogistik

Bezeichnung der Funktion Nr.: 5 des Referenzszenarios: Kostenersparnis

Bezeichnung des Funktionsleistungsparameters:

☐ Keine Information verfügbar

oder

Bezeichnung: Gesamtkosten

Höhe des Funktionsleistungsparameters:

☐ Keine Information verfügbar

oder

☐ besser* ☐ gleich* ☐ schlechter*

oder

Dezimalzahl und Einheit: 196.065 €/6a

**im Vergleich zur Innovationsidee*

Abbildung A.24 Spezifizierte Eingabemasken „Funktionen des Referenzszenarios" zum dritten Betrachtungszeitpunkt

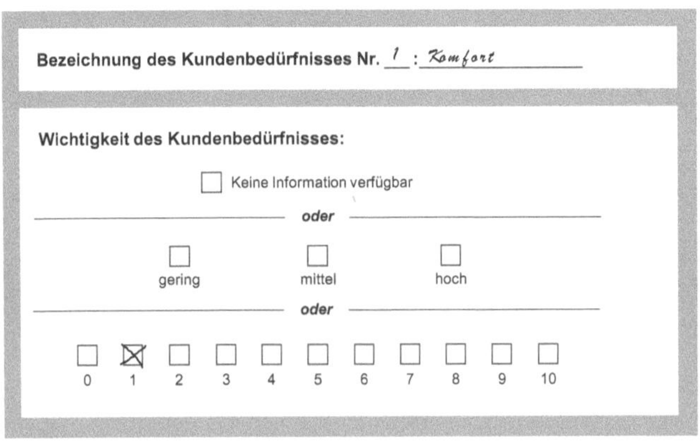
Bezeichnung des Kundenbedürfnisses Nr. 1 : Komfort

Wichtigkeit des Kundenbedürfnisses:

☐ Keine Information verfügbar

oder

☐ gering ☐ mittel ☐ hoch

oder

☐ 0 ☒ 1 ☐ 2 ☐ 3 ☐ 4 ☐ 5 ☐ 6 ☐ 7 ☐ 8 ☐ 9 ☐ 10

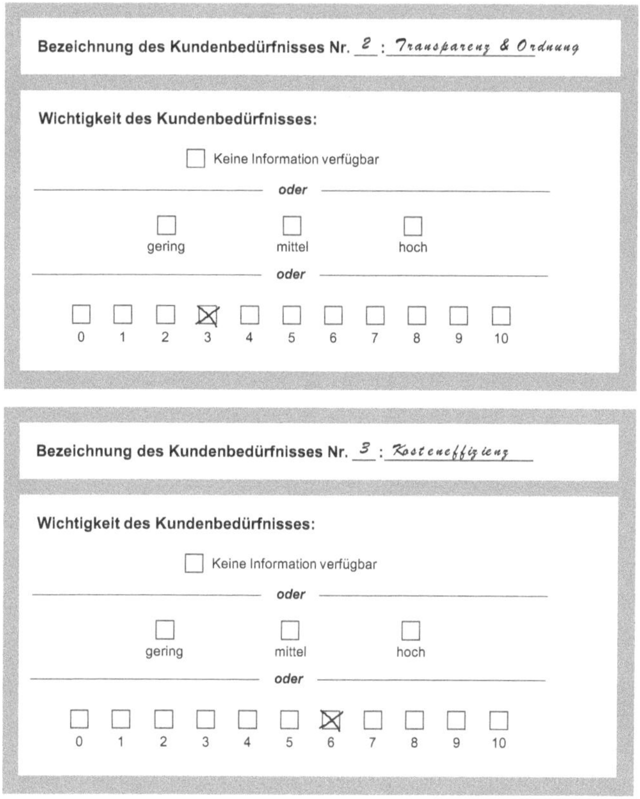

Bezeichnung des Kundenbedürfnisses Nr. 2 : Transparenz & Ordnung

Wichtigkeit des Kundenbedürfnisses:

☐ Keine Information verfügbar

oder

☐ gering ☐ mittel ☐ hoch

oder

☐ 0 ☐ 1 ☐ 2 ☒ 3 ☐ 4 ☐ 5 ☐ 6 ☐ 7 ☐ 8 ☐ 9 ☐ 10

Bezeichnung des Kundenbedürfnisses Nr. 3 : Kosteneffizienz

Wichtigkeit des Kundenbedürfnisses:

☐ Keine Information verfügbar

oder

☐ gering ☐ mittel ☐ hoch

oder

☐ 0 ☐ 1 ☐ 2 ☐ 3 ☐ 4 ☐ 5 ☒ 6 ☐ 7 ☐ 8 ☐ 9 ☐ 10

Abbildung A.25 **Spezifizierte Eingabemasken „Kundenbedürfnisse" zum dritten Betrachtungszeitpunkt**

F.7. Zwischenergebnisse der Logikbestimmung zum dritten Betrachtungszeitpunkt

Berechnungsmechanismus	
$e_{F\ k \rightarrow KB\ i,normiert} = \frac{e_{F\ k \rightarrow KB\ i}}{\sum_{k=1}^{p} e_{F\ k \rightarrow KB\ i}}$	
Berechnungsgrundlage	**Berechnungsergebnis**
$e_{F\ 1 \rightarrow KB\ 1} = 0$, $e_{F\ 2 \rightarrow KB\ 1} = 10$, $e_{F\ 3 \rightarrow KB\ 1} = 0$, $e_{F\ 4 \rightarrow KB\ 1} = 10$, $e_{F\ 5 \rightarrow KB\ 1} = 0$	$e_{F\ 1 \rightarrow KB\ 1,normiert} = 0$, $e_{F\ 2 \rightarrow KB\ 1,normiert} = 0{,}5$, $e_{F\ 3 \rightarrow KB\ 1,normiert} = 0$, $e_{F\ 4 \rightarrow KB\ 1,normiert} = 0{,}5$, $e_{F\ 5 \rightarrow KB\ 1,normiert} = 0$
$e_{F\ 1 \rightarrow KB\ 2} = 10$, $e_{F\ 2 \rightarrow KB\ 2} = 4$, $e_{F\ 3 \rightarrow KB\ 2} = 8$, $e_{F\ 4 \rightarrow KB\ 2} = 4$, $e_{F\ 5 \rightarrow KB\ 2} = 0$	$e_{F\ 1 \rightarrow KB\ 2,normiert} = 0{,}38$, $e_{F\ 2 \rightarrow KB\ 2,normiert} = 0{,}15$, $e_{F\ 3 \rightarrow KB\ 2,normiert} = 0{,}31$, $e_{F\ 4 \rightarrow KB\ 2,normiert} = 0{,}15$, $e_{F\ 5 \rightarrow KB\ 2,normiert} = 0$
$e_{F\ 1 \rightarrow KB\ 3} = 0$, $e_{F\ 2 \rightarrow KB\ 3} = 0$, $e_{F\ 3 \rightarrow KB\ 3} = 0$, $e_{F\ 4 \rightarrow KB\ 3} = 0$, $e_{F\ 5 \rightarrow KB\ 3} = 10$	$e_{F\ 1 \rightarrow KB\ 3,normiert} = 0$, $e_{F\ 2 \rightarrow KB\ 3,normiert} = 0$, $e_{F\ 3 \rightarrow KB\ 3,normiert} = 0$, $e_{F\ 4 \rightarrow KB\ 3,normiert} = 0$, $e_{F\ 5 \rightarrow KB\ 3,normiert} = 1$

Abbildung A.26 Berechnungsgrundlage und -ergebnis der genormten Einflüsse der Funktionen auf die Kundenbedürfnisse

Berechnungsmechanismus $W_{i,normiert} = \frac{W_i}{\sum_{i=1}^{n} W_i}$	
Berechnungsgrundlage	Berechnungsergebnis
$W_1 = 1$	$W_{1,normiert} = 0{,}1$
$W_2 = 3$	$W_{2,normiert} = 0{,}3$
$W_3 = 6$	$W_{3,normiert} = 0{,}6$

Abbildung A.27 Berechnungsgrundlage und -ergebnis der genormten Wichtigkeiten der Kundenbedürfnisse

Lebenslauf

Persönliche Angaben

Name	Thomas Schwarberg
Geburtsdatum und -ort	18. Juni 1991 in Goslar
Eltern	Hildegard Schwarberg, geb. Broichmann Andreas Schwarberg

Ausbildung

2001 bis 2010	Abitur, Bischöftl. Gymnasium St. Ursula, Geilenkirchen
2010 bis 2015	Bachelor of Science Wirtschaftsingenieurwesen Rheinisch-Westfälische Technische Hochschule Aachen
2015 bis 2017	Master of Science Wirtschaftsingenieurwesen Rheinisch-Westfälische Technische Hochschule Aachen

Beruflicher Werdegang

2014 bis 2015	Praktikum und Bachelorarbeit, PricewaterhouseCoopers AG, Berlin
2016 bis 2017	Praktikum und Masterarbeit, Horváth & Partners AG, Düsseldorf
2017 bis 2021	Wissenschaftlicher Mitarbeiter, Fraunhofer-Institut für Produktionstechnologie IPT, Aachen
seit 2021	Co-Founder und Geschäftsführer der Konsent GmbH, Aachen

Köln, im März 2021

In der Reihe **Ergebnisse aus der Produktionstechnik** zuletzt erschienen:

Schmidhuber, Matthias:
Sozio-technische Problemlösungsfähigkeit von PPS-Systemen
ISBN: 978-3-98555- 143-9
Erscheinungsdatum: 07.02.2023

Müller, Tobias:
Modellbildung mittels Symbolischer Regression zur Messunsicherheitsbestimmung komplexer Messprozesse
ISBN: 978-3-98555-146-0
Erscheinungsdatum: 30.01.2023

Kreß, Julian Maximilian:
Erbringung hybrider Leistungsangebote in Wertschöpfungsnetzwerken
ISBN: 978-3-98555-128-6
Erscheinungsdatum: 24.01.2023

Bickendorf, Philipp:
Tribologische und geometrische Auslegung von additiv hergestellten Werkzeug-einsätzen zur Feinblech-umformung
ISBN: 978-3-98555-133-0
Erscheinungsdatum: 24.01.2023

Wenning, Marius:
Kontextabhängige Anomaliedetektion zur visuellen Hinderniserkennung für automatisierte PKW im End-of-Line-Bereich
ISBN: 978-3-98555-121-7
Erscheinungsdatum: 19.12.2022

Schwarberg, Thomas:
Bestimmung der Logik von Innovationsideen für technische Systeme
ISBN: 978-3-98555- 142-2
Erscheinungsdatum: 07.02.2023

Nienheysen, Philipp:
Werkstattgerechte Schadensanalyse in CFK-Strukturbauteilen mit optisch georteter Ultraschallmesstechnik
ISBN: 978-3-98555-136-1
Erscheinungsdatum: 30.01.2023

Behrens, Jan:
Selbstkalibrierung von 5-Achs-Bearbeitungszentren mit Dreh-/Schwenktisch
ISBN: 978-3-98555-124-8
Erscheinungsdatum: 24.01.2023

Vierschillung, Sebastian Patrick:
Automatisierung der Standortauswahl in der Fabrikplanung
ISBN: 978-3-98555-134-7
Erscheinungsdatum: 09.01.2023

Helbig, Jens:
Typisierung und Auswahl von Referenzstrategien für den Werkzeugeinkauf
ISBN: 978-3-98555-122-4
Erscheinungsdatum: 19.12.2022

Edition Wissenschaft
Apprimus

Schlegel, Peter:
Bewertung und Optimierung der Vollständigkeit von Betriebsdaten im Kontext der Fehlerprädiktion
ISBN: 978-3-98555-120-0
Erscheinungsdatum: 18.11.2022

Kiesel, Raphael:
Techno-Economic Evaluation of 5G Technology for Latency-Critical Applications in Production
ISBN: 978-3-98555-115-6
Erscheinungsdatum: 19.10.2022

Schäkel, Martin:
Adaptiver laserunterstützter Tapewickelprozess für die Herstellung von Druckbehältern aus endlosfaserverstärkten Thermoplasten
ISBN: 978-3-98555-107-1
Erscheinungsdatum: 12.08.2022

Elser, Hannes:
Fähigkeit von Bluetooth Low Energy zur signalstärkebasierten Rückverfolgung von Bauteilen in der Einzel- und Kleinserienfertigung
ISBN: 978-3-98555-099-9
Erscheinungsdatum: 12.08.2022

Busch, Max:
Intelligente Produktionsplanungsprozesse im Werkzeugbau
ISBN: 978-3-98555-095-1
Erscheinungsdatum: 14.07.2022

Fölling, Carsten:
Komplexitätsbeherrschung durch hybride Montageplanung
ISBN: 978-3-98555-090-6
Erscheinungsdatum: 30.06.2022

Kukla, Christian:
Prozesstemperaturregelung in der laserunterstützten Verarbeitung von faserverstärkten thermoplastischen Verbundkunststoffen
ISBN: 978-3-98555-116-3
Erscheinungsdatum: 19.10.2022

Hahn, Viviane:
Bewertung der Wandlungsfähigkeit in der automatisierten Fabrikplanung
ISBN: 978-3-98555-102-6
Erscheinungsdatum: 10.10.2022

Solf, Mareike:
Modellierung der Schleifkraft beim Kegelradschleifen
ISBN: 978-3-98555-106-4
Erscheinungsdatum: 12.08.2022

Henkel, Jérôme
Strategien zur Steigerung der Flächeneffizienz von Fabriken im urbanen Umfeld ISBN
ISBN: 978-3-98555-098-2
Erscheinungsdatum: 27.07.2022

Eßer, Bastian:
Analyse des Betriebsverhaltens von Kugelgewindetrieben unter statischen axialen Betriebslasten
ISBN: 978-3-98555-065-4
Erscheinungsdatum: 11.07.2022

Schulz, Martin:
Optimierung des Temperaturfeldes beim Laserstrahlhärten
ISBN: 978-3-98555-078-4
Erscheinungsdatum: 23.06.2022

Edition Wissenschaft
Apprimus

Zeitfracht Medien GmbH
Ferdinand-Jühlke-Straße 7
99095 Erfurt, Deutschland
produktsicherheit@kolibri360.de